[redacted]

mentor Abiturhilfe

Chemie

Organische Chemie:
Aufbauwissen

Heribert Rampf
Sandra Schaumann-Eckel

Mit ausführlichem Lösungsteil

Special: Lerntipps!

mentor
Eine Klasse besser.

Über die Autoren:

Heribert Rampf, Oberstudiendirektor im Hochschuldienst a. D., ehemals Leiter der Abteilung Fachdidaktik Chemie am Institut für Anorganische Chemie der Universität München

Sandra Schaumann-Eckel, Gymnasiallehrerin für Chemie und Biologie

Lerntipps:

Alexander Geist, staatlicher Schulpsychologe an einem Gymnasium

Redaktion: Dr. Hans-Peter Waschi

Technische Zeichnungen: Udo Kipper, Hanau

Diagramme: Dr. Hans-Peter Waschi, Holzkirchen

Illustrationen: Henning Schöttke, Kiel

Layout: Barbara Slowik, München

Umschlaggestaltung: büro schels für gestaltung, München

Umwelthinweis: Gedruckt auf chlorfrei gebleichtem Papier.

Satz/Repro: Fotosatz-Service Köhler GmbH, Würzburg
Druck: Druckhaus „Thomas Müntzer", Bad Langensalza
Printed in Germany • ISBN 3-580-63681-2

2. 3. 4. 5. 6. 07 06 05 04 03

Inhalt

Benutzerhinweise

In der Randspalte gibt es einige Zeichnungen immer wieder:

	Merke/Gesetz		Eine anspruchsvolle Aufgabe – aber lösbar

Glossarbegriffe sind mit einem Sternchen markiert.
Beispiel: Disulfidbrücke*

Vorwort

Liebe Schülerin, lieber Schüler,

„Chemie – wofür brauche ich das?“, wird sich mancher von Ihnen schon des Öfteren gefragt haben. Dabei ist gerade die organische Chemie eine faszinierende Wissenschaft, die uns im Alltag ständig begegnet: Denken Sie nur an Energieträger wie Erdöl, Erdgas, Kohle, an Kunststoffe, Kunstfasern und Kunstharze oder an unsere tägliche Ernährung, die sich hauptsächlich aus Kohlenhydraten, Proteinen und Fetten zusammensetzt. Und bestimmt schadet es nicht, wenn man ein bisschen besser versteht, was die Chemiker so alles in unsere Lebensmittel, Duschmittel usw. reingepackt haben und wie dies uns und unserer Umwelt bekommt …

Dieser Band zur organischen Chemie soll Ihnen dabei helfen, weiter in die gar nicht geheimen „Geheimnisse“ der organischen Chemie vorzudringen. Er baut auf dem Band „Grundlagen“ der gleichen Reihe auf und wendet sich in erster Linie an Schülerinnen und Schüler der Oberstufe an Gymnasien und vergleichbaren Schularten aller Bundesländer. Aber auch Studienanfänger und andere Interessierte, die – aus welchen Gründen auch immer – ihre Kenntnisse auffrischen oder erweitern wollen, werden von dieser Darstellung des Stoffes und den zahlreichen Übungsaufgaben mit ihren ausführlichen Lösungswegen profitieren.

Wenn Fragen offen bleiben, die auch durch die Begriffserläuterungen im Glossar nicht geklärt werden könnten, hilft Ihnen vielleicht ein Griff zu dem Band „Organische Chemie, Grundlagen“ oder zu den beiden Bänden zur „Allgemeinen und anorganischen Chemie“.

Viel Spaß beim Lesen, Lernen und Arbeiten und viel Erfolg

wünschen Ihnen

Heribert Rampf und
Sandra Schaumann-Eckel

Abkürzungen und Maßeinheiten

Abkürzungen	
u	Atommasseneinheit u $\left(= \frac{1}{6{,}022 \cdot 10^{26}} \text{ kg}\right) = 1{,}6605 \cdot 10^{-27}$ kg
ppm	parts per million, das heißt: 1 Teilchen in einer Million Teilchen (1 : 10^6)
ppb	parts per billion, das heißt: 1 Teilchen in einer Milliarde Teilchen (1 : 10^9)
ppt	parts per trillion, das heißt: 1 Teilchen in einer Billion Teilchen (1 : 10^{12})
(aq)	aquatisiert, in Wasser gelöst

Größen		Einheiten	
Masse	m	Kilogramm	kg
Länge	l	Meter	m
Volumen	V	Kubikmeter	m^3
Stoffmenge	n	Mol	mol
Dichte	ϱ		$g \cdot cm^{-3}$
molare Masse	M		$g \cdot mol^{-1}$
Temperatur	T	Grad Celsius bzw. Kelvin	°C bzw. K
Druck	p	Pascal	Pa

Teile und Vielfache von Maßeinheiten

Vorsilbe	Abkürzung	Faktor
Piko	p	10^{-12}
Nano	n	10^{-9}
Mikro	µ	10^{-6}
Milli	m	10^{-3}
Zenti	c	10^{-2}
Dezi	d	10^{-1}
Deka	da	10
Hekto	h	10^2
Kilo	k	10^3
Mega	M	10^6

Zahlenvorsilben (aus dem Griechischen)

½	hemi	10	deca
1	mono	11	undeca
2	di	12	dodeca
3	tri	13	trideca
4	tetra	14	tetradeca
5	penta	15	pentadeca
6	hexa	16	hexadeca
7	hepta	17	heptadeca
8	octa	18	octadeca
9	nona	20	eicosa

Bindungsarten des Kohlenstoffatoms

1.

In der organischen Chemie kennt man bis heute etwa zwölf Millionen Kohlenstoffverbindungen und jährlich kommen ungefähr 300000 neue hinzu. Diese enorme Vielfalt ergibt sich aus dem chemischen Bindungsverhalten des Kohlenstoffatoms.

Der Kohlenstoff steht im PSE (**P**eriodensystem der **E**lemente) in der Gruppe 14 (*4. Hauptgruppe*) und in der 2. Periode; von seinen insgesamt sechs Elektronen (${}_{6}C$) befinden sich vier in der äußeren Schale. Um eine Edelgaskonfiguration* zu erreichen, könnte das Kohlenstoffatom vier Elektronen abgeben, sodass es als C^{4+}-Ion (${}_{2}C^{4+}$) die Edelgasschale von Helium (${}_{2}He$) hätte, oder es könnte vier Elektronen aufnehmen und hätte dann als C^{4-}-Ion (${}_{10}C^{4-}$) die Elektronenschale des Edelgases Neon (${}_{10}Ne$).
Eine dritte Möglichkeit wäre, diese jeweils vier Elektronen mit anderen Atomen in Form einer Atombindung* zu *teilen*. Für diesen Weg zur Edelgaskonfiguration ist weniger Energie erforderlich, als zur Bildung von Ionen benötigt würde. Daher bildet ein Kohlenstoffatom vier Atombindungen, das bedeutet vier gemeinsame Elektronenpaare, mit seinen Bindungspartnern aus.

Kohlenstoffatome sind immer vierbindig.

Das vierbindige Kohlenstoffatom kann vier einfache Bindungen zu vier verschiedenen Nachbaratomen knüpfen, es kann aber auch Doppel- und Dreifachbindungen zu einem Nachbaratom eingehen. Dieses variable Verhalten des Kohlenstoffs können wir verstehen, wenn wir uns die theoretischen Grundlagen betrachten.

Jetzt, lieber Leser, kommt also die angeblich so „trockene" Theorie. Sie werden aber feststellen, dass die Theorie recht anschauliche Bilder liefern kann und dass sie uns dabei hilft, die enorme und vielfältige Menge der organischen Kohlenstoffverbindungen mit diesen Bilden zu ordnen und „in den Griff" zu kriegen!

Das Orbitalmodell

1.1

Im Jahre 1924 stellte Louis de Broglie* die Hypothese auf, Elektronen, die sich schnell bewegen, seien nicht nur als kleine Teilchen zu betrachten, sondern sie besäßen auch die Eigenschaften einer *Welle* (**Welle-Teilchen-Dualismus**). Zur Erklärung mancher Eigenschaften von Atomen hat es sich in der

Elektronen = Eigenschaften eines Welle

Tat als sinnvoll erwiesen, sich um den Atomkern bewegende Elektronen als *stehende Wellen* zu beschreiben.

1927 gelang es WERNER HEISENBERG*, die Natur eines Elektrons als Teilchen *und* als Welle zu beschreiben. Er konnte nachweisen, dass es prinzipiell nicht möglich ist, *gleichzeitig* Ort und Geschwindigkeit eines Elektrons exakt zu bestimmen (**HEISENBERG'sche Unschärferelation**).
Daraus folgt, dass man keine genaue Aussage über den momentanen Aufenthaltsort eines Elektrons im Atom machen kann. Es ist nur möglich, die *Wahrscheinlichkeit* anzugeben, mit der das Elektron sich in einem bestimmten Raumbereich um den Kern aufhält.

Bereits 1926 hatte der Physiker ERWIN SCHRÖDINGER* auf der Basis der Wellennatur von Elektronen eine *Wellengleichung* entwickelt (die **SCHRÖDINGER-Gleichung**), aus der sich für ein Elektron des Wasserstoffatoms die verschiedenen Energieniveaus (Energiestufen) und die Aufenthaltswahrscheinlichkeiten berechnen lassen.

Die *räumliche Verteilung* der Aufenthaltswahrscheinlichkeit eines Elektrons nennt man **Orbital.**

Auch die **Quantenzahlen**, die die unterschiedlichen Energieniveaus des Elektrons beschreiben, erhält man aus der SCHRÖDINGER-Gleichung. (Vergleiche Abschnitt 4.1 der Mentor Abiturhilfe ML 680 „Allgemeine und anorganische Chemie, Aufbauwissen".)

Für den energieärmsten Zustand (**Grundzustand**) des Elektrons im Wasserstoffatom ergibt sich mit der Hauptquantenzahl $n = 1$ ein kugelsymmetrisches Orbital. Kugelsymmetrische Orbitale nennt man **s-Orbitale**.

Ein Orbital hat keine scharfe Begrenzung, denn die Aufenthaltswahrscheinlichkeit eines Elektrons erstreckt sich im Prinzip bis ins Unendliche.
Zur *zeichnerischen* Darstellung der Orbitale wählt man daher einen Raumbereich in der Umgebung des Atomkerns, in dem das Elektron sich mit einer bestimmten, durch Vereinbarung festgelegten Wahrscheinlichkeit aufhält. Dieser Raum wird von einer dreidimensionalen Fläche eingehüllt, deren Verlauf man genau berechnen kann.

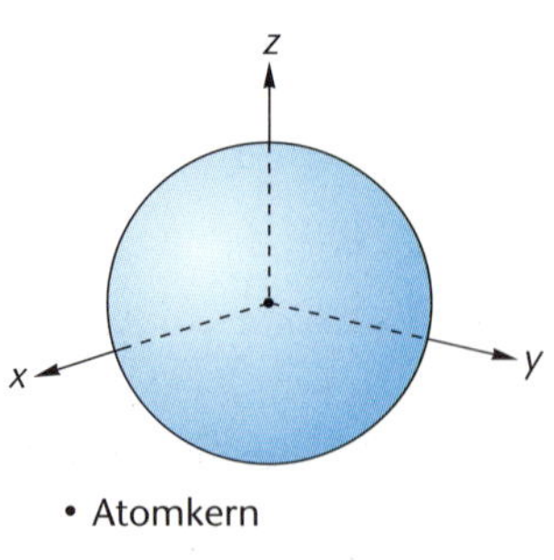

Abb. 1
1s-Orbital (Hauptquantenzahl $n = 1$)
Die kugelförmige Fläche umschließt 90 % der Aufenthaltswahrscheinlichkeit des 1s-Elektrons.

Zur Hauptquantenzahl $n = 2$ ergibt die SCHRÖDINGER-Gleichung als Lösung vier verschiedene Orbitale: ein 2s-Orbital und drei 2p-Orbitale. Diese werden von Lithium über Kohlenstoff bis zum Neon der Reihe nach von den Elektronen des jeweiligen Atoms besetzt.

Das 2s-Orbital ist wie das 1s-Orbital kugelförmig, jedoch halten sich die Elektronen im Durchschnitt weiter vom Kern entfernt auf.

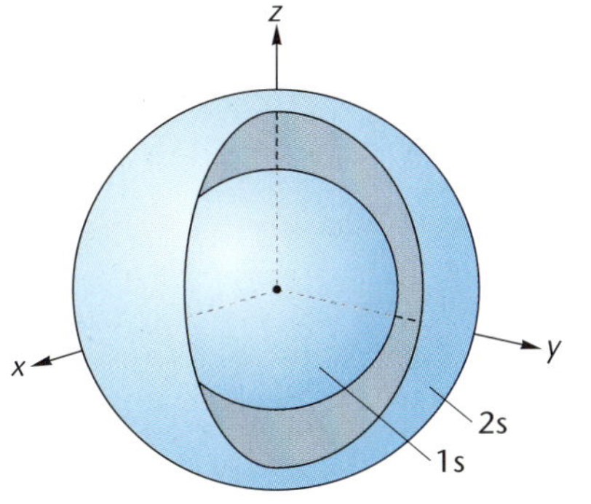

2s größer als 1s

Abb. 2
Schematische räumliche Darstellung des 2s-Orbitals

Die drei untereinander *energetisch gleichwertigen* 2p-Orbitale sind hantelförmige Gebilde, wobei der Atomkern zwischen den Hantelhälften liegt. Die p-Orbitale stehen jeweils senkrecht aufeinander. Sie lassen sich deshalb auf die Achsen eines kartesischen Koordinatensystems legen und werden dementsprechend als p_x-, p_y- und p_z-Orbitale bezeichnet.

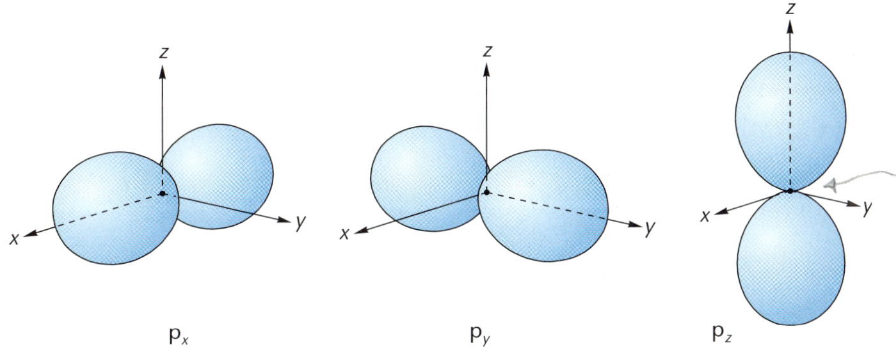

Atomkern zwischen den Hantelhälften

Abb. 3
Räumliche Darstellung der 2p Orbitale

Senkrecht zur Orbitalachse liegen die ebenen Knotenflächen. Hier ist die Aufenthaltswahrscheinlichkeit der Elektronen gleich null. Übrigens haben *alle* Orbitale der Hauptquantenzahl $n = 2$ *eine* solche Knotenfläche. Beim 2s-Orbital liegt sie als gekrümmte Fläche kugelförmig um den Atomkern.

Für die Hauptquantenzahl $n = 3$ gibt es wieder ein s- und drei p-Orbitale. Neu hinzu kommen fünf d-Orbitale, die aber für die organische Chemie in diesem Band nicht von Bedeutung sind. Daher soll auf die Geometrie der d-Orbitale hier nicht näher eingegangen werden.

1.2 Die sp^3-Hybridisierung

Das Kohlenstoffatom hat die Kernladungszahl 6, es besitzt also auch sechs Elektronen. Nach der Zellenschreibweise (siehe dazu die Mentor Abiturhilfe ML 680) sind diese im Grundzustand folgendermaßen angeordnet:

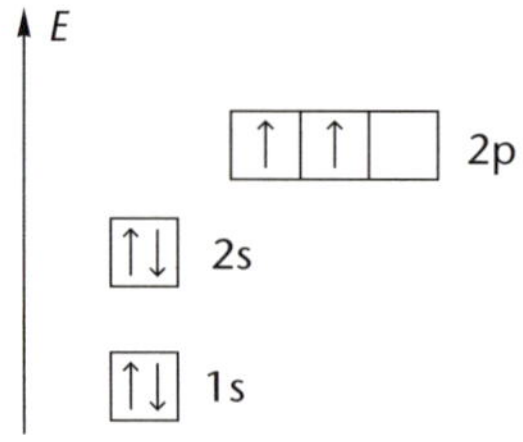

Abb. 4
Elektronenkonfiguration $1s^2 2s^2 2p^2$ des Kohlenstoff-Grundzustandes

Das Kohlenstoffatom besitzt demnach nur zwei ungepaarte Elektronen. Aus diesem Grund dürfte es nur zwei Atombindungen ausbilden, sodass der einfachste Kohlenwasserstoff eigentlich das Molekül CH_2 sein müsste. Tatsächlich aber ist dies das Methan, CH_4. Wie ist diese Vierbindigkeit des Kohlenstoffs zu erklären?

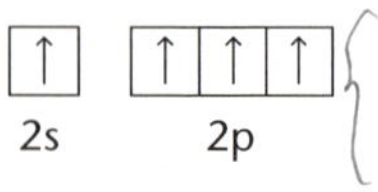

Wenn eines der beiden 2s-Elektronen im leeren 2p-Orbital wäre, dann läge die Elektronenkonfiguration $1s^2 2s^1 2p^3$ mit vier einfach besetzten Orbitalen vor. Diese „Umgruppierung" könnte die Vierbindigkeit des Kohlenstoffs erklären. Aber es gäbe ja, wie in Abbildung 4, immer noch den Unterschied zwischen der Energie des 2s-Elektrons und der Energie der 2p-Elektronen. Und diese Unterschiede passen nicht zu unserem experimentellen Wissen über das Methanmolekül:

- Die vier C–H-Bindungen haben identische Bindungsenergien*.
- Die vier Wasserstoffatome haben dieselbe Bindungslänge zum Kohlenstoffatom.
- Alle Wasserstoffatome haben untereinander genau gleiche Abstände, denn das Methanmolekül ist tetraedrisch gebaut.

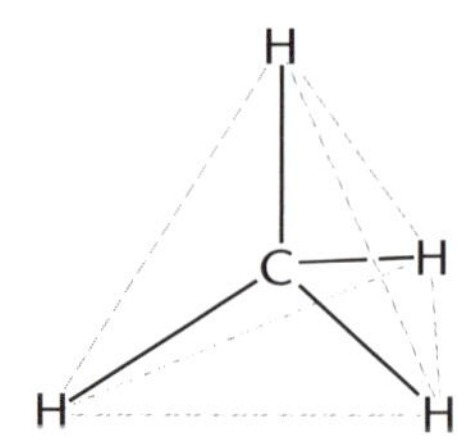

Abb. 5
Geometrie des Methanmoleküls

Bei allen Alkanen und in den von ihnen abgeleiteten Verbindungen (Derivate* der Alkane) zeigt sich dieser Befund ebenfalls:
Die Kohlenstoffatome bilden jeweils vier kovalente* Einfachbindungen aus, die zu gleichartigen Nachbaratomen absolut gleichwertig sind.

Was ist falsch an unserem Orbitalmodell? Nichts – wir müssen die 2s- und 2p-Orbitale nur richtig „mischen", nämlich so, dass alle vier dasselbe Energieniveau einnehmen! Dieses Zusammenführen von Atomorbitalen nennt man **Hybridisierung**.

Beim Kohlenstoffatom führt die Hybridisierung von einem 2s- und drei 2p-Atomorbitalen zu vier gleichwertigen sp^3-**Hybridorbitalen** (auch q-Orbitale genannt).
Aufgrund ihrer gegenseitigen Abstoßung sind diese nach dem Prinzip des kleinsten Zwangs tetraedrisch angeordnet.

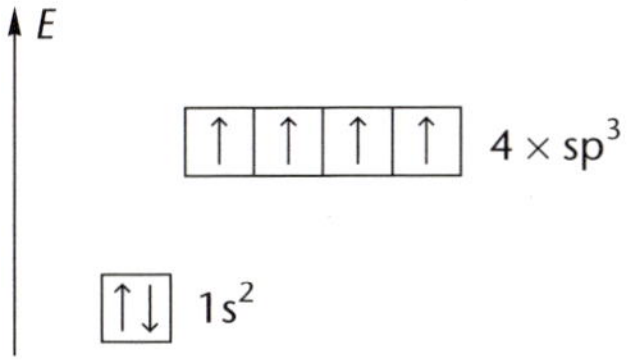

Abb. 6 a
Elektronenkonfiguration $1s^2 2p^1 2p^3$ eines sp^3-hybridisierten Kohlenstoffatoms

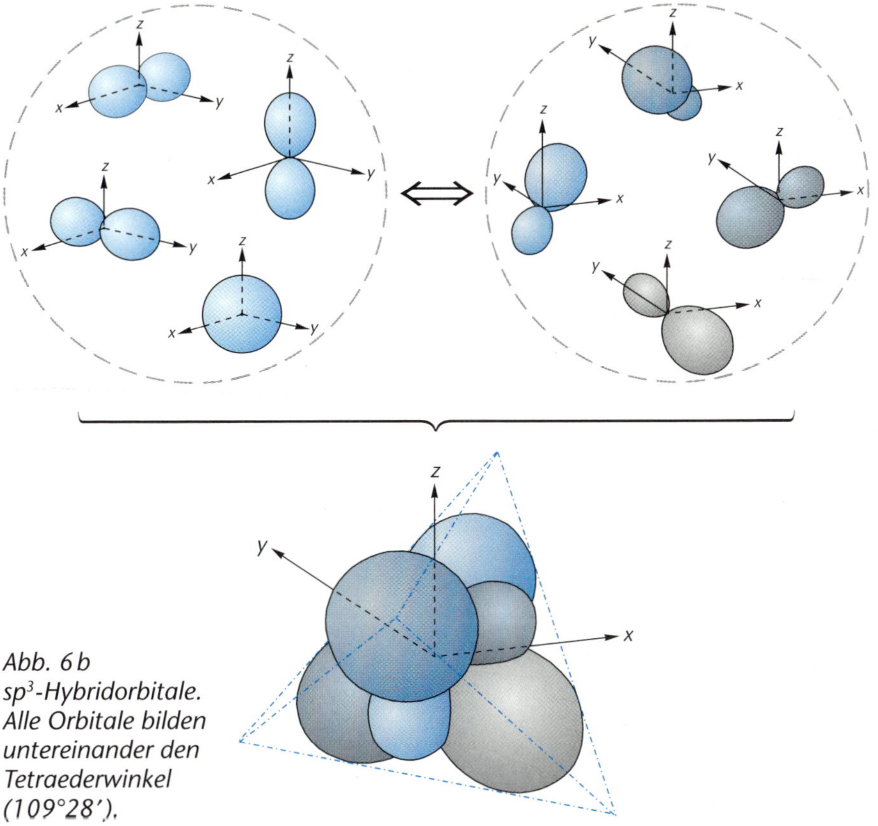

Abb. 6 b
sp^3-Hybridorbitale. Alle Orbitale bilden untereinander den Tetraederwinkel (109°28').

Mathematisch kann man zeigen, dass Hybridorbitale in der Summe den Atomorbitalen, aus denen sie „hervorgegangen" sind, völlig gleichwertig sind. Sie zeigen lediglich eine andere räumliche Verteilung der Aufenthaltswahrscheinlichkeit der Bindungselektronen. (Sie erinnern sich: *räumliche Verteilung der Aufenthaltswahrscheinlichkeit von Elektronen* = Orbital.)
Die Hybridisierung der Atomorbitale ist also eine Verlagerung der Elektronendichte zu den Bindungspartnern hin, die nur *mit und aufgrund* der Ausbildung von Atombindungen zu den jeweiligen Bindungspartnern zustande kommt. Es existiert daher kein „freies" hybridisiertes C-Atom.

Was ist eigentlich eine Atombindung? Sie kommt zustande durch die **Überlappung** von Orbitalen der Atome, zwischen denen sich die Atombindung ausbildet.
„Überlappung" bedeutet, dass die Atom- oder Hybridorbitale der Bindungselektronen teilweise den *gleichen* Raum zwischen den Atomen einnehmen. Das aber heißt nichts anderes, als dass *beide* Elektronen im *gleichen* Raumsegment eine hohe Aufenthaltswahrscheinlichkeit besitzen!
Je größer die Überlappung der Orbitale, desto stärker ist das Elektronenpaar der Atombindung auf den Raum zwischen den Bindungspartnern „konzentriert" und desto *fester* ist die Bindung.

Wir sind es gewohnt, in Strukturformeln zwei Atome mit einem Strich zu verbinden, wenn es zwischen ihnen eine chemische Bindung gibt. So wie ein Strich *neben* einem Atom ein freies Elektronenpar symbolisiert, kennzeichnet dieser Strich *zwischen* Atomen ein Bindungselektronenpaar.
Unsere einfachen darstellerischen Mittel geben also ziemlich genau die Erkenntnis wieder, die wir aus der „komplizierten" Überlappung von Orbitalen gewinnen können!

Durch die Überlappung von Atomorbitalen entsteht ein neues Orbital, das **Molekülorbital**. Es „gehört" zu allen an der Bindung beteiligten Atomen und kann wie ein Atomorbital doppelt mit Elektronen besetzt werden.

Genau dies geschieht bei einer Atombindung, wie wir uns jetzt für die C–H-Bindung im Methan etwas genauer ansehen werden:
Im Methanmolekül überlappen jeweils ein einfach besetztes sp^3-Hybridorbital des Kohlenstoffs und ein einfach besetztes 1s-Orbital des Wasserstoffs. Man erhält somit vier äquivalente C–H-Einfachbindungen.

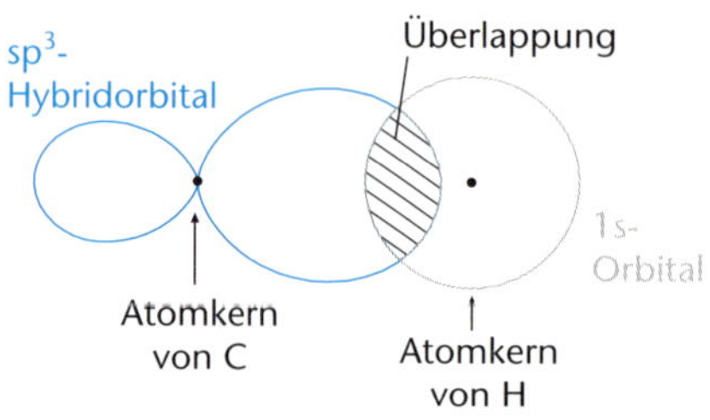

Abb. 7a
Überlappung der Orbitale in einer C–H-Bindung

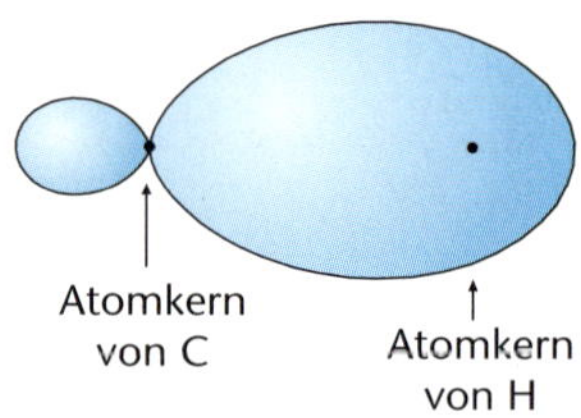

Abb. 7b
Molekülorbital der C–H-Bindung

Sigma-Bindung

Die Überlappung der an einer C–H-Bindung beteiligten Orbitale zeigt rotationssymmetrische Geometrie bezüglich der Kern-Kern-Linie. Solche Bindungen werden als **σ-Bindungen** bezeichnet.

Der Einfachheit halber wird die Hybridisierung von Atomorbitalen hier und in den nächsten Abschnitten nur am Kohlenstoffatom gezeigt. Das Modell der Hybridisierung lässt sich aber auch auf Heteroatome* übertragen.

Aufgaben 1.1 – 1.4

1.1 Was versteht man unter einem Orbital?

1.2 Kohlenstoff und Wasserstoff reagieren zu Methan. Erklären Sie die Vierbindigkeit des C-Atoms im CH_4-Molekül mithilfe des Orbitalmodells.

1.3 Wie erklärt man sich die Tatsache, dass die C–H-Bindungen in allen Alkanen, nicht nur bei Methan, gleichwertig sind?

1.4 Zeigen Sie die Bildung von sp^3-Hybridorbitalen in der Zellenschreibweise.

Die sp^2-Hybridisierung

In den *Alkenen* und den davon abgeleiteten Verbindungen (siehe dazu ML 676, Abschnitt B 2) bilden manche Kohlenstoffatome mit benachbarten Atomen wie C, O oder N **Doppelbindungen** aus.
Doppelbindungen zwischen zwei Kohlenstoffatomen betreffen nicht nur die C=C-Doppelbindung selbst, sie wirken sich auch auf die Bindungen zu den restlichen Nachbaratomen um die C=C-Bindung herum aus.

Ein sehr übersichtliches Modell dafür liefert uns das Ethen (C_2H_4), dessen Struktur sich in allen höheren Alkenen wiederfindet. Seine Untersuchung hat ergeben, dass das Molekül planar gebaut ist, das heißt, alle Atome liegen in einer Ebene und alle Bindungswinkel betragen 120°. Die C=C-Bindungslänge ist gegenüber der Länge der Einfachbindung deutlich verkürzt, was auf eine stärkere Überlappung der Orbitale und damit festere Bindung deutet.

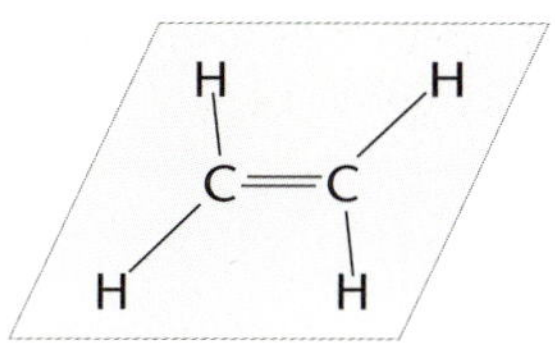

Abb. 8
Die räumliche Struktur von Ethen

Ein Kohlenstoffatom, das eine Doppelbindung eingeht, ist sp^2-hybridisiert: Nur zwei der drei 2p-Orbitale bilden mit dem 2s-Orbital insgesamt drei gleichwertige sp^2-Hybridorbitale aus. Das dritte 2p-Orbital ist nicht an der Hybridisierung beteiligt und bleibt unverändert erhalten.

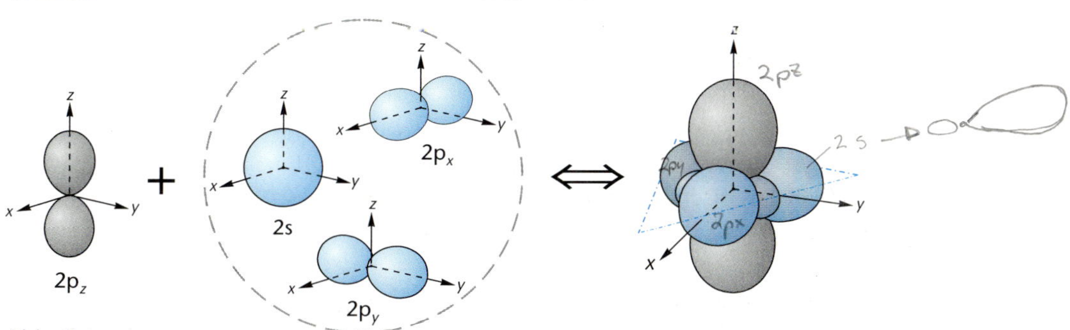

Abb. 9
sp^2-Hybridisierung beim Kohlenstoffatom

Bei einer Doppelbindung unter Beteiligung von zwei sp^2-hybridisierten Kohlenstoffatomen, wie im Ethen, liegen die insgesamt sechs sp^2-Hybridorbitale in derselben Ebene, die von den vier Wasserstoff- und zwei Kohlenstoffatomen dieser Verbindung aufgespannt wird. Jedes sp^2-Hybridorbital liegt auf einer der Bindungsachsen.
Die Achse des nichthybridisierten 2p-Orbitals eines jeden Kohlenstoffatoms steht senkrecht auf dieser Ebene. Diese beiden 2p-Atomorbitale liegen also parallel zueinander.

Zuerst betrachten wir das Zustandekommen der C=C-Doppelbindung:

Bei der Doppelbindung handelt es sich nicht um zwei gleichartige σ-Bindungen.

- Eine der Bindungen ist eine σ-Bindung, die durch Überlappung von zwei sp^2-Hybridorbitalen entsteht (siehe Abb. 10a).
- Die beiden parallel zueinander stehenden 2p-Atomorbitale können zu einem Molekülorbital überlappen, das beide C-Atome einschließt und zu gleichen Teilen oberhalb und unterhalb der Ebene des Ethenmoleküls angeordnet ist (siehe Abb. 10b).

Pi-Bindung

Die auf diese Weise gebildete neue Bindung bezeichnet man als **π-Bindung**, die Elektronen in diesem neu gebildeten Orbital nennt man dementsprechend π-Elektronen.

keine σ-Bindung ohne π-Bindung und umgekehrt

a) Ausbildung der σ-Bindung *b) Ausbildung der π-Bildung*

Abb. 10
Modellvorstellung von der Geometrie des Ethenmoleküls

Die Überlappung der beiden 2p-Orbitale ist geringer als die Überlappung der Hybridorbitale in einer σ-Bindung. Daher ist die gemeinsame Bindungsenergie der aus σ- und π-Bindung gebildeten C=C-Doppelbindung kleiner als die Summe der *Bindungsenergien** zweier C–C-Einfachbindungen. Der *Abstand* der beiden Kohlenstoffatome in einer solchen Doppelbindung ist kürzer (134 pm) als der in einer σ-Einfachbindung (154 pm).

Die C–H-Bindungen im Ethenmolekül kommen durch Überlappung eines der vier noch nicht „verbrauchten" sp^2-Hybridorbitale mit einem 1s-Orbital eines Wasserstoffatoms zustande. Dabei entsteht eine σ-Bindung.

Sind in einem Molekül Doppelbindungen durch jeweils eine Einfachbindung getrennt, so spricht man von **konjugierten Doppelbindungen**, weil es Überlappungs-Wechselwirkungen zwischen den Doppelbindungen gibt. Solche Moleküle zeigen deutlich andere chemische Eigenschaften als Moleküle mit **isolierten Doppelbindungen**, bei denen zwei oder mehr Einfachbindungen zwischen den Doppelbindungen liegen.
Die einfachste Verbindung mit konjugierten Doppelbindungen ist das 1,3-Butadien:

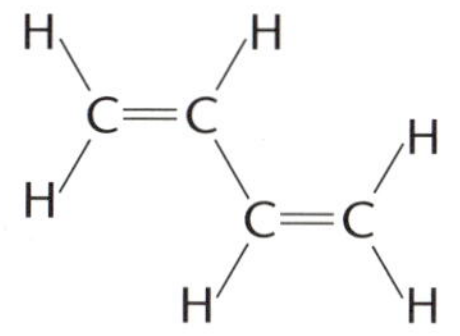

Abb. 11
Strukturformel des 1,3-Butadiens

Besonders stark ausgeprägt sind die chemischen Eigenschaften der konjugierten Doppelbindungen bei den so genannten *aromatischen Verbindungen*, die in Abschnitt 1.6 behandelt werden.

Aufgaben 1.5 – 1.8

1.5 Zeigen Sie die Bildung von sp^2-Hybridorbitalen in der Zellenschreibweise.

1.6 Was versteht man unter einer π-Bindung?

1.7 Warum ist das Ethenmolekül planar gebaut?

1.8 Die Bindungsenergie einer C–C-Einfachbindung hat eine Größe von ca. 352 $kJ \cdot mol^{-1}$, die einer C=C-Doppelbindung von ca. 605 $kJ \cdot mol^{-1}$.

a) Berechnen Sie den Anteil der π-Bindung an der Bindungsenergie der Doppelbindung.

b) Vergleichen Sie die Bindungsenergien von σ-Bindung und π-Bindung miteinander.
Wie ist dies aus der Sicht des Orbitalmodells zu erklären?

Art d. Hybridisierung abhängig von Zahl d. Bindungspartner:

109° = tetraedrisch

4 Bindungspartner $4 \times sp^3$ = 1/4 s 3/4 p

3 Bindungspartner $2p_z$ $3 \times sp^2$ 120° = planar

2 Bindungspartner $2 \times sp$ 180° = linear

1.4 Die sp-Hybridisierung

$H-C\equiv C-H$

Das typische Merkmal der Alkine ist eine Dreifachbindung zwischen zwei Kohlenstoffatomen (siehe dazu ML 676, Abschnitt B 3). Untersuchungen am Ethin ergeben die folgenden Befunde:

- Die C≡C-Bindungslänge ist kürzer als die einer Doppelbindung.
- Die Bindungsenergie ist gegenüber der C=C-Bindung im Ethen um 232 $kJ \cdot mol^{-1}$ erhöht, die Bindung ist also stärker als im Ethenmolekül.
- Alle Atome sind linear angeordnet.

Im Ethinmolekül sind die Kohlenstoffatome sp-hybridisiert. Darunter versteht man die Verschmelzung eines 2s-Orbitals mit einem 2p-Orbital zu zwei gleichartigen sp-Hybridorbitalen, die auf einer gemeinsamen Achse liegen. Bei einer C≡C-Dreifachbindung führt die Überlappung von je einem der beiden sp-Hybridorbitale zur Ausbildung einer σ-Bindung.

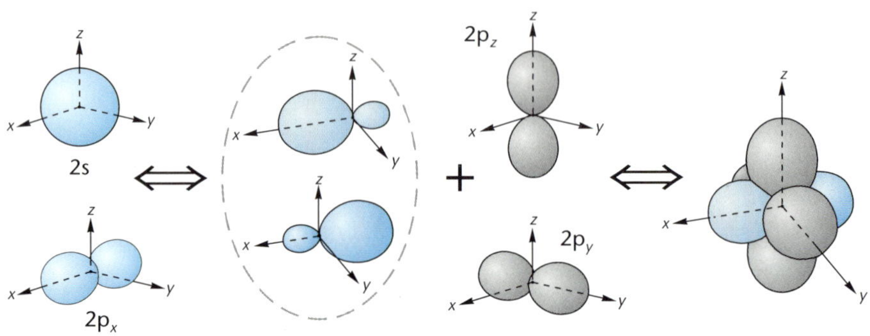

Abb. 12
sp-Hybridisierung des Kohlenstoffatoms

Senkrecht zur Bindungsachse stehen die an der Hybridisierung nicht beteiligten 2p-Orbitale.
Die vier 2p-Orbitale der beiden Kohlenstoffatome überlappen paarweise seitlich der C–C-Bindungsachse.

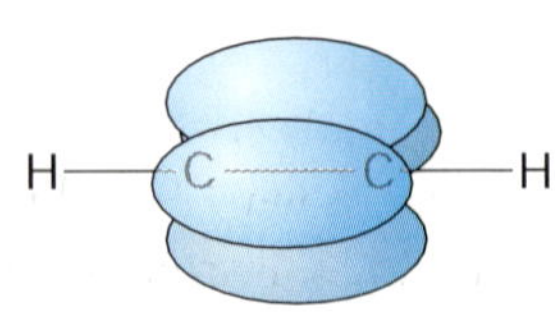

Abb. 13
π-Molekülorbitale des Ethinmoleküls

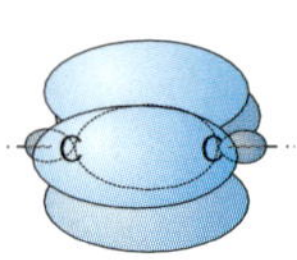

Die C≡C-Dreifachbindung setzt sich also aus einer starken σ-Bindung und zwei schwächeren π-Bindungen zusammen. Somit erklären sich die verkürzte Bindungslänge und die erhöhte Bindungsenergie gegenüber der C=C-Doppelbindung durch die zusätzliche π-Bindung.

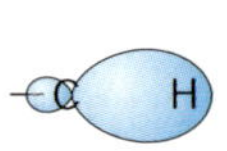

Die beiden C–H-Bindungen im Ethin entstehen durch Überlappung des s-Orbitals eines Wasserstoffatoms mit dem zweiten sp-Hybridorbital des Kohlenstoffatoms.

Die Auswirkungen der Hybridisierung und der zusätzlichen π-Bindungen bei C–C-Mehrfachbindungen auf die physikalischen und geometrischen Eigenschaften der Bindungen zeigt die Tabelle:

Bindungsparameter bei Ethan, Ethen und Ethin			
	C–C-Bindungsenergie	C–C-Bindungslänge	Bindungswinkel C–C–H
$H_3C–CH_3$	352 kJ·mol^{-1}	154 pm	109°
$H_2C=CH_2$	605 kJ·mol^{-1}	134 pm	121°
HC≡CH	837 kJ·mol^{-1}	121 pm	180°

Aufgaben 1.9 – 1.11

1.9 Erläutern Sie, was man unter sp-Hybridisierung versteht.

1.10 Zeigen Sie die Bildung von sp-Hybridorbitalen in der Zellenschreibweise.

1.11 Warum ist das Ethinmolekül linear gebaut? Erklären Sie dies anhand des Orbitalmodells.

Der induktive Effekt *1.5*

Die Bindungspartner Kohlenstoff und Wasserstoff haben in reinen Kohlenwasserstoffverbindungen praktisch dieselbe Elektronegativität* (EN). Das bedeutet, dass die beiden Atome auf das σ-Orbital der zwischen ihnen bestehenden Atombindung etwa gleich stark einwirken. Daher besteht zwischen ihnen eine symmetrische (unpolare) Bindung.
Andere Bindungspartner des Kohlenstoffs in organischen Verbindungen können sich aber in ihrer Elektronegativität deutlich vom Kohlenstoffatom unterscheiden. Dies gilt insbesondere für Halogen- und Sauerstoffatome. Resultat ist eine polare Atombindung*, bei der die Elektronendichte asymmetrisch verteilt ist. Das gemeinsame bindende Elektronenpaar wird zum stärker elektronegativen Partner hin orientiert, sodass hier eine höhere Elektronendichte herrscht.

Wenn Atome mit einer höheren EN als ein Wasserstoffatom einen „Elektronen ziehenden" Effekt auf das bindende Elektronenpaar ausüben, so spricht man von einem **negativen induktiven Effekt (–I-Effekt)**. Die asymmetrische Elektronenverteilung wird durch ein Dreieck symbolisiert.

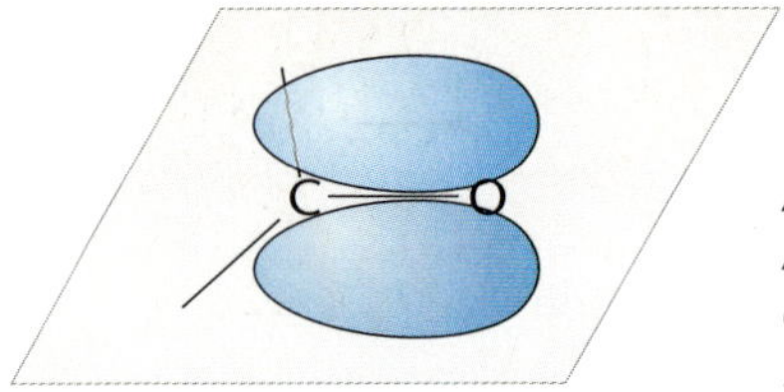

Abb. 14
Asymmetrische Elektronendichteverteilung am Beispiel der C–O-π-Bindung in der Carbonylgruppe

Im Monochlormethanmolekül beispielsweise trägt das Chloratom eine negative Teil- oder Partialladung (δ^-), während das Kohlenstoffatom eine positive Partialladung besitzt (δ^+).
Monochlormethan ist also polarisiert, es besitzt einen positiven und einen negativen Pol. Man spricht dann von einem **Dipol**.

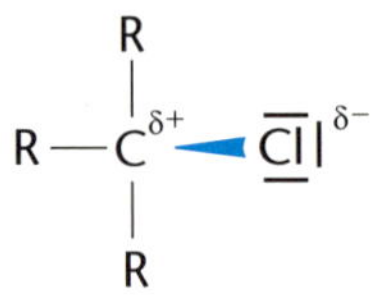

Abb. 15
Negativer induktiver Effekt (–I-Effekt)

Atome mit kleinerer EN als das Wasserstoffatom (meistens Metallatome wie das Lithiumatom) bewirken einen **positiven induktiven Effekt (+I-Effekt)**, sie wirken dem Kohlenstoffatom gegenüber „Elektronen schiebend".

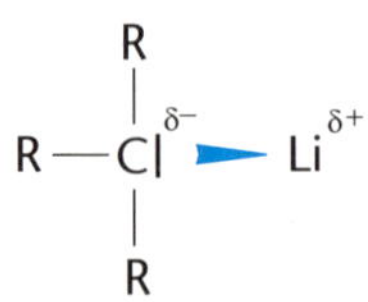

Abb. 16
Positiver induktiver Effekt (+I-Effekt)

Aber nicht nur Atome, sondern auch funktionelle* Gruppen können gegenüber ihrem benachbarten Kohlenstoffatom unterschiedliche Elektronegativität aufweisen!
Abbildung 17 zeigt die induktiven Effekte funktionaler Gruppen. Die C–H-Bindung dient als Standard.

Der induktive Effekt wirkt sich nicht nur auf die physikalischen Eigenschaften von Verbindungen aus, er hat bei *nichtaromatischen* Verbindungen auch großen Einfluss auf das Reaktionsverhalten.

Elektronen ziehende Gruppen (Elektronenakzeptoren) bewirken einen –I-Effekt.

Elektronen schiebende Gruppen (Elektronendonatoren) führen zu einem +I-Effekt.

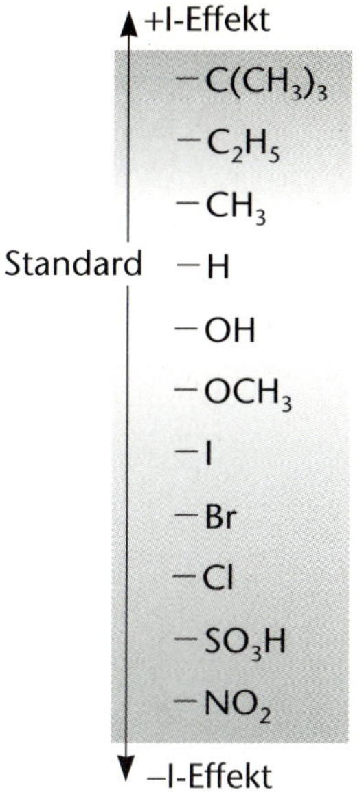

Abb. 17
Funktionelle Gruppen mit unterschiedlichem induktivem Effekt

Die Polarisierung des bindenden Elektronenpaares wirkt sich auch noch auf weiter entfernte Kohlenstoffatome aus. Der induktive Effekt nimmt aber mit zunehmender Entfernung rasch ab, er ist über das dritte Kohlenstoffatom hinaus nicht mehr nachweisbar.

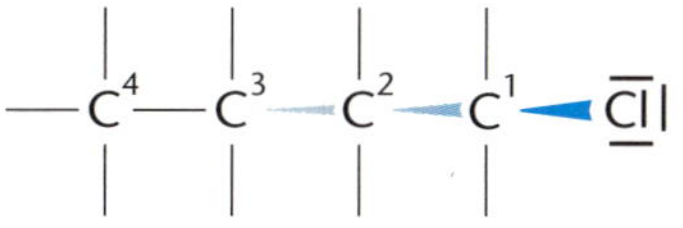

Abb. 18
Abnahme des induktiven Effekts

Aufgaben 1.12 – 1.14

1.12 Wann treten polare Atombindungen auf?

1.13 Beschreiben Sie die Bindungsverhältnisse im Monofluormethan.

1.14 Welchen induktiven Effekt bewirken Bromatome bzw. Ethylgruppen? Begründen Sie Ihre Aussage.
Kleiner Hinweis: Man kann Informationen nicht nur aus geschriebenem Text, sondern auch aus Tabellen oder Abbildungen beziehen!

1.6 Der aromatische Bindungszustand

1.6.1 Strukturformel des Benzols

Benzol mit der Summenformel C_6H_6 ist der Grundkörper der großen Klasse der aromatischen Verbindungen bzw. Aromaten. Die historische Bezeichnung „aromatisch" bezieht sich heute nicht mehr auf wohlriechende Stoffe, sondern auf chemische Verbindungen, die sich ihrem Bindungscharakter nach vom Benzol ableiten lassen. (Näheres zum Benzol und anderen aromatischen Verbindungen siehe ML 676, Abschnitt B 4.)

Erst 40 Jahre nach der Entdeckung der Verbindung Benzol konnte 1865 seine Struktur aufgeklärt werden. AUGUST KEKULÉ* schlug eine Ringstruktur vor, bei der sich drei Einfach- mit drei Doppelbindungen abwechseln.

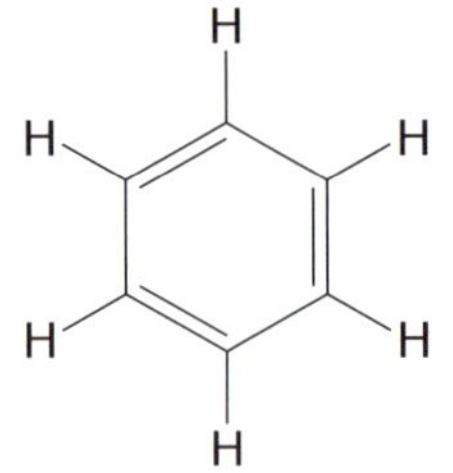

Abb. 19
Benzolformel nach KEKULÉ

Im Gegensatz zu nichtaromatischen ungesättigten Verbindungen ist Benzol aber sehr *reaktionsträge*. Nach vielen Untersuchungen wurde deutlich, dass der wirkliche Bindungszustand im Benzolmolekül zwischen zwei so genannten **Grenzstrukturen** liegt, was durch einen Doppelpfeil bzw. Mesomeriepfeil (⟷) zwischen den beiden Grenzformeln verdeutlicht wird. Man spricht in einem solchen Fall von **Mesomerie**.

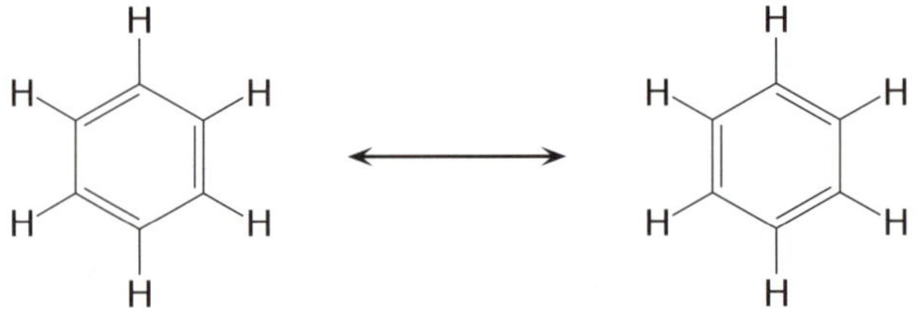

Abb. 20
Mesomere Schreibweise des Benzolmoleküls

Diese Schreibweise mit dem Mesomeriepfeil darf auf keinen Fall mit den beiden Pfeilen der Hin- und Rückreaktion in einem Gleichgewichtssystem (⇄) verwechselt werden!

Die beiden Grenzstrukturen sind nur fiktive Hilfsstrukturen, der real existierende Bindungszustand des Benzolmoleküls liegt irgendwo dazwischen. Um die besonderen Bindungsverhältnisse im Benzol zu symbolisieren, sollten also nicht die KEKULÉ-Grenzstrukturen verwendet werden. Geeigneter ist das von ROBINSON* bereits im Jahre 1925 vorgeschlagene Symbol:

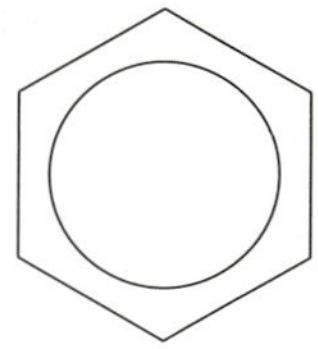

Abb. 21
Symbolische Schreibweise für Benzol nach ROBINSON

Mesomerie bedeutet, dass es keine fest lokalisierten π-Bindungen (Näheres dazu in Abschnitt 1.6.2) gibt. Der mesomere Bindungszustand ist wesentlich energieärmer und somit stabiler, als die beiden Grenzformeln mutmaßen lassen.

Diese Stabilisierung bezeichnet man als **Mesomerieenergie**; im Falle des Benzols beträgt sie 151 kJ · mol^{-1}. Sie liegt also in der Größenordnung einer „richtigen" chemischen Bindung. Vergleichen Sie einmal mit der Tabelle in Abschnitt 1.4!

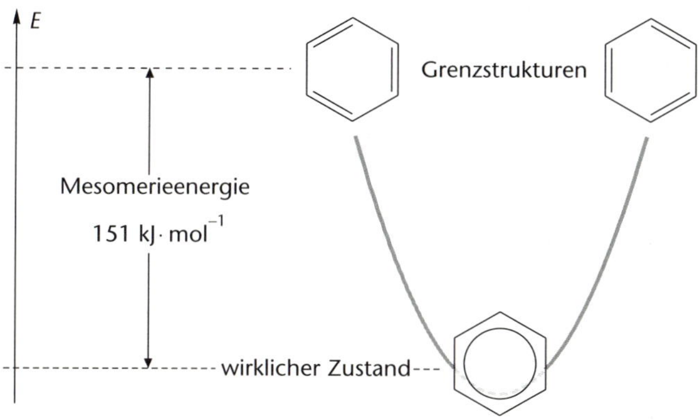

Abb. 22
Energieverhältnisse bei der Mesomeriestabilisierung des Benzomoleküls

Bindungsverhältnisse im Benzolmolekül 1.6.2

Durch verschiedene Messungen konnte nachgewiesen werden, dass die sechs Kohlenstoffatome des Benzolrings in einem ebenen Sechsring angeordnet sind. In dieser Ebene liegen auch die sechs Wasserstoffatome. Alle sechs C–C-Bindungslängen im Benzolmolekül sind gleich (139 pm); sie liegen zwischen einer Einfachbindung (154 pm) und einer Doppelbindung (134 pm). Es sind auch *alle* Bindungswinkel gleich groß, sie betragen 120°.

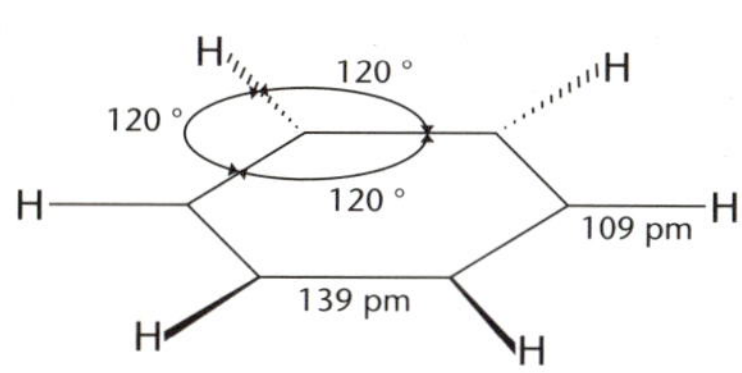

Abb. 23
Geometrie des Benzolmoleküls

Die experimentell gefundene Molekülgeometrie des Benzols lässt sich gut verstehen, wenn man annimmt, dass alle Kohlenstoffatome im Benzol sp^2-hybridisiert sind. Jedes dieser Kohlenstoffatome kann dadurch drei in einer Ebene liegende σ-Bindungen eingehen. Zwei dieser σ-Bindungen bilden die Verknüpfungen zu je einem benachbarten Kohlenstoffatom, mit der dritten σ-Bindung ist jeweils ein Wasserstoffatom an den Kohlenstoff gebunden. Dadurch verbleibt an jedem Kohlenstoffatom noch ein einfach besetztes, nichthybridisiertes 2p-Orbital, welches senkrecht zur Molekülebene steht:

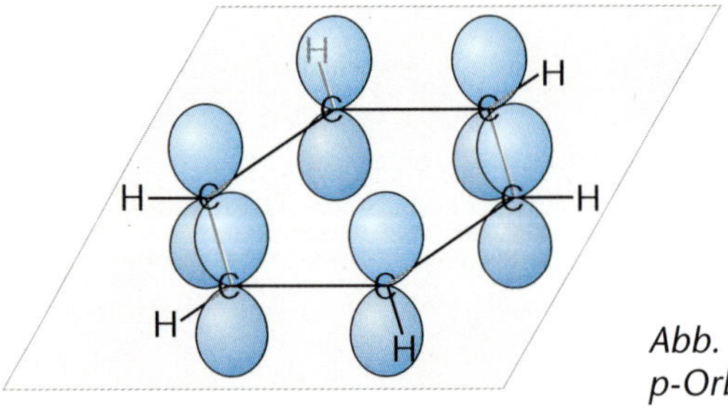

Abb. 24
p-Orbitale im Benzolmolekül

Die sechs 2p-Orbitale liegen parallel zueinander, sodass es zu einer Überlappung oberhalb und unterhalb der Molekülebene kommt (vergleiche auch Abschnitt 1.3). Somit entsteht eine ringförmige π-Elektronenwolke mit einer Knotenebene in der Molekülebene:

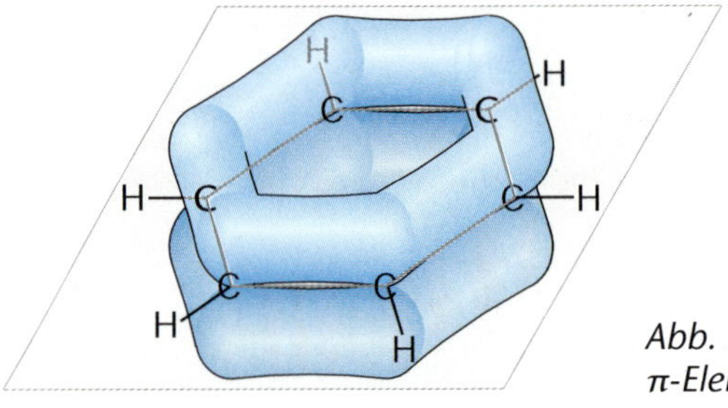

Abb. 25
π-Elektronenwolke des Benzolmoleküls

Die 6 π-Elektronen kann man nicht mehr einzelnen Kohlenstoffatomen zuordnen, denn sie sind über das ganze System der π-Elektronenwolke symmetrisch verteilt. Man spricht von **delokalisierten* Elektronen.**

Eine Delokalisierung von Elektronen bedeutet immer eine Stabilisierung des Moleküls.

Zu den aromatischen Verbindungen zählt man heute neben dem Benzol und seinen Derivaten alle ringförmigen Verbindungen mit parallelen p-Orbitalen, die sich auszeichnen durch:

- planaren Bau der Moleküle *und*
- hohe Mesomeriestabilisierung.

Dazu zählt unter anderem das Naphthalin, einer der Hauptbestandteile des Steinkohlenteers:

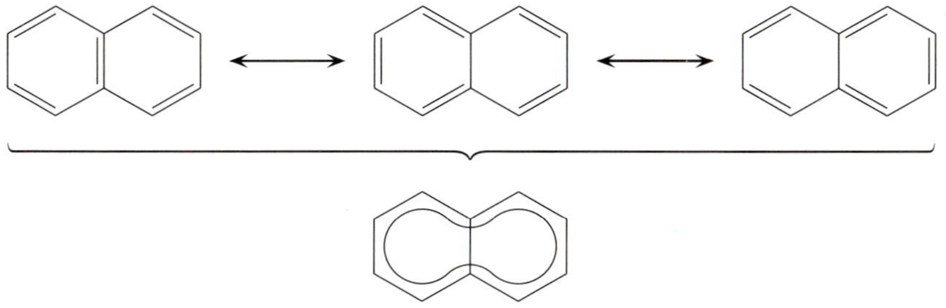

Abb. 26
Naphthalin ($C_{10}H_8$)

Mithilfe der **Hückel*-Regel** kann man Verbindungen mit aromatischem Charakter auch theoretisch „vorhersagen":

Verbindungen mit aromatischem Charakter weisen eine zyklische π-Elektronenwolke auf, an der $4n + 2$ π-Elektronen ($n = 0, 1, 2, \ldots$) beteiligt sind.

Dies gilt auch für Heterocyclen, die Heteroatome* wie N oder O im Ring enthalten.

In Abschnitt 2.1.4 werden wir sehen, dass Mesomeriestabilisierungen durch das aromatische π-System sogar Ladungen von Ionen mit einbeziehen können.

Aufgaben 1.15 – 1.17

1.15 Beschreiben Sie den räumlichen Bau des Benzolmoleküls.

1.16 Erläutern Sie die Bindungsverhältnisse im Benzol aus der Sicht des Orbitalmodells.

1.17 Pyrrol ist eine heterocyclische Verbindung mit der Summenformel C_4H_5N. Wie lautet die Strukturformel? Ist die Verbindung aromatisch?

2. Grundlegende Reaktionen organischer Verbindungen

Die meisten Umsetzungen in der organischen Chemie können in ihrem Ablauf einigen wenigen grundlegenden Reaktionsmechanismen* zugeordnet werden. Bei diesen Mechanismen spielen drei Arten von Reaktionspartnern eine Rolle, die hier zunächst einmal kurz dargestellt werden sollen.

Elektrophile Reaktionspartner

elektrophil

sind, wie der Name schon sagt, „Elektronen suchende" Teilchen, also Teilchen mit Elektronenmangel. Dazu gehören Moleküle mit positiver Teilladung, wie das polarisierte Brommolekül in Abschnitt 2.1.3, aber auch Kationen wie H^+, Br^+ oder die Carbokationen:

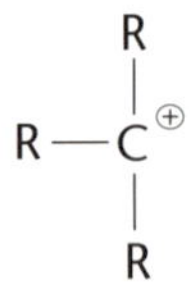

Abb. 27
Carbokation (veraltet: Carboniumion)
R: organischer Rest oder H

Elektrophile Teilchen wirken bei der Ausbildung von Atombindungen als **Elektronenakzeptoren** (Elektronenempfänger).

Nukleophile Reaktionspartner

nukleophil

sind Teilchen mit Elektronenüberschuss, häufig Moleküle mit freien Elektronenpaaren oder Anionen, wie $|NH_3$, Br^-, OH^-, CN^-, oder die Carbanionen:

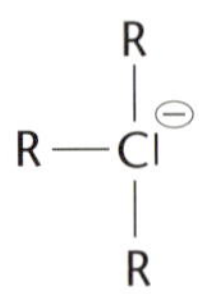

Abb. 28
Carbanion

Solche Nukleophile suchen an ihrem jeweiligen Reaktionspartner, dem **Substrat***, den Ort verminderter Elektronendichte auf, wo der betreffende Atomkern nicht über seine „normale" Hülle von Elektronen verfügt.

Ein Beispiel dafür ist das Kohlenstoffatom im Monochlormethanmolekül:
Das Substrat Monochlormethan wird vom Nukleophil am Kohlenstoffatom angegriffen.

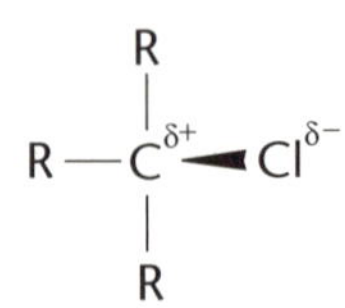

Nukleophil sind aber auch Molekülteile mit hoher Elektronendichte, wie zum Beispiel aromatische π-Systeme oder C–C-Mehrfachbindungen. Nukleophile Teilchen wirken bei der Ausbildung von Atombindungen als **Elektronendonatoren** (Elektronenspender).

Radikalische Reaktionspartner

radikalisch

sind Atome bzw. Atomgruppen mit einem ungepaarten (einsamen) Elektron, wie zum Beispiel das Chlorradikal Cl• oder das Ethylradikal CH_3CH_2• (siehe ML 676, Abschnitt 1.4.2). Radikale sind in der Regel sehr unbeständige, kurzlebige und reaktionsfreudige Teilchen. Durch das freie Elektron können Kettenreaktionen in Gang gesetzt werden (Radikalkettenreaktionen), die sehr rasch ablaufen, da der Radikalcharakter über die gesamte Reaktion erhalten bleibt. (Näheres dazu siehe Abschnitt 2.1.3.)

Im Folgenden werden nun die einzelnen Reaktionsmechanismen genauer dargestellt.

Substitutionsreaktionen 2.1

Substitutionsreaktionen ermöglichen die Synthese* vieler neuer Verbindungen. Sie können über unterschiedliche Reaktionsmechanismen zustande kommen. Gemeinsam ist ihnen der *Austausch* („Substitution") eines Teils des Substratmoleküls.

> Unter einer **Substitution** versteht man den Austausch eines Atoms oder einer Atomgruppe in einem Molekül durch ein anderes Atom oder eine andere Atomgruppe. Dabei bleibt das Grundgerüst des Moleküls erhalten.

Es müssen Atombindungen gelöst und an gleicher Stelle wieder neu gebildet werden. Je nach Reaktionspartner unterscheidet man zwischen nukleophiler, elektrophiler und radikalischer Substitution.

Bei **nukleophilen Substitutionen (S_N-Reaktionen)** erfolgt der Austausch des Liganden* X durch den Angriff eines Elektronen spendenden nukleophilen Teilchens Y:

$$R{-}X + |Y^- \longrightarrow R{-}Y + |X^-$$

Es existieren zwei Typen der nukleophilen Substitution. Man erkennt die unterschiedlichen Reaktionsmechanismen anhand ihrer Reaktionskinetik* und manchmal auch am räumlichen Bau der Produkte.

2.1.1 S_N1-Reaktionen

Als Beispiel für eine S_N1-Reaktion ist hier die Reaktion von tertiärem Butylchlorid (vgl. Abb. 29 links) mit dem nukleophilen Hydroxidion gewählt. Dabei entsteht der tertiäre Butylalkohol (tert. Butanol).

Bei einer S_N1-Reaktion unterscheidet man *zwei Reaktionsschritte.*

Der erste Schritt ist der *geschwindigkeitsbestimmende Schritt*, denn er verläuft sehr langsam. Dabei verlässt der bisherige Chlor-Ligand das Molekül unter Mitnahme der beiden Bindungselektronen als Chloridion. Zurück bleibt ein Carbokation:

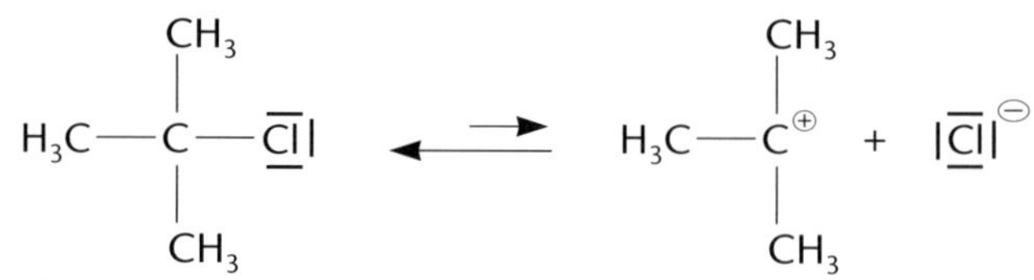

Abb. 29
Erster Schritt der S_N1-Reaktion: Abspaltung des Liganden

Zur Abspaltung des Liganden muss die C–Cl-Atombindung getrennt werden. Auch bei optimalen Reaktionsbedingungen (das heißt zum Beispiel richtiger Temperatur und richtigem Lösungsmittel) ist für diese Trennung eine hohe Aktivierungsenergie nötig. Dies erklärt, warum der erste Schritt der S_N1-Reaktion eine kleine Geschwindigkeitskonstante hat, also langsam abläuft.
Da der geschwindigkeitsbestimmende erste Schritt ohne Beteiligung des „angreifenden" Nukleophils abläuft, ist eine S_N1-Reaktion *nur* von der Konzentration des Substrates R–X abhängig.

Im zweiten, sehr rasch ablaufenden Reaktionsschritt vereinigt sich das Carbokation mit dem nukleophilen Teilchen (hier: OH^-). Das für die neue Elektronenpaarbindung nötige Elektronenpaar stammt vom nukleophilen Anion:

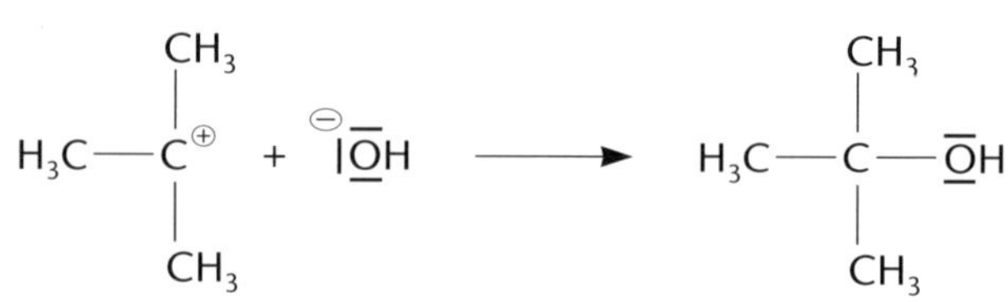

Abb. 30
Zweiter Schritt der S_N1-Reaktion: chemische Bindung zum angreifenden Nukleophil

Bei S_N1-Reaktionen entstehen als *Zwischenstufe* immer Carbokationen, die in einigen Fällen sogar sehr stabil sind und sich in Flaschen abfüllen lassen.

S_N2-Reaktionen

Ist die Reaktionsgeschwindigkeit einer S_N-Reaktion sowohl von der Konzentration des Substrats R–X als auch von der Konzentration des Nukleophils abhängig, so spricht man von einer S_N2-Reaktion. Sie verläuft in nur einem einzigen Reaktionsschritt, wobei der Eintritt des neuen Substituenten und die Abspaltung des ursprünglichen Liganden gleichzeitig (synchron) erfolgen.

Beispiel für eine S_N2-Reaktion ist die Reaktion von Monobrommethan mit einem Hydroxidion. Aufgrund der höheren EN des Bromatoms gegenüber dem Kohlenstoffatom halten sich die bindenden Elektronen im Monobrommethanmolekül näher beim Bromatom auf. Es trägt also eine negative Partialladung, das Kohlenstoffatom ist positiv polarisiert. Ein nukleophiles, negativ geladenes Hydroxidion nähert sich dem Molekül daher in Richtung des positivierten Kohlenstoffatoms, also auf der dem Bromatom abgewandten Seite.

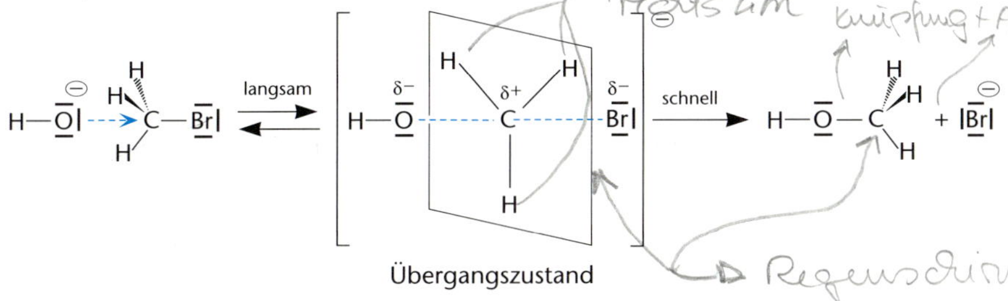

Abb. 31
Mechanismus einer S_N2-Reaktion am Beispiel der Reaktion von Monobrommethan mit Hydroxidionen

Die Knüpfung der C–OH-Bindung und die Abspaltung des Br^--Ions erfolgen gleichzeitig. Im Übergangszustand liegen die drei Wasserstoffatome zusammen mit dem Kohlenstoffatom in einer Ebene. Die angreifende Gruppe (hier: OH^-) und die austretende Gruppe (hier: Br^-) befinden sich mit dem Kohlenstoffatom auf einer Achse, die senkrecht auf dieser Ebene steht. Beim Abspalten der Abgangsgruppe klappen die drei Wasserstoffatome nach der rechten Seite um, ähnlich wie ein aufgespannter Regenschirm vom Wind umgestülpt werden kann.

Einen solchen stereochemischen Verlauf bezeichnet man als **Inversion** der Konfiguration* oder auch als **WALDEN'sche* Umkehrung**. Dies unterscheidet im Wesentlichen den S_N2-Mechanismus vom S_N1-Mechanismus.

Nukleophile Substitutionen finden in den meisten Fällen an aliphatischen Systemen statt. Unter besonderen Bedingungen jedoch können bestimmte Substitutionen auch an Aromaten nach dem nukleophilen Mechanismus ablaufen. Voraussetzung ist, dass am aromatischen System schon Substituenten vorhanden sind, die eine stark Elektronen ziehende Wirkung ausüben (vgl. dazu auch Abschnitt 2.1.4), sodass der Angriff eines nukleophilen Teilchens erleichtert wird.

Ob eine nukleophile Substitution nach S_N1 oder nach S_N2 abläuft, hängt von vielen Faktoren ab, unter anderem vom gewählten Lösungsmittel, von der Struktur des Moleküls, von den Nachbargruppen am betroffenen C-Atom oder von der eintretenden und der abgehenden Gruppe. Hierauf soll jedoch nicht näher eingegangen werden.

Aufgaben 2.1 – 2.5

2.1 Was versteht man unter einem Nukleophil?
Nennen Sie drei Beispiele.

2.2 Was ist eine Substitution?

2.3 Erklären Sie kurz die Begriffe S_N1- und S_N2-Reaktion.

2.4 Beschreiben Sie den Reaktionsverlauf der Reaktion von 2-Methyl-2-chlorpropan mit Hydroxidionen.
Welchem Reaktionsmechanismus ist diese Reaktion zuzuordnen?

2.5 Welche Halogenalkane (Struktur, Nomenklatur) müssen eingesetzt werden, um 2-Methyl-2-butanol bzw. 2,3-Pentandiol herzustellen?
Formulieren Sie jeweils die Reaktionsgleichung.

2.1.3 Elektrophile Substitutionen (S_E-Reaktionen)

Aromatische Systeme sind aufgrund der hohen Elektronendichte in der delokalisierten π-Elektronenwolke (siehe Abschnitt 1.6) ein „attraktives" Substrat für ein elektrophiles Agens. Allerdings kann das elektrophile Agens nicht einfach zwei Elektronen des π-Systems zum Knüpfen einer Bindung zu einem der Kohlenstoffatome des Benzolrings „abzweigen", denn dadurch würde ja der mesomeriestabilisierte aromatische Zustand verloren gehen.
Daher neigen die aromatischen Verbindungen wie Benzol zu **elektrophilen Substitutionsreaktionen (S_E-Reaktion):** Einer der Substituenten am Ring oder ein Wasserstoffatom werden gegen das elektrophile Agens ausgetauscht.

Die Einführung eines Substituenten in ein noch nicht substituierte System bezeichnet man als **Erstsubstitution**.

Dieser Reaktionsmechanismus kann übrigens auch bei allen anderen Verbindungen mit Doppelbindungen (π-Elektronen) zwischen zwei Kohlenstoffatomen ablaufen. Wir werden ihm in Abschnitt 2.2 wieder begegnen.

Beispiel

Am Beispiel der Reaktion von Benzol mit einem Halogen soll der Verlauf einer elektrophilen Substitution in seinen einzelnen Reaktionsschritten genauer beschrieben werden. Abbildung 35 auf der nächsten Seite gibt diese Reaktionsschritte zusammengefasst im Energieprofil wieder.
Um eine Substitutionsreaktion am Benzol durch Halogene (Chlor oder Brom) zu erreichen, muss zunächst die Elektrophilie des Halogens erhöht werden. Das bedeutet, das Halogenmolekül muss polarisiert werden. Man erreicht dies durch Zugabe eines geeigneten Katalysators* ($AlCl_3$, $FeBr_3$ oder $FeCl_3$).

Zunächst tritt das Elektrophil in lose Wechselwirkung mit dem π-Elektronensystem des Benzols, was man als **π-Komplex** bezeichnet. Diese Wechselwirkung stellt aber noch *keine chemische Bindung* an ein C-Atom des aromatischen Rings dar!

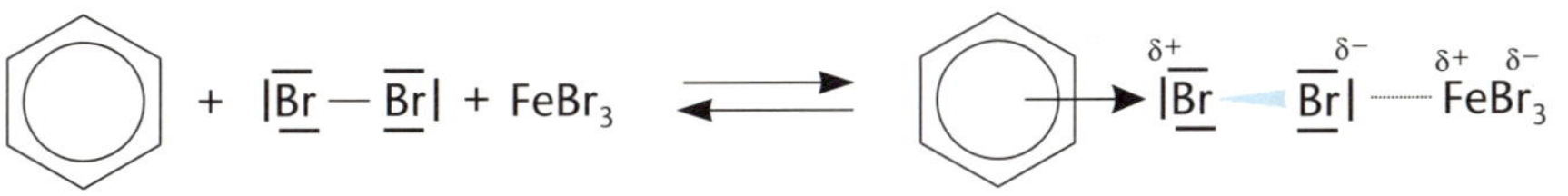

Abb. 32
π-Komplex bei einer S_E-Reaktion

Ausgehend vom π-Komplex, in dem das positivierte Ende des Halogenmoleküls noch recht locker und unspezifisch mit den π-Elektronen des Benzols in Wechselwirkung steht, verstärkt sich nun die Wechselwirkung und lokalisiert sich zu einer direkten Bindung an ein C-Atom des aromatischen Rings. Gleichzeitig wird die chemische Bindung innerhalb des Halogenmoleküls schwächer und löst sich dann ganz.
Am Ende des Prozesses hat sich ein Bromidion (Br^-) vom π-Komplex komplett abgelöst und der positiv geladene Rest (Br^+) des elektrophilen Agens wurde über eine σ-Bindung an ein Kohlenstoffatom gebunden.
Der so entstandene **σ-Komplex** ist ein *mesomeriestabilisiertes* Carbokation:

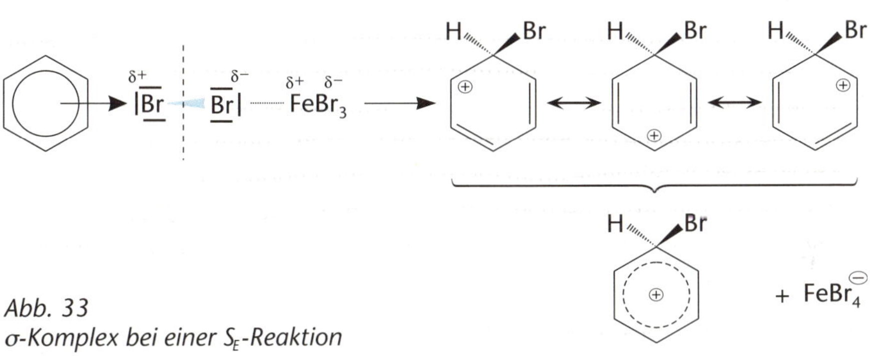

Abb. 33
σ-Komplex bei einer S_E-Reaktion

Da für die neue σ-Bindung zwei Elektronen des π-Elektronensystems benötigt werden, wird bei der Bildung eines σ-Komplexes der aromatische Zustand zerstört. Dieser Reaktionsschritt erfordert deshalb eine hohe Aktivierungsenergie E_{A_2}. Er verläuft aus diesem Grund sehr langsam und ist somit der geschwindigkeitsbestimmende Schritt der Gesamtreaktion.

Der σ-Komplex spaltet im zweiten, schnelleren Reaktionsschritt leicht ein H^+-Ion ab,

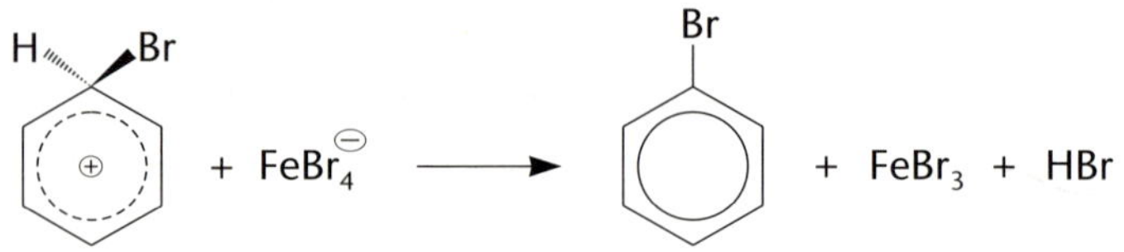

Abb. 34
Rearomatisierung bei einer S_E-Reaktion

denn dadurch wird unter Abgabe von Energie der stabile aromatische Zustand wiederhergestellt. Es erfolgt eine so genannte **Rearomatisierung**.

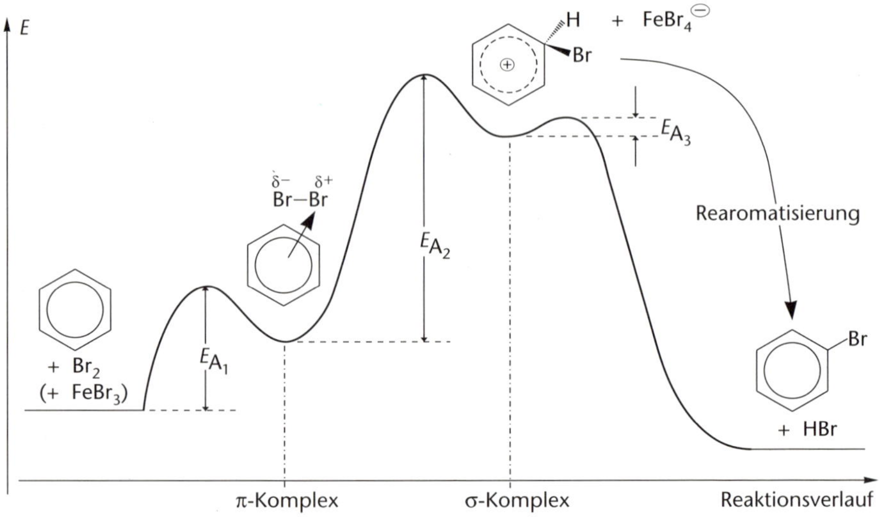

Abb. 35
Energieprofil für die elektrophile Substituton am Benzol (hier: Bromierung)

Weitere Beispiele für Substitutionen am Benzol, die in der chemischen Industrie eine Rolle spielen, sollen hier kurz aufgeführt werden:

Nitrierung

Angreifendes Elektrophil ist das Nitroniumion NO_2^+, das in der Nitriersäure* auftritt. Substitutionsprodukt ist das Nitrobenzol:

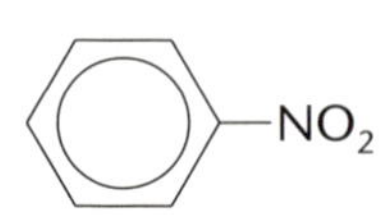

Sulfonierung

Die Sulfonierung von Benzol erfolgt mit rauchender Schwefelsäure (Oleum*), in der SO_3 als elektrophiles Teilchen auftritt. Substitutionsprodukt ist die Benzolsulfonsäure:

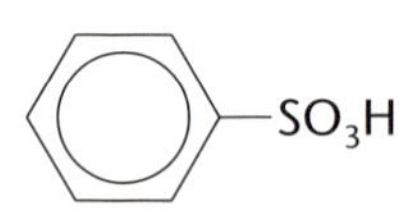

Über die Alkylierung lassen sich Seitenketten (Alkylgruppen*) direkt in das Benzolmolekül einführen. So reagiert beispielsweise Monobrommethan mit Benzol in Gegenwart eines geeigneten Katalysators ($AlCl_3$ oder $AlBr_3$) zu Methylbenzol (Toluol): Alkylierung

Abb. 36
Alkylierung von Benzol

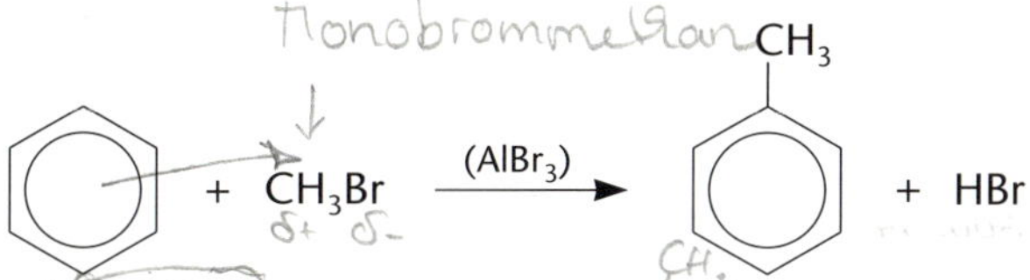

Substituenteneffekte an aromatischen Systemen 2.1.4

Die Einführung eines zweiten und weiterer Substituenten am aromatischen Ring wird durch die Wechselwirkung der Erstsubstituenten mit dem aromatischen System beeinflusst. Man spricht dann von **Zweitsubstitution** bzw. **Mehrfachsubstitution** am aromatischen System.

Tritt ein Substituent an einem Aromaten mit dem π-Elektronensystem in Wechselwirkung, so werden die Elektronendichte und die Elektronenverteilung im aromatischen System beeinflusst. Diese Beeinflussung wird durch zwei Effekte bewirkt, die sich teilweise überlagern können, dem **induktiven Effekt** und dem **mesomeren Effekt**.

Induktiver Effekt von Substituenten

Der induktive Effekt hängt hauptsächlich von der Elektronegativität des Atoms ab, über das der Substituent an den aromatischen Ring gebunden ist. Ist die EN dieses Atoms größer als die des Kohlenstoffatoms im aromatischen Ring, so wirkt der Substituent anziehend auf die Elektronen der π-Elektronenwolke. Er entzieht also dem aromatischen System negative Ladung. Man bezeichnet diese Erscheinung als **–I-Effekt** (siehe dazu auch Abschnitt 1.5).

Folgende Atome bzw. Atomgruppen üben als Erstsubstituenten einen –I-Effekt auf den aromatischen Ring aus:

Halogene, $-OH$, $-OCH_3$, $-NH_2$, $-SO_3H$, $-NO_2$

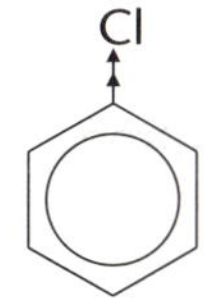

Abb. 37
–I-Effekt im Chlorbenzolmolekül
Die Pfeile symbolisieren die anziehende Wirkung des Substituenten auf die Elektronen des π-Systems.

Der –I-Effekt erniedrigt die Elektronendichte im Aromaten und hemmt somit eine Zweitsubstitution.

Substituenten, die als Elektronendonatoren (Elektronenspender) wirken, üben einen **+I-Effekt** aus, sie erhöhen also die Elektronendichte im aromatischen System.

Der +I-Effekt macht sich nur bei aliphatischen Kohlenstoffresten ($-CH_3$, $-C_2H_5$, $-C_3H_7$) richtig deutlich bemerkbar.

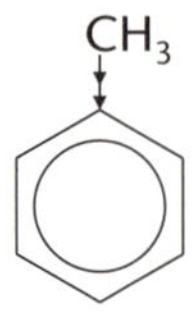

Abb. 38
+I-Effekt im Methylbenzolmolekül (Toluol)

Der +I-Effekt aktiviert den Aromaten, das heißt, die Zweitsubstitution wird begünstigt.

Mesomerer Effekt von Substituenten

Besitzt das Atom des Substituenten, das mit dem aromatischen Ring verbunden ist, freie Elektronenpaare, so können diese Elektronenpaare in die Mesomerie des aromatischen π-Elektronensystems einbezogen werden. Dies zeigt beispielhaft die Abbildung 39.
Dort tritt im Hydroxybenzolmolekül (Phenol) ein freies Elektronenpaar des Sauerstoffatoms mit dem π-Elektronensystem in Wechselwirkung, indem es „hereinklappt“:

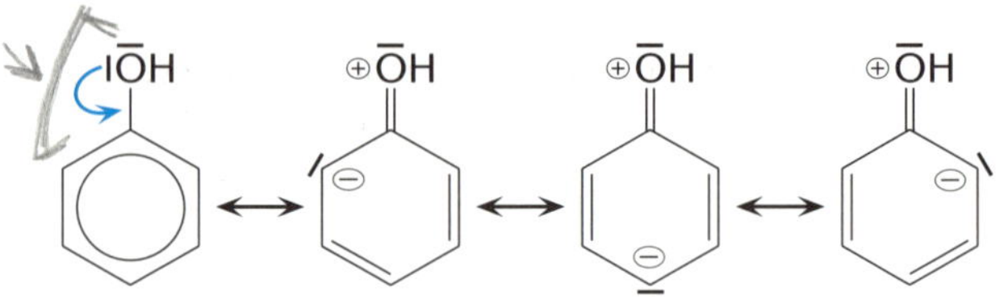

Abb. 39
+M-Effekt im Hydroxybenzolmolekül (Phenol)

Die Elektronendichte im aromatischen System wird durch solche Substituenten erhöht. Diese Erscheinung bezeichnet man als **+M-Effekt.**
Atome bzw. Atomgruppen, die einen solchen +M-Effekt bewirken, sind zum Beispiel $-NH_2$, $-OH$, $-SH$ und die Halogene.

Häufig ist an das Atom des Substituenten, das an den Benzolring gebunden ist, ein weiteres stark elektronegatives Atom durch eine Mehrfachbindung gebunden. Diese Mehrfachbindung steht in Konjugation* zum π-Elektronensystem im aromatischen Ring. In diesem Fall werden dem aromatischen System Elektronen entzogen und damit wird seine Elektronendichte vermindert, da die Doppelbindungen „herausklappen“ können.
Man bezeichnet dies als **–M-Effekt** (Abb. 40 gegenüber).

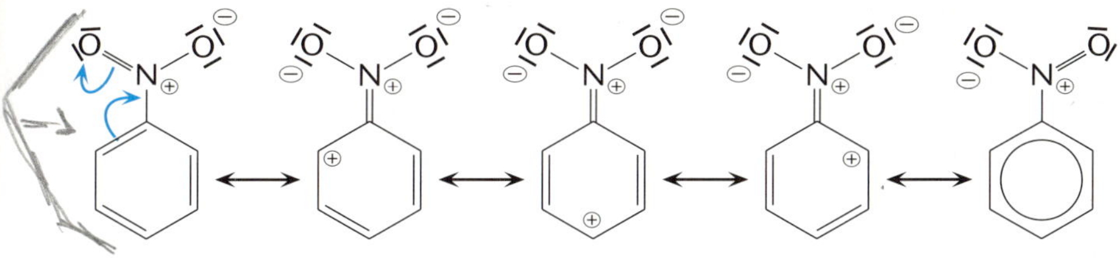

Abb. 40
–M-Effekt im Nitrobenzolmolekül

Atomgruppen, die einen solchen –M-Effekt bewirken, sind zum Beispiel $-NO_2$, $-OCH_3$, $-OC_2H_5$, $-SO_3H$, $-CN$.

Einfluss von Erstsubstituenten auf die Geschwindigkeit der Zweitsubstitution

Die jeweiligen induktiven *und* mesomeren Effekte eines Substituenten können in ihrer Wirkung gleich gerichtet oder entgegengerichtet sein. Je nachdem, welcher Effekt überwiegt, kommt es zu einer Erhöhung oder Erniedrigung der Elektronendichte im π-Elektronensystem des Aromaten.

Wird durch die induktive und mesomere Gesamtwirkung eines Substituenten die Elektronendichte im aromatischen π-Elektronensystem erhöht, so wird eine weitere *elektrophile* Substitution am Benzol begünstigt. Die Zweitsubstitution wird also schneller ablaufen.

Dementsprechend wird durch einen Substituenten, dessen Gesamteinfluss auf den aromatischen Kern Elektronen abziehend wirkt, der Ablauf einer weiteren Substitution gehemmt. Die Zweitsubstitution wird in diesem Fall langsamer ablaufen.

Erhöhung der Elektronendichte im aromatischen π-Elektronensystem
⇒ Begünstigung einer Zweitsubstitution

Erniedrigung der Elektronendichte im aromatischen π-Elektronensystem
⇒ Behinderung einer Zweitsubstitution

Bei den folgenden Beispielen erkennt man zum einen anhand der Breite des Striches für die Substituentenbindung die Größe des I-Effektes. Zum anderen zeigen die mesomeren Grenzstrukturen, in denen man die substituierten Aromaten darstellen kann, die Auswirkung des M-Effekts auf die Elektronendichte im π-System, aber auch die unterschiedliche Verteilung der Dichte auf die Positionen im Ring.

M-Effekt über I-Effekt

Im Aminobenzol (Anilin) überwiegt der +M-Effekt gegenüber dem –I-Effekt, sodass es hier zu einer *Erhöhung* der Elektronendichte im Ring kommt:

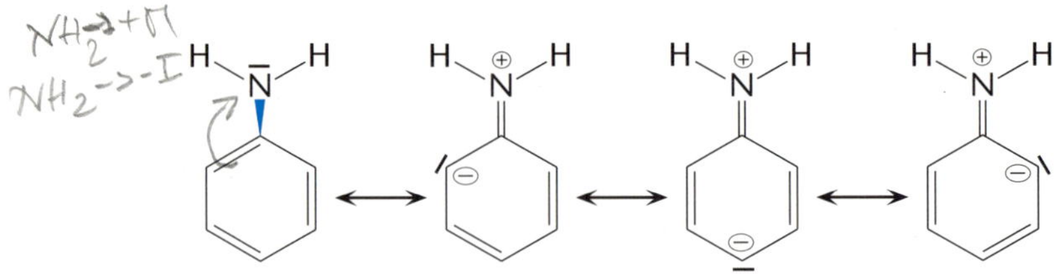

Abb. 41
Erhöhte π-Elektronendichte im Aminobenzol
(Die Breite des Dreiecks kennzeichnet die Größe des I-Effekts.)

Im Chlorbenzol überwiegt wegen der großen Elektronegativität des Chlors der – I-Effekt, er wird nur teilweise durch den +M-Effekt des Chloratoms ausgeglichen. Daraus resultiert eine *Verringerung* der Elektronendichte im aromatischen System:

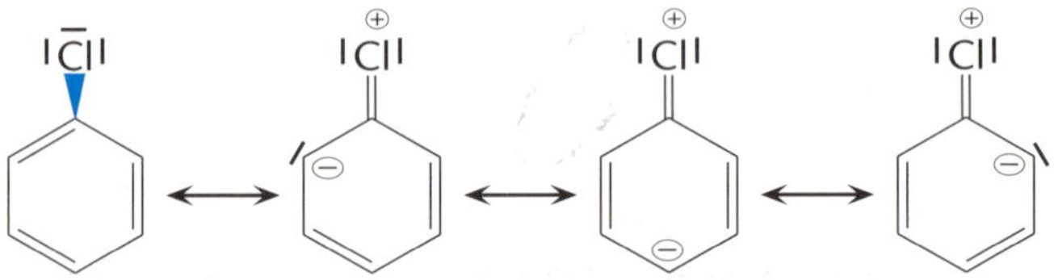

Abb. 42
Verringerung der π-Elektronendichte im Chlorbenzol

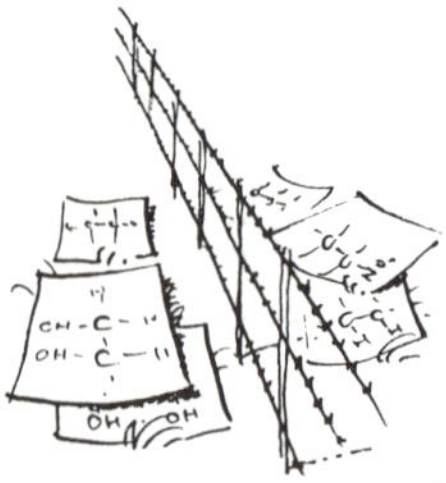

„Grenzformeln"

Im Nitrobenzol kommt es zu einer *sehr starken Elektronenverarmung* im π-Elektronensystem, weil –I- und –M-Effekt gleich gerichtet wirken:

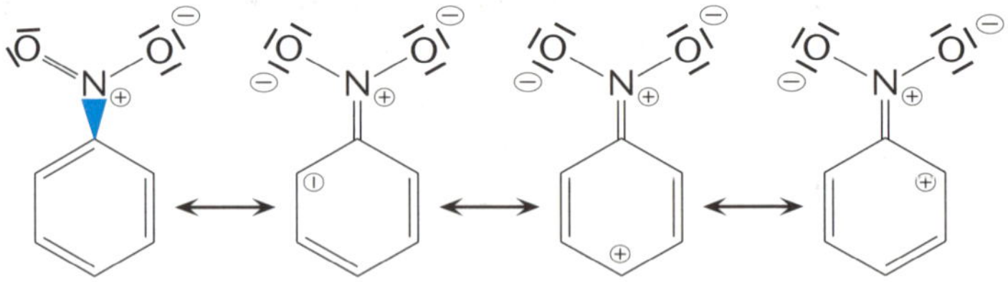

Abb. 43
Gleich gerichtete –I- und –M-Effekte im Nitrobenzol

Einfluss von Erstsubstituenten auf den Ort der Zweitsubstitution

Ein zweiter Substituent kann am aromatischen Ring unterschiedliche Positionen in Bezug zum Erstsubstituenten einnehmen:

In der **ortho-Stellung** sind die Substituenten benachbart, in der **meta-Stellung** steht ein Wasserstoffatom zwischen ihnen und in der **para-Stellung** liegen sie einander gegenüber.

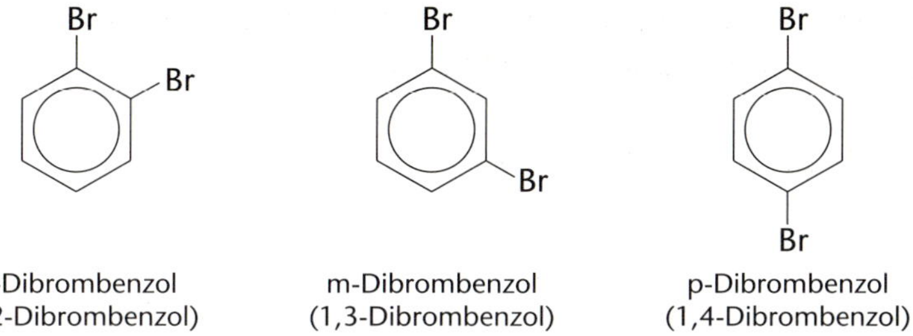

Abb. 44
Stellungen der Substituenten am Beispiel des Dibrombenzols

Ob ein Zweitsubstituent in ortho-, meta- oder para-Stellung zum Erstsubstituenten an den Aromaten gebunden wird, hängt weitgehend von der Wirkung des Erstsubstituenten auf die *Stabilisierung des Übergangszustandes* ab. Bei einer elektrophilen Substitution entspricht diese Übergangsphase dem σ-Komplex (siehe dazu Abschnitt 2.1.3).

Ist der Erstsubstituent in seiner Gesamtwirkung ein *Elektronendonator*, also Elektronen schiebend, so können sich aus dem anfangs entstehenden π-Komplex (vgl. Abb. 32) theoretisch drei verschiedene σ-Komplexe bilden, wie in Abbildung 45 die Bromierung von Monohydroxybenzol (Phenol) zeigt. Wird das Bromkation in o- oder p-Stellung zur OH-Gruppe gebunden, so ist eine stärkere Delokalisierung der positiven Ladung möglich (vier mesomere Grenzformeln!), als dies bei einer Bindung in m-Stellung der Fall wäre (nur

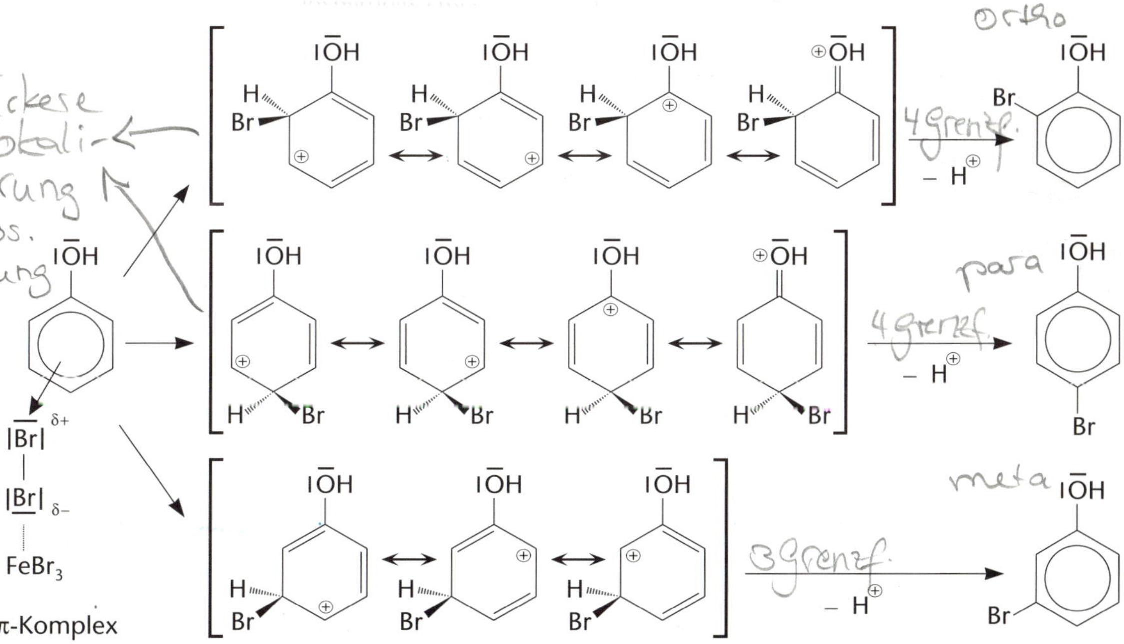

Abb. 45
Elektrophile Substitution bei Elektronen schiebenden Substituenten: σ-Komplexe und Reaktionsprodukte bei der Bromierung von Phenol

drei mesomere Grenzformeln). Je stärker sich aber die positive Ladung im σ-Komplex delokalisieren kann, desto stabiler ist dieses Zwischenprodukt! Bei der Bromierung von Phenol werden sich also bevorzugt o- und p-Substitutionsprodukte bilden.

Ist der Erstsubstituent in seiner Gesamtwirkung ein *Elektronenakzeptor*, also Elektronen anziehend, so sind wiederum drei verschiedene σ-Komplexe denkbar, wie hier am Beispiel der Einführung einer weiteren Nitrogruppe am Nitrobenzol gezeigt:

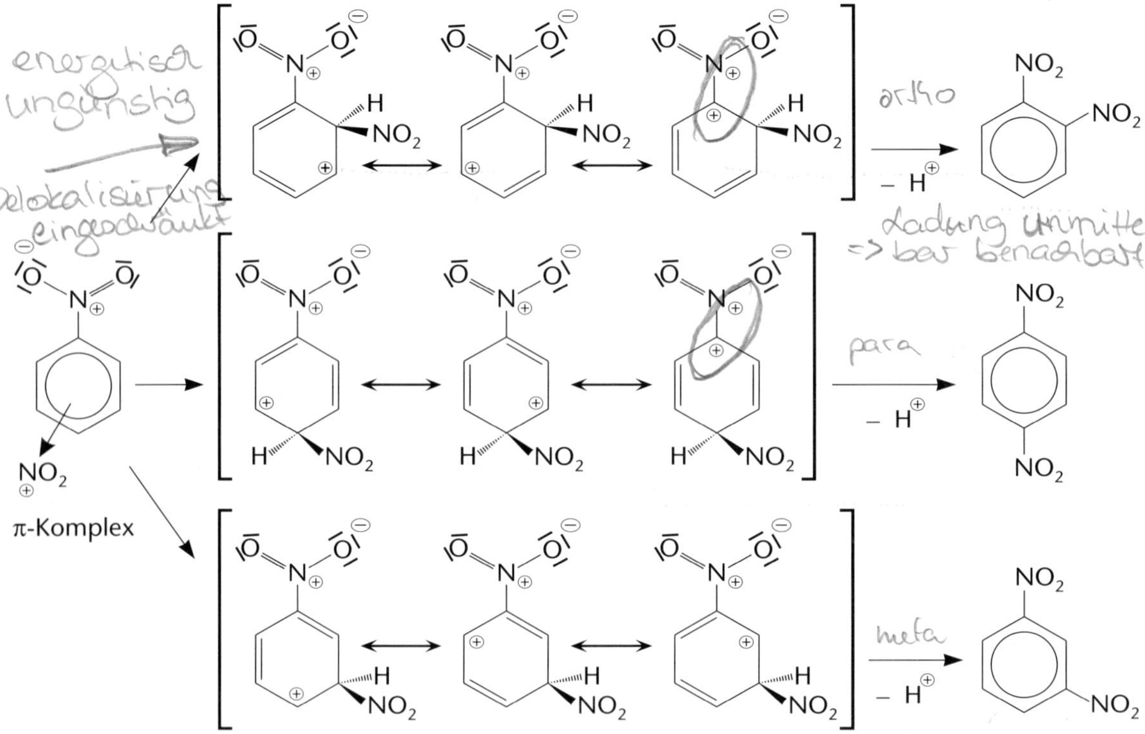

Abb. 46
Elektrophile Substitution bei Elektronen ziehenden Substituenten: Nitrierung von Nitrobenzol

Es sind in allen drei Fällen jeweils nur drei mesomere Grenzformeln möglich. Bei der Substitution in o- und p-Stellung sind aber bei jeweils einer Grenzformel die beiden positiven Ladungen unmittelbar benachbart. Diese Grenzformeln sind energetisch ungünstig und daher kaum am Mesomeriezustand des σ-Komplexes beteiligt. Dies schränkt die Möglichkeiten zur Delokalisierung der positiven Ladung für die ortho- und para-Stellung stark ein.

Bei Elektronen ziehenden Erstsubstituenten sind daher Substitutionsprodukte in m-Stellung zu erwarten.

Ist der Erstsubstituent ein Elektronendonator, so wird der Zweitsubstituent in o- oder p-Stellung dirigiert.

Ist der Erstsubstituent ein Elektronenakzeptor, so wird der Zweitsubstituent in m-Stellung dirigiert.

Aufgaben 2.6 – 2.12

2.6 Was versteht man unter einem Elektrophil? Nennen Sie drei Beispiele.

2.7 Warum ist beim Benzol die elektrophile Substitution bevorzugt?

2.8 Skizzieren Sie ein allgemeines Reaktionsschema für eine elektrophile Substitution am Benzol.

2.9 Wovon hängt der Einfluss eines Substituenten auf die Einführung eines weiteren Substituenten am aromatischen System ab?

2.10 Wann ist ein Substituent am aromatischen Kern Elektronen schiebend?

2.11 Ausgehend von Benzol sollen o-Nitrobrombenzol und m-Nitrobrombenzol hergestellt werden.
Welche Reagenzien sind dazu nötig? Welche Reaktionsmechanismen spielen dabei eine Rolle?

2.12 Anilin wird nitriert. Welche Produkte entstehen überwiegend?
Begründen Sie ihre Aussagen, auch durch Angabe von Grenzstrukturen.

Radikalische Substitutionen (S_R-Reaktionen) 2.1.5

Neben nukleophil oder elektrophil ablaufenden Substitutionen spielen auch **radikalische Substitutionen (S_R-Reaktionen),** insbesondere in der industriellen Praxis, eine wichtige Rolle. Einmal eingeleitete Radikalreaktionen verlaufen im Allgemeinen sehr rasch. Der genaue Ablauf solcher Reaktionen soll im Folgenden an ausgewählten Beispielen dargestellt werden.

Halogenierung von Alkanen

Der Austausch von Wasserstoffatomen durch Halogenatome an gesättigten Kohlenwasserstoffen (Alkanen) zählt zu den bekanntesten Substitutionsreaktionen, die nach einem Radikalkettenmechanismus ablaufen (siehe dazu auch ML 676, Abschnitt E 2.2.1).

Die Alkane, hier als Beispiel das Methan (CH_4), zeigen im Kontakt mit den sehr reaktionsfreudigen Halogenen wie zum Beispiel Chlor keine Reaktion, da zu ihrem Start eine sehr hohe Aktivierungsenergie notwendig ist. Erst unter Einwirkung von Lichtenergie (Aktivierung) kommt es zu einer heftig verlaufenden Reaktion, bei der ein oder mehrere Wasserstoffatome des Methans durch Chloratome ersetzt werden:

Für die Startreaktion werden energiereiche Lichtquanten benötigt. ⇒ keine Reaktion bei Rotlicht-Bestrahlung

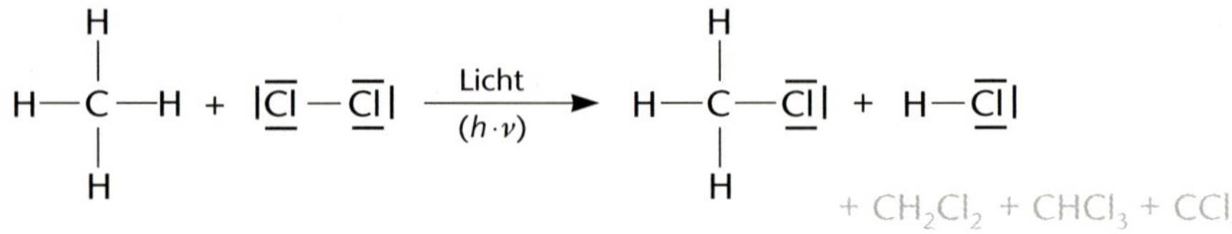

Abb. 47
Radikalische Methan-Chlorierung
(Grau: Mehrfach chlorierte Reaktionsprodukte; vergleiche Abbildung 48.)

Auf diese Weise entstehen mehrfach halogenierte Moleküle, die Halogenalkane.

Die Chlorierung von Methan verläuft in drei Reaktionsschritten:

1. Startreaktion

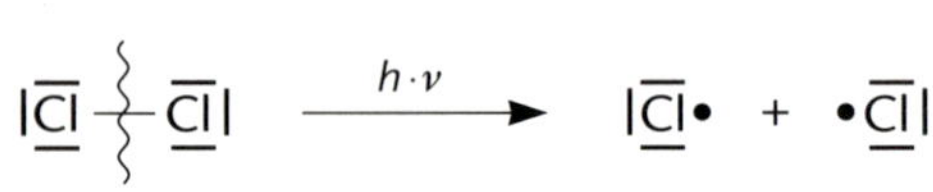

Durch die zugeführte Lichtenergie werden die Chlormoleküle homolytisch* gespalten. Es entstehen *sehr reaktionsfreudige* Chloratome mit je einem freien Elektron, die Chlorradikale*. (Die Startreaktion der Alkanhalogenierung ist also vom Alkanmolekül unabhängig!)

Ein Chlorradikal versucht, die energetisch günstige Edelgaskonfiguration (Elektronenoktett) zu erreichen. Trifft es auf ein Methanmolekül (genauer: auf irgendeine C–H-Bindung), „entreißt" es diesem ein Wasserstoff*atom*; Chlorwasserstoff entsteht. Das verbleibende Methylradikal greift ein Chlormolekül an, sodass wieder ein Chlorradikal entsteht. Dieser Vorgang läuft als Kettenreaktion weiter:

2. Reaktionskette

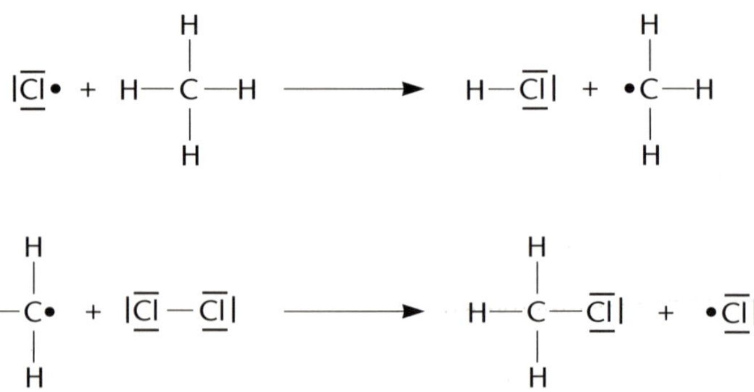

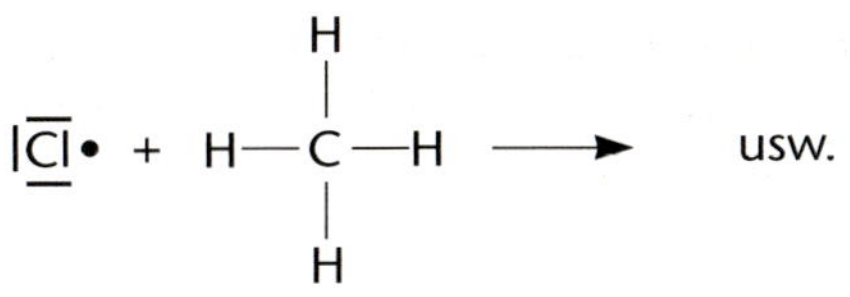

Die Reaktionsketten brechen nach einer mehr oder weniger großen Anzahl von Reaktionsschritten ab, wenn zwei Radikale aufeinander treffen.

3. Abbruch-reaktionen

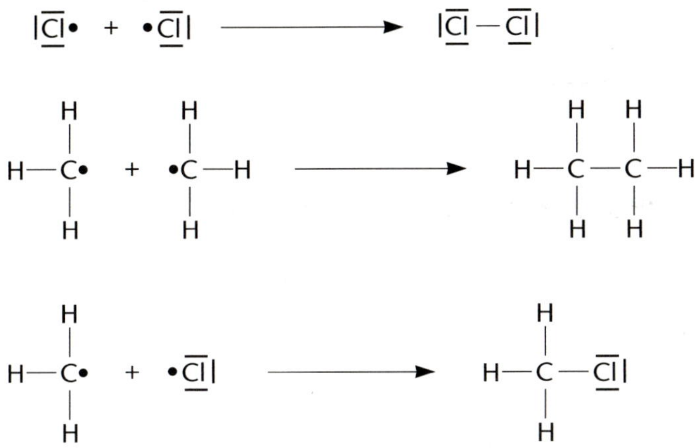

Bei Abbruchreaktionen verschwinden die Radikale, die die Kettenreaktion am Laufen halten: Eine neue Startreaktion muss eingeleitet werden. Daher muss bei vielen chemischen Kettenreaktionen permanent Energie zugeführt werden, auch während die Umsetzung schon läuft.

Im Verlauf der Reaktionskette kann ein Chloratom auch ein schon substituiertes Kohlenwasserstoffmolekül angreifen, sodass letzten Endes auch mehrfach substituierte Halogenderivate entstehen können:

$CH_4 + Cl_2$	$\rightarrow$	CH_3Cl Monochlormethan (Methylchlorid)	$+ HCl$
$CH_4 + 2\,Cl_2$	$\rightarrow$	CH_2Cl_2 Dichlormethan (Methylenchlorid)	$+ 2\,HCl$
$CH_4 + 3\,Cl_2$	$\rightarrow$	$CHCl_3$ Trichlormethan (Chloroform)	$+ 3\,HCl$
$CH_4 + 4\,Cl_2$	$\rightarrow$	CCl_4 Tetrachlormethan (Tetrachlorkohlenstoff)	$+ 4\,HCl$

Abb. 48
Reaktionsprodukte der Methanchlorierung (Summenformeln)

In der Praxis kann man die Anzahl der Substituenten durch Änderung des Stoffmengenverhältnisses beeinflussen. Allerdings entsteht neben dem gewünschten Hauptprodukt immer auch ein gewisser Anteil der anderen Substitutionsprodukte.

Halogenierung von Toluol

Versucht man Methylbenzol (Toluol) zu halogenieren, so kann eine Substitution von Wasserstoffatomen entweder am *aromatischen Ring* oder an der *Methylseitenkette* erfolgen (siehe dazu auch ML 676, Abschnitt B 4.2.2). Ob die eine oder die andere der beiden Reaktionsmöglichkeiten eintritt, hängt von den jeweiligen Reaktionsbedingungen ab:

Substitution an der Seitenkette

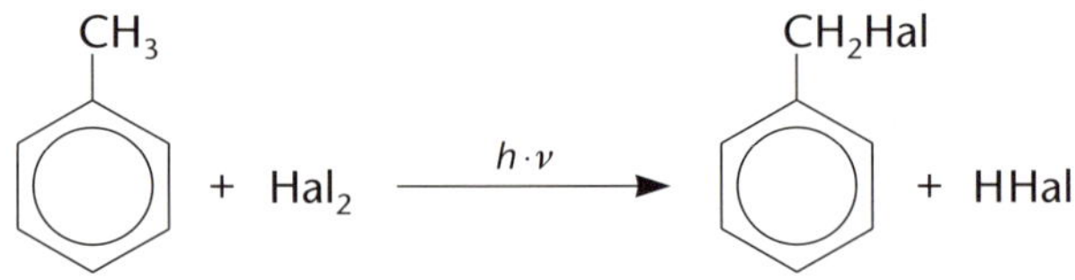

Abb. 49
Radikalische Seitenkettenhalogenierung am Toluol

Die Reaktion verläuft nach einem *radikalischen* Mechanismus ab. Dabei gilt die **SSS-Regel:**

Die Substitution von Wasserstoffatomen durch Halogenatome erfolgt in der ***S**iedehitze* oder bei ***S**onnenlicht* an der ***S**eitenkette.*

Will man Wasserstoffatome am aromatischen Ring, auch *Kern* genannt, durch Halogenatome ersetzen, so ist dazu ein Katalysator notwendig (zum Beispiel $FeCl_3$). Diese Reaktion verläuft nicht radikalisch, sondern nach dem Mechanismus der *elektrophilen Substitution*, wobei die Methylgruppe mit ihrem +I-Effekt das angreifende Elektrophil in o- und p-Stellung lenkt.
Man spricht in diesem Fall von der **KKK-Regel:**

Die Substitution von Wasserstoffatomen durch Halogenatome erfordert einen ***K**atalysator* und erfolgt bei ***K**älte* am ***K**ern.*

Substitution am Kern

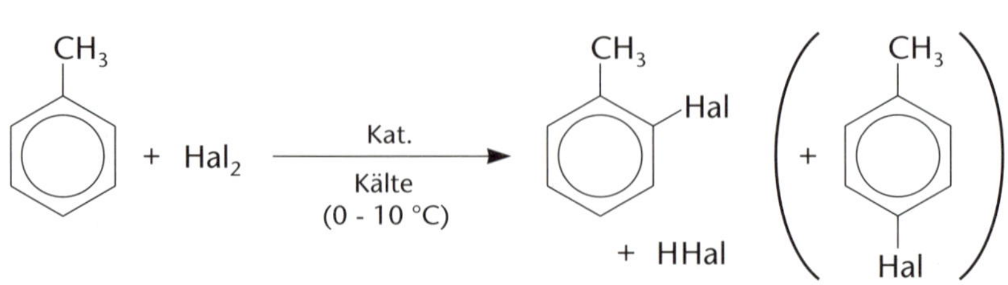

Abb. 50
Elektrophile Kernhalogenierung am Toluol

Aufgaben
2.13 – 2.16

2.13 Was versteht man unter einem Radikal?

2.14 Ein Gemisch von Ethan und elementarem Chlor kann durch Zufuhr von Lichtenergie zur Reaktion gebracht werden.
Erläutern Sie die ablaufenden Reaktionen anhand von Reaktionsgleichungen. Welche Reaktionsprodukte sind zu erwarten?

2.15 Wie kann bei einem alkylsubstituierten Benzol wie zum Beispiel Toluol der Wasserstoff im Alkylrest durch Chlor ersetzt werden, ohne dass am Benzolkern eine Reaktion stattfindet?

2.16 Was besagt die KKK-Regel?

2.2 Additionsreaktionen

Bei einer **Additionsreaktion** wird eine der Bindungen einer Doppel- oder Dreifachbindung zwischen zwei Atomen gelöst. Dies geht einher mit der Spaltung eines angreifenden Moleküls; beide Bruchstücke knüpfen Bindungen zu diesen Atomen.
Betrachtet man die Bruttoreaktion, dann wurde das angreifende Molekül R–X an die Mehrfachbindung „addiert“:

Abb. 51
Allgemeines Schema einer Additionsreaktion

Wie die Substitutionsreaktionen können auch die Additionsreaktionen nach einem nukleophilen, elektrophilen oder radikalischen Mechanismus ablaufen.

2.2.1 Elektrophile Additionen (A_E-Reaktionen)

Die Doppelbindung zwischen zwei Kohlenstoffatomen ist wegen ihrer π-Elektronen ein Ort hoher negativer Ladungsdichte. Ein Angriff elektrophiler Teilchen ist daher leicht möglich, diese lagern sich an die C=C-Doppelbindung an. Dadurch entsteht eine positive (Teil-)Ladung, an die nun ein anderer Bindungspartner (nukleophil!) gebunden wird.
Eine solche Reaktion bezeichnet man als **elektrophile Addition** (**A_E-Reaktion**).

Elektrophile Addition von Halogenen

Am Beispiel der Reaktion von Brom mit Ethen lässt sich das Prinzip der elektrophilen Addition von Halogenen an die C=C-Doppelbindung gut darstellen. Untersuchungen haben ergeben, dass es sich dabei um einen Zweistufenmechanismus handelt.

Danach kommt es im ersten Reaktionsschritt zu einer Wechselwirkung zwischen dem Brommolekül und der π-Elektronenwolke des Ethens. Es bildet sich ein *π-Komplex* (Sie erinnern sich an den S_E-Mechanismus in Abschnitt 2.1.3?) auf einer der beiden „Oberflächen" des Ethenmoleküls:

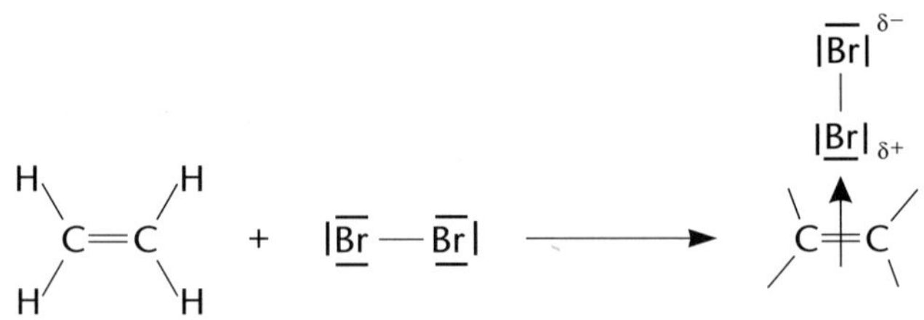

π-Komplex

Das Brommolekül ist polarisiert, was durch polare* Lösungsmittel, besonders in Anwesenheit eines elektrophilen Katalysators wie $AlCl_3$, noch zusätzlich begünstigt wird.

Nach heterolytischer* Spaltung des Brommoleküls wird das elektrophile Bromkation Br^+ über das Elektronenpaar der π-Bindung des Ethens an eines der beiden Ethen-Kohlenstoffatome gebunden. Das so gebildete Carbokation ist ein *σ-Komplex*.
Das bei der Spaltung entstandene negativ geladene Bromidion Br^- lagert sich im letzten Reaktionsschritt auf der „Rückseite" der C–C-Bindungsachse durch einen nukleophilen Angriff an. Auf der „Vorderseite" sitzt das Bromatom und schirmt das positiv geladene Kohlenstoffatom gegen nukleophile Angriffe ab:

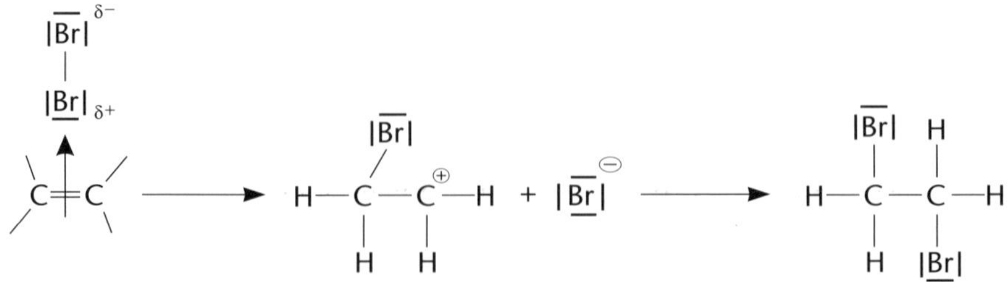

σ-Komplex

Als Additionsprodukt ist 1,2-Dibromethan entstanden.

Beispiel

Die Reaktion von Brom mit Acetylendicarbonsäure ist eine Addition an eine Dreifachbindung; so entsteht als Produkt Dibromfumarsäure:

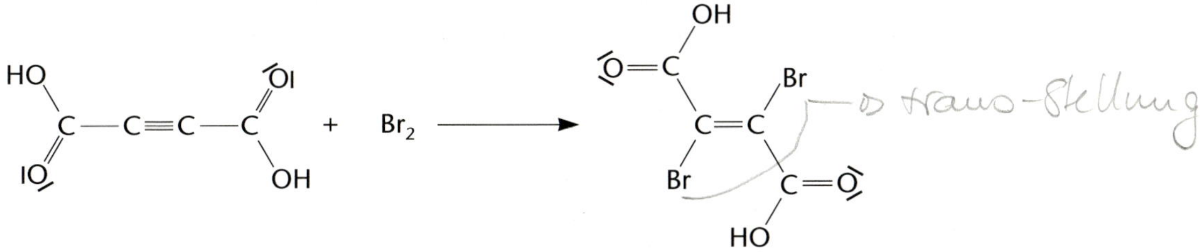

Abb. 52
Addition an eine Dreifachbindung

Die beiden Bromatome werden dabei in der so genannten *trans-Stellung* addiert, sie stehen sich diagonal gegenüber. (Näheres dazu im Abschnitt 3.2.2.)

Elektrophile Addition von Wasser

Durch katalytische Addition von Wasser an Ethen erfolgt die großtechnische Gewinnung von Ethanol.

Wasser lässt sich nicht direkt an Ethen addieren wie die Halogene, da der *nukleophile* Charakter des Wassermoleküls stärker ausgeprägt ist als der elektrophile Charakter. Die Addition gelingt aber mit Säurekatalyse!
In Anwesenheit einer Säure kann sich nämlich zunächst ein Proton elektrophil an das Ethen anlagern. An das so entstandene Carbokation lagert sich nun ein Wassermolekül nukleophil an:

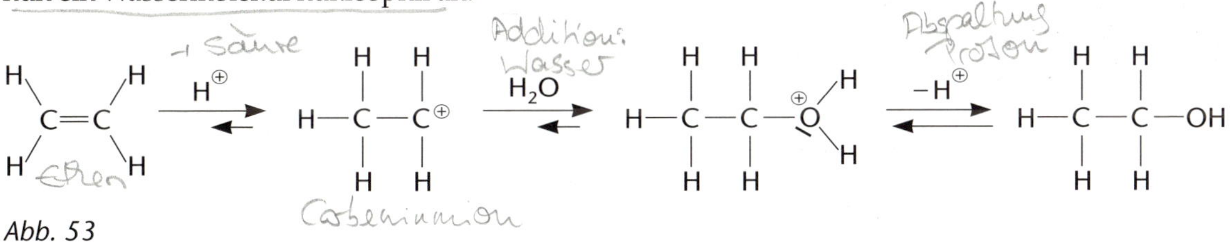

Abb. 53
Ethanolsynthese durch elektrophile Addition von Wasser an Ethen

Durch Abspaltung eines Protons entsteht schließlich Ethanol.

Aufgaben 2.17; 2.18

2.17 Erläutern Sie den Mechanismus der elektrophilen Addition am Beispiel der Reaktion von Chlor und Propen.

2.18 Wie könnte man den Alkohol 2-Propanol herstellen?
Stellen Sie dies anhand von Reaktionsgleichungen dar.

2.2.2 Nukleophile Additionen (A_N-Reaktionen)

Die chemischen Grundprinzipien, die wir bisher gelernt haben, gelten nicht nur für C=C- bzw. C–H-Bindungen, sondern in derselben Weise auch für Bindungen zu Heteroatomen. Für Additionsreaktionen an Doppelbindungen zwischen Kohlenstoff- und Heteroatomen benötigt man allerdings *nukleophile* anstelle von elektrophilen Reagenzien. Dies ergibt sich aus den Eigenschaften der Bindungspartner C und O.

Nukleophile Additionen (A_N-Reaktionen) finden vor allem an Carbonylgruppen statt, also bei Verbindungen mit C=O-Doppelbindungen, wie sie bei Aldehyden und Ketonen anzutreffen sind (siehe dazu auch ML 676, Abschnitt C2). In der Carbonylgruppe werden aufgrund der im Vergleich zum Kohlenstoff höheren Elektronegativität des Sauerstoffs die Bindungselektronen stärker zum Sauerstoff gezogen (vergleiche Abbildung 14). Die C=O-Doppelbindung ist deshalb polarisiert:

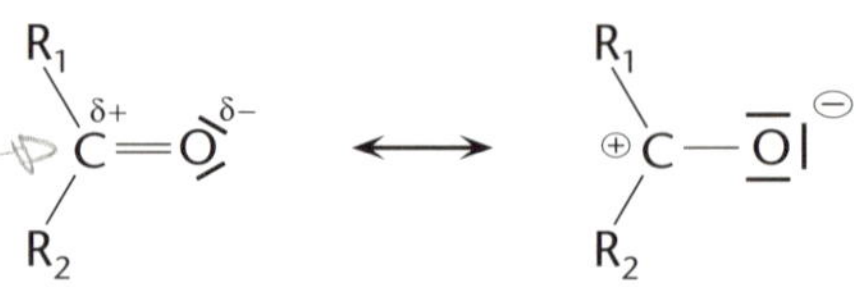

Das positivierte Kohlenstoffatom kann also von nukleophilen Teilchen angegriffen werden. Die Reaktionsfreudigkeit und somit auch die Reaktionsgeschwindigkeit hängt weitgehend davon ab, wie stark der Carbonylkohlenstoff positiviert ist und wie ausgeprägt die Nukleophilie des Reagenz ist.

- Reste am Kohlenstoffatom, die einen –I- oder –M-Effekt aufweisen, erhöhen dort die positive Partialladung und steigern somit die Reaktivität der Carbonylgruppe gegenüber nukleophilen Substanzen.
- Methanal ist reaktionsfreudiger als Ethanal und andere Alkanale, weil Alkylgruppen am Carbonylkohlenstoffatom aufgrund ihres +I-Effekts Elektronen schiebend wirken:

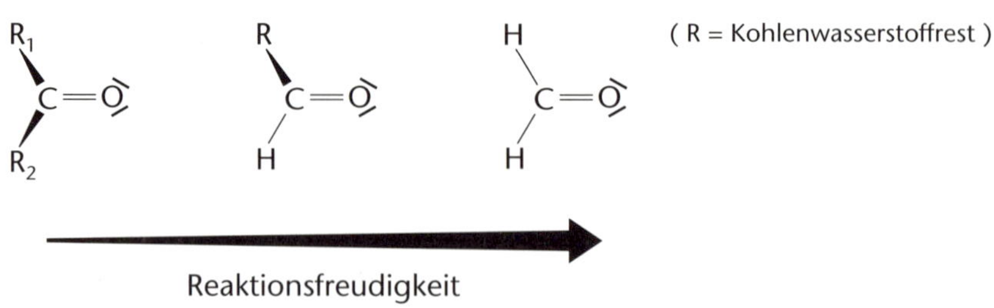

Abb. 54
Einfluss des +I-Effekts auf die nukleophile Addition

Durch Zugabe von Säuren kann die positive Partialladung am Carbonyl-Kohlenstoffatom erhöht werden: Dabei lagert sich ein Proton an das negativ polarisierte Sauerstoffatom der Carbonylgruppe und wird über ein freies Elektronenpaar des Sauerstoffs gebunden:

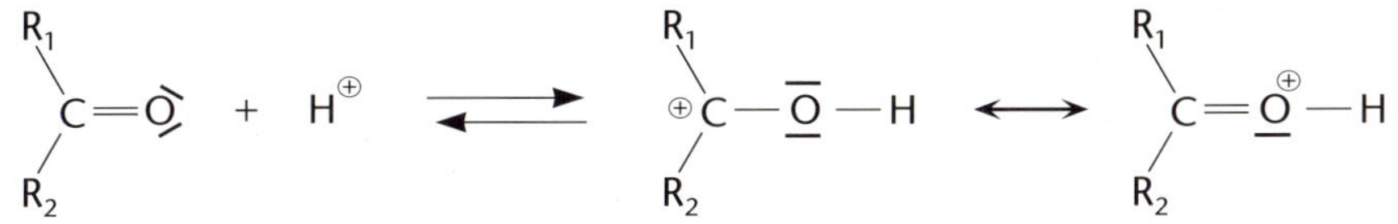

Abb. 55
Positive Ladung an der protonierten Carbonylgruppe

Viele nukleophile Additionen laufen daher im sauren Milieu schneller ab.

Nukleophile Addition von Wasser

Gegenüber der C=O-Doppelbindung kommt der nukleophile Charakter des Wassermoleküls zum Tragen: Eines der freien Elektronenpaare des Sauerstoffs tritt in Wechselwirkung mit dem positivierten Carbonylkohlenstoffatom.
Als Beispiel ist hier die Addition von Wasser an Methanal (Formaldehyd) dargestellt:

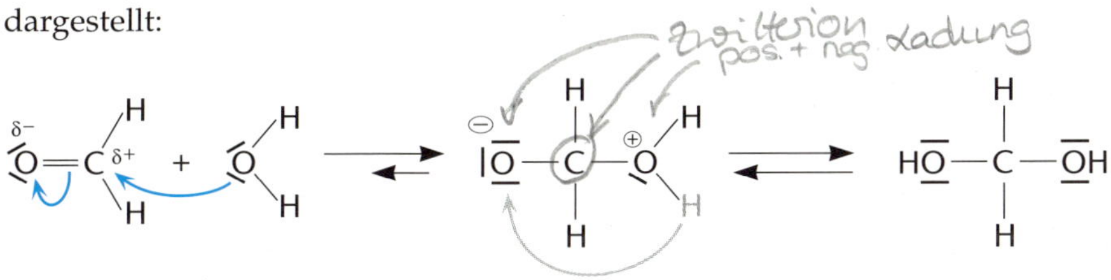

Abb. 56
Bildung von Methanalhydrat durch nukleophile Wasseraddition an CH_2O

1.) H_2O greift nucleophil an über freies Elektronenpaar gebunden
2.) H^+- Proton wandert = OH-Gruppe
3.) Endprodukt Formaldehydhydrat

Im ersten Reaktionsschritt greift ein Wassermolekül nukleophil an und wird über ein freies Elektronenpaar gebunden. Als Zwischenprodukt entsteht ein **Zwitterion**. (Ein Ion, das eine positive und eine negative Ladung trägt.) Durch eine *intramolekulare H^+-Ionenwanderung* (siehe Pfeil) entsteht als Endprodukt Methanalhydrat (Formaldehydhydrat).

Formalin:
40 % Methanal
10 % Methanol
in Wasser

Die bei der Anlagerung von Wasser an Aldehyde entstehenden Hydrate sind relativ energiereiche Verbindungen. Sehr viele von ihnen sind wenig beständig, man kann sie nicht isolieren.

Nukleophile Addition von Alkohol

Diese Additionsreaktion verläuft säurekatalysiert, da die Protonenanlagerung einen Elektronenabzug vom Carbonyl-Kohlenstoffatom bewirkt, das dadurch leichter nukleophil angegriffen werden kann:

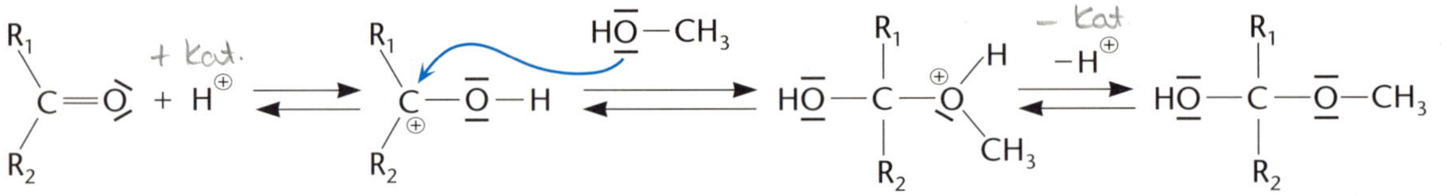

R_2 = H : Halbacetal

R_2 = aliphat. Rest : Halbketal

Der sperrige organische Rest im Alkohol behindert den nukleophilen Angriff. Die Säurekatalyse begünstigt ihn.

Abb. 57
Entstehung von Halbketalen durch nukleophile Addition von Alkohol

Nach der Anlagerung des Säureprotons wird das Alkoholmolekül über ein freies Elektronenpaar des Sauerstoffatoms an das Carbonyl-Kohlenstoffatom gebunden. Dabei entstehen nach Abspaltung eines Protons (Rückbildung des Katalysators) als meist instabile Zwischenprodukte **Halbacetale** bzw. **Halbketale.**

In saurem Milieu reagieren diese häufig in einer Folgereaktion weiter zu **Vollacetalen** bzw. **Vollketalen**. Nach erneuter Protonierung wird zuerst Wasser abgespalten:

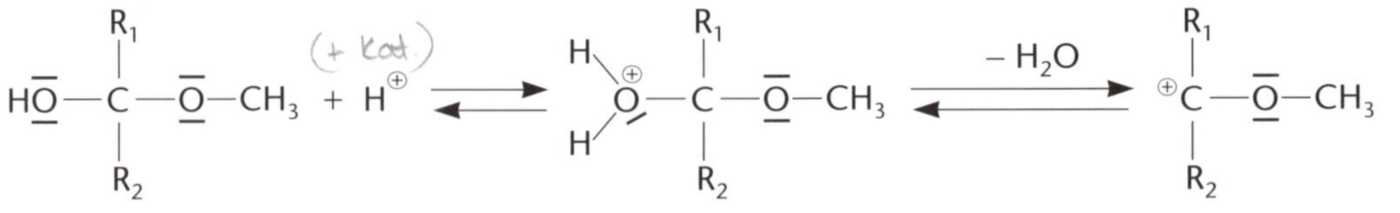

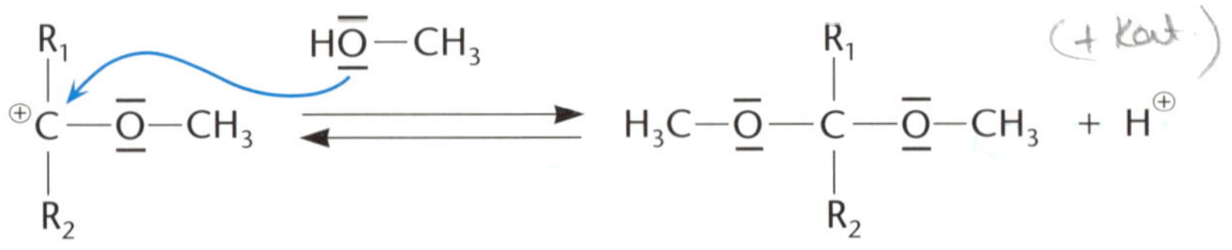

Vollacetal bzw. Vollketal

Abb. 58
Vollketalbildung durch eine Substitutionsreaktion

Nun kann ein weiteres Alkoholmolekül nukleophil angreifen, wobei im letzten Reaktionsschritt der Säurekatalysator zurückgebildet wird.

Bei dieser zweiten Addition eines Alkoholmoleküls handelt es sich *nicht* um eine Additionsreaktion, sondern um eine Substitution!

Nukleophile Addition von Ammoniak

Die Addition von Ammoniak an Aldehyde soll hier am Beispiel der Reaktion mit Ethanal (Acetaldehyd) kurz dargestellt werden.
Analog dem Wassermolekül lagert sich das Ammoniakmolekül mit seinem freien Elektronenpaar an das positivierte Kohlenstoffatom an. Durch intramolekulare Protonenwanderung vom Stickstoff- zum Sauerstoffatom entsteht als Endprodukt Acetaldehydammoniak.

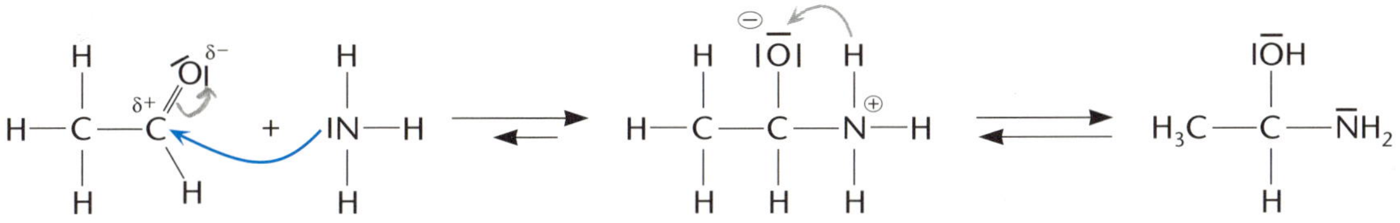

Abb. 59
Nukleophile Addition von Ammoniak an Ethanal

Die meisten der so genannten „Aldehydammoniake" sind sehr instabil und zerfallen wieder.

2.19 Warum verlaufen Additionen an die Carbonylgruppe nach einem nukleophilen Mechanismus?

2.20 Vergleichen Sie die Reaktionsbereitschaft einer nukleophilen Addition bei Methanal, Propanal und Propanon.

2.21 Formulieren Sie den Reaktionsmechanismus der Hydratbildung eines Ethanalmoleküls.

2.22 Beschreiben Sie den Mechanismus der säurekatalysierten Reaktion von Methanol mit Ethanal.

Aufgaben 2.19 – 2.22

Radikalische Additionen (A_R-Reaktionen) *2.2.3*

Additionsreaktionen an eine C=C-Doppelbindung müssen nicht immer nach dem eben beschriebenen elektrophilen Mechanismus verlaufen. Bei entsprechenden Reaktionsbedingungen (UV-Licht, hohe Temperaturen) kann die Addition nämlich auch nach einem **radikalischen Mechanismus** ablaufen **(A_R-Reaktion).**

Radikalische Addition von Halogenen

Die Addition von Halogenen an Alkene verläuft analog der radikalischen Substitution bei Alkanen (siehe Abschnitt 2.1.3) in drei Reaktionsschritten ab, was hier am Beispiel der Addition von Chlor an Ethen dargestellt werden soll.

Zum Start der Reaktion müssen zunächst Radikale gebildet werden. Dies geschieht bei Halogenen durch die Einwirkung von Lichtenergie, die die Bindung des Chlormoleküls homolytisch* spaltet:

Startreaktion

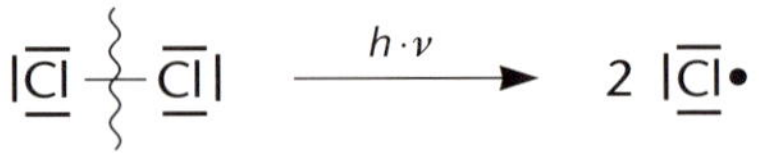

Im nächsten Reaktionsschritt, der Kettenreaktion, greift ein Chlorradikal die π-Bindung im Ethenmolekül an und spaltet diese. Dabei entsteht ein neues Radikal, das nun wiederum ein Chlormolekül angreift, es entstehen 1,2-Dichlorethan und ein Chlorradikal. Das neue Radikal attackiert nun wieder ein Ethenmolekül usw.:

Kettenreaktion

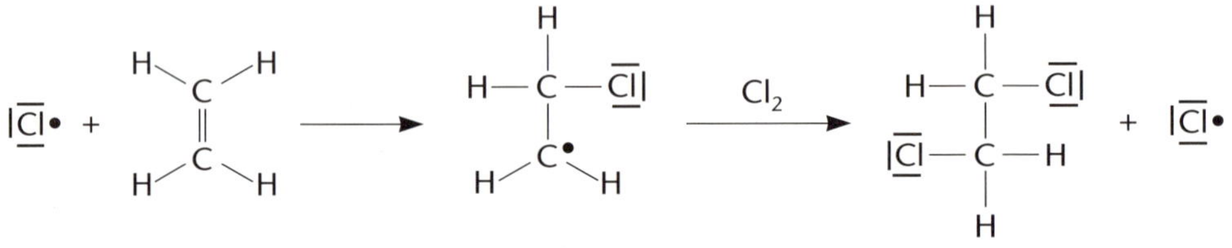

Bei der Kettenabbruchreaktion reagieren zwei Radikale miteinander zu einem Molekül. Die Reaktionskette wird dadurch unterbrochen:

Abbruchreaktion

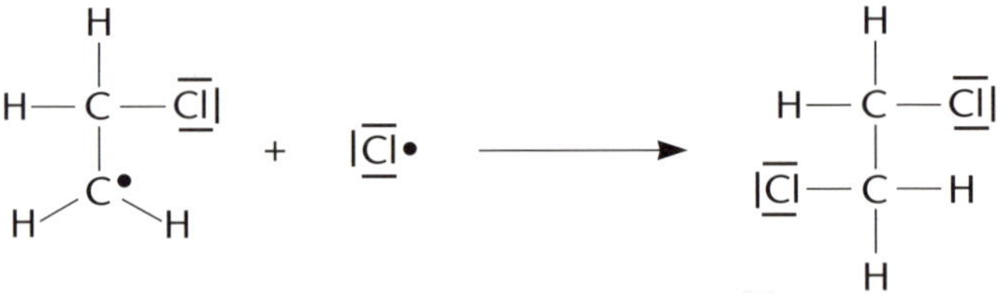

Eliminierungsreaktionen 2.3

Reaktionen, bei denen zwei Atome oder Atomgruppen aus einem Molekül abgespalten werden, ohne dass diese durch andere ersetzt werden, bezeichnet man als **Eliminierungsreaktionen.** Meistens erfolgt die Abspaltung an zwei benachbarten Kohlenstoffatomen (**β-Eliminierung** bzw. **1,2-Eliminierung**). Die Folge ist die Ausbildung einer neuen C=C-Doppelbindung.

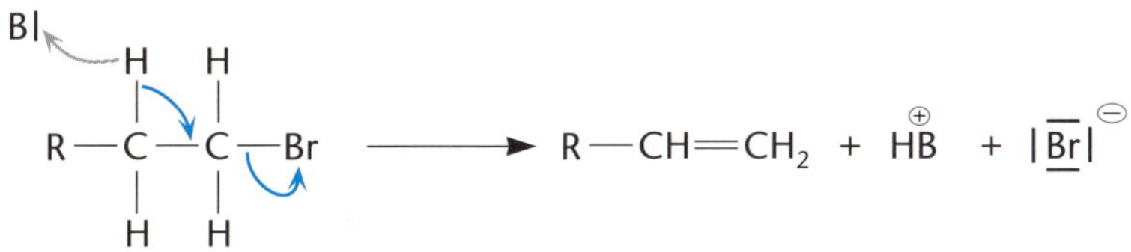

Abb. 60
β-Eliminierung: Abspaltung eines Halogenwasserstoffmoleküls aus Alkylhalogeniden mit Basen

Die β-Eliminierung kann man als Umkehrung des Additionsvorgangs auffassen.
Neben den β-Eliminierungen sind auch α-Eliminierungen (1,1-Eliminierungen) und γ-Eliminierungen (1,3-Eliminierungen) möglich, die aber im Rahmen dieses Buches nicht behandelt werden können.

Eliminierungen können nach einem monomolekularen (E1) oder nach einem bimolekularen Mechanismus (E2) ablaufen.

E1-Reaktionen 2.3.1

Kennzeichen einer solchen Reaktion ist immer die Bildung eines *Zwischenprodukts*, nämlich eines Carbokations, das sich unabhängig von der Konzentration des angreifenden Agens bildet. Die Bildungsgeschwindigkeit des Carbokations hängt *nur* von der Konzentration des Substrats ab. Wie beim völlig analogen ersten Schritt der S_N1-Reaktion, den wir schon aus Abschnitt 2.1.1 kennen, ist dies der geschwindigkeitsbestimmende Schritt für die Gesamtreaktion.
Als Beispielreaktion ist hier die Reaktion von 2-Brom-2-Methylpropan gewählt:

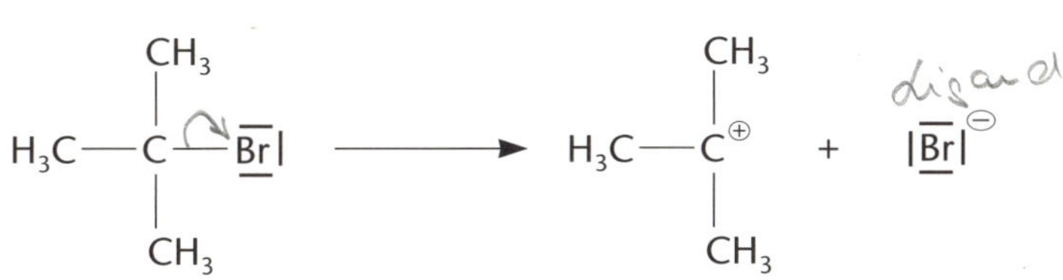

Abb. 61
Erster Schritt der E1-Reaktion: Abspaltung der Liganden

Der Angriff einer Base kann (neben der Substitution) zur Eliminierung führen, wenn durch das Ablösen eines Protons in β-Stellung ein Bindungselektronenpaar in die Lage versetzt wird, eine Doppelbindung zum positiven α-C-Atom auszubilden.
Produkt ist das 2-Methyl-1-propen:

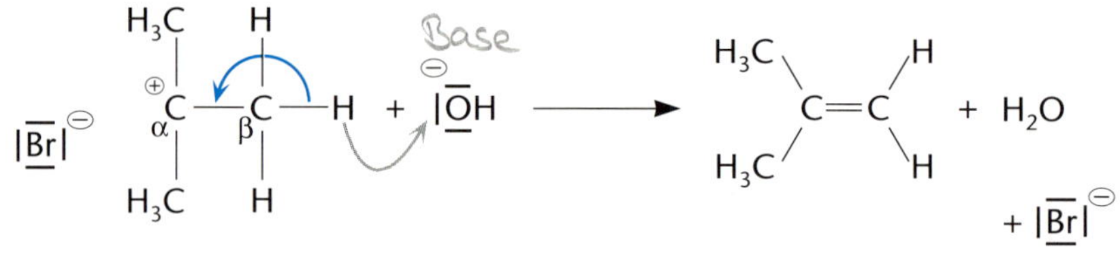

Abb. 62
Zweiter Schritt der E1-Reaktion: Bildung der Doppelbindung

2.3.2 E2-Reaktionen

Beim E2-Mechanismus, der hier anhand der Bildung von Ethen aus Monochlorethan demonstriert wird, werden beim Angriff der OH^--Ionen auf Monochlorethan *synchron* am β-Kohlenstoffatom ein H^+-Ion und am α-Kohlenstoffatom das Chloridion abgespalten:

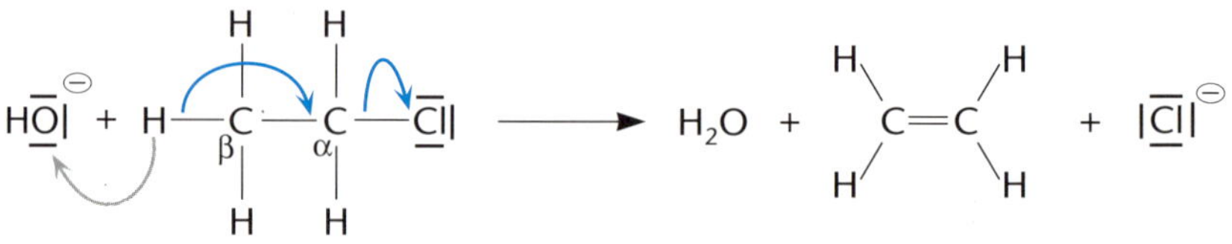

Abb. 63
E2-Eliminierungsreaktion am Monochlorethan

Da an diesem geschwindigkeitsbestimmenden Schritt *zwei* Moleküle beteiligt sind, hängt die Reaktionsgeschwindigkeit sowohl von der Konzentration des Substrats als auch von der Konzentration des angreifenden Agens ab.
Bei der E2-Eliminierung entsteht im Gegensatz zur E1-Eliminierung *kein* identifizierbares Zwischenprodukt.

Eliminierungsreaktionen sind häufig Konkurrenzreaktionen zu Substitutionsreaktionen. In einem Reaktionsgemisch finden dann Eliminierungen und Substitutionen nebeneinander statt (siehe Abb. 64). Welches Reaktionsprodukt überwiegt, hängt von Reagenzien und Reaktionsbedingungen ab.

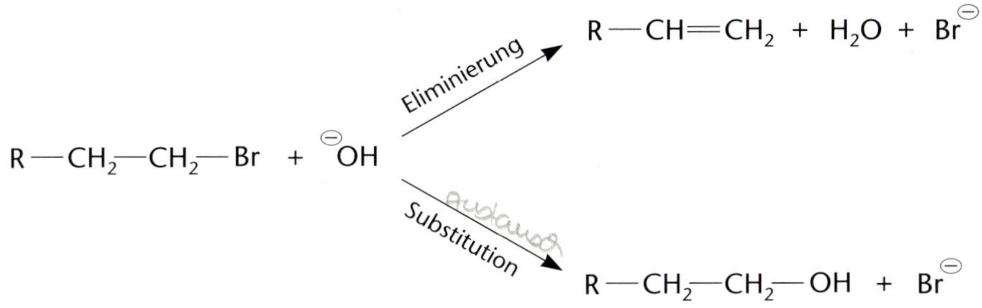

Abb. 64
Eliminierung und Substitution als Konkurrenzreaktionen

Aufgaben 2.23 – 2.26

2.23 Was versteht man unter einer Eliminierung?

2.24 Erläutern Sie den Begriff „β-Eliminierung".

2.25 Beschreiben Sie kurz den Unterschied zwischen einer E1- und einer E2-Eliminierung.

2.26 Erklären Sie, warum die Substitutionsreaktion häufig eine Konkurrenzreaktion zur Eliminierung ist.

2.4 Reaktionsmechanismen bei der Bildung von Polymeren

Für Makromoleküle, die durch Verknüpfungen vieler kleiner niedermolekularer Moleküle, der **Monomere**, entstanden sind, verwendet man den Oberbegriff **Polymere.** Es handelt sich dabei um „Riesenmoleküle" mit einer Molekülmasse von mehr als 10000 u, wobei Molekülmassen von 200000 u und mehr keine Seltenheit sind. Neben den synthetischen Polymeren (*Kunststoffe*) gibt es auch biologische Polymere (makromolekulare Naturstoffe) wie Stärke, Zellulose, Proteine oder Nukleinsäuren (DNA, RNA).

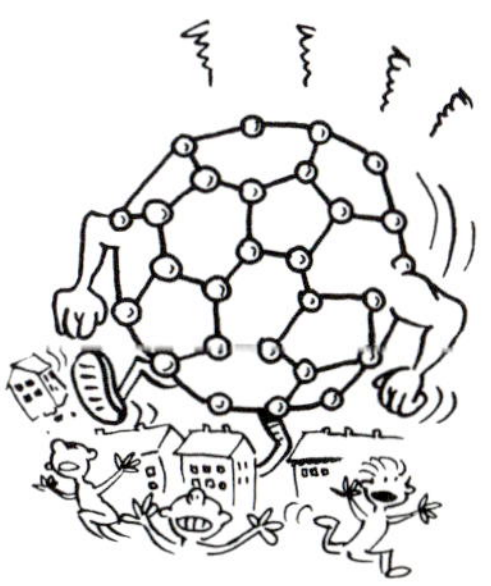

Je nach dem Typ der Verknüpfungsreaktion ihrer Monomere teilt man die Polymere in **Polymerisate, Polykondensate** und **Polyaddukte** ein. Die zugrunde liegenden Verknüpfungsreaktionen sind demnach **Polymerisation, Polykondensation** und **Polyaddition,** die in diesem Kapitel an Beispielen ausgewählter Kunststoffe näher erläutert werden sollen.
Eigenschaften und Struktur der Kunststoffe werden im Kapitel E2 der Mentor Lernhilfe „Organische Chemie, Grundwissen" (ML 676) erklärt.

2.4.1 Polymerisationsreaktionen

Ausgangsstoff für die Polymerisation sind meistens Moleküle mit mindestens einer C=C-Doppelbindung. Zum Prozess der Polymerisation gehören Start-, Wachstums- und Abbruchreaktionen.

Radikalische Polymerisation

Bei der radikalischen Polymerisation werden die Doppelbindungen durch Licht, Wärme oder meist durch spezielle **Radikalbildner** aufgebrochen, sodass zwischen den Monomeren C–C-Einfachbindungen entstehen. Als Radikalbildner (**Initiatoren**) werden häufig organische Peroxidverbindungen wie Dibenzoylperoxid verwendet. Radikalbildner dieser Art spalten sich schon bei geringer Energiezufuhr in Form von Wärme oder Licht in zwei Radikale auf:

Startreaktion

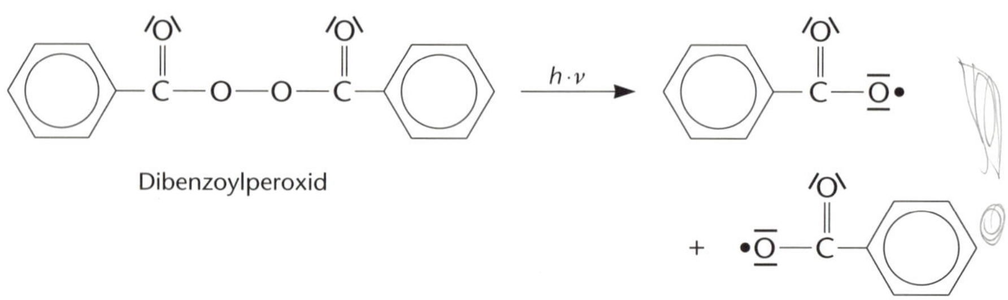

Diese *Startradikale* (im Folgenden mit R• bezeichnet) entreißen dem Monomer ein Elektron und trennen damit die Kohlenstoffdoppelbindungen auf. Dabei entstehen neue Radikale, die wiederum mit anderen Monomeren reagieren können:

Kettenstart

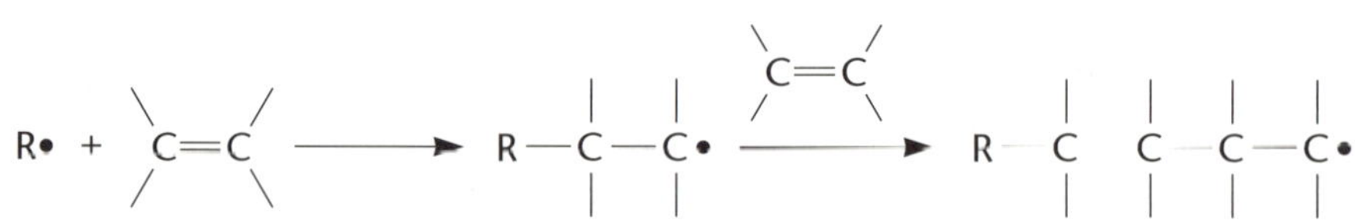

Das Radikal reagiert mit einem weiteren Monomer, wobei sich ein neues, größeres Radikal bildet. Durch ständige Wiederholung dieses Vorgangs entsteht eine riesige Makromolekülkette:

Kettenwachstum

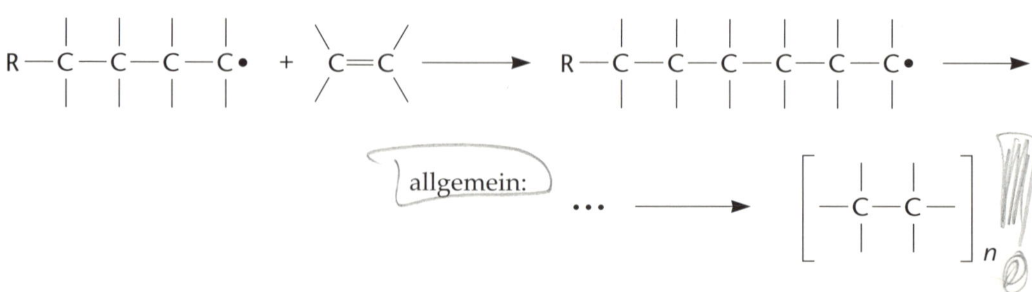

Der Kettenabbruch kann auf unterschiedliche Art und Weise erfolgen. Es können entweder zwei Radikale aufeinander treffen, sodass ein neues Molekül entsteht (*Rekombination*),

Kettenabbruch: Rekombination

oder ein Wasserstoffatom wird von einem Kettenradikal auf ein anderes übertragen (*Disproportionierung*).
Produkt dieser Reaktion sind zwei Moleküle, ein gesättigtes und ein ungesättigtes:

Kettenabbruch: Disproportionierung

H-Atom auf ein anderes Kettenradikal übertragen

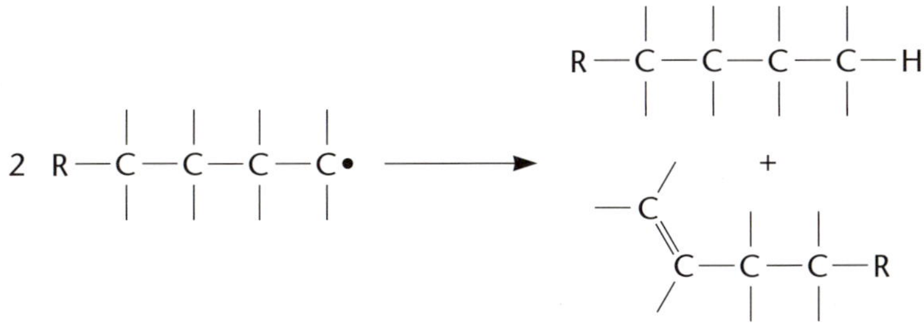

Durch die zufällige Kombination unterschiedlicher Radikale beim Kettenabbruch entstehen Makromoleküle verschiedener Längen.
Die Kettenlänge kann durch die Wahl der Reaktionsbedingungen, zum Beispiel die Konzentration des Radikalbildners, gesteuert werden. Gibt man eine große Initiatormenge zu, so wachsen viele Ketten gleichzeitig. Es bilden sich letztlich kürzere Ketten, weil es zu mehr Abbruchreaktionen kommt. Bei niedriger Initiatorkonzentration bilden sich nur wenige gleichzeitig wachsende Ketten, was zu längerkettigen Polymeren führt.

große Initiatormenge = viele Ketten = kurze Ketten wg vielen Abbruchreaktionen

kleine Initiatormenge = wenig Ketten = lange Ketten

Zu den wichtigen radikalisch hergestellten Polymerisationskunststoffen zählen Polyethen (PE), Polypropen (Polypropylen, PP), Polyvinylchlorid (PVC), Polytetrafluorethen (PTFE, „Teflon"), Polymethacrylsäuremethylester (PMMA, „Plexiglas") und Polystyrol (PS). Sie sind in der Tabelle auf der nächsten Seite zusammengefasst.

Die Abkürzungen kommen Ihnen wahrscheinlich sehr bekannt vor, man findet sie häufig als Kennzeichnung auf Plastikgegenständen wie Joghurtbechern, Kunststoffdeckeln oder Einweggeschirr.

Polymerisationskunststoffe aus C=C-Doppelbindungen		
Name (Kurzbezeichnung)	Monomer	Polymer
Polyethylen (PE)	Ethen 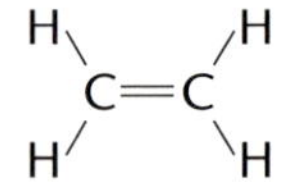	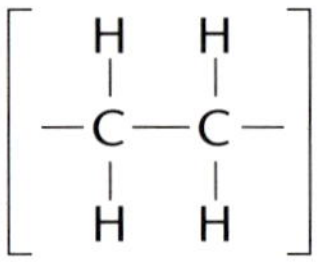
Polypropylen (PP)	Propen 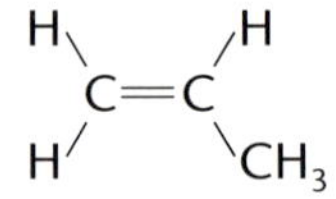	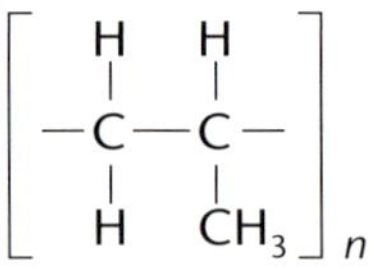
Polyvinylchlorid (PVC)	Vinylchlorid 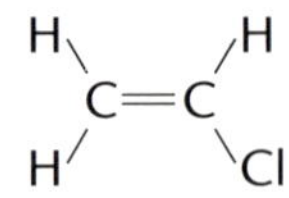	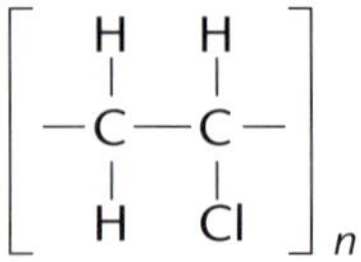
Polytetrafluorethylen (PTFE)	Tetrafluorethen 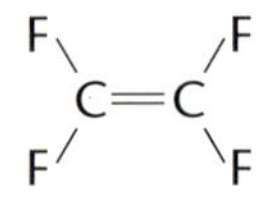	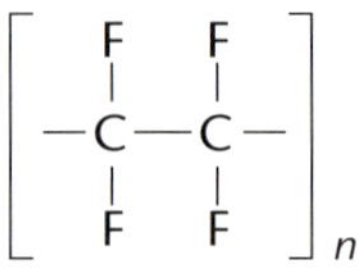
Polymethacrylsäuremethylester (PMMA)	Methacrylsäuremethylester 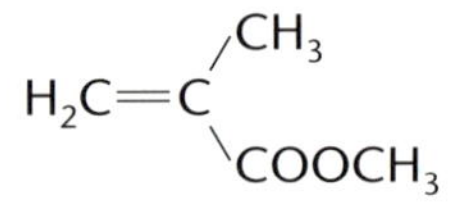	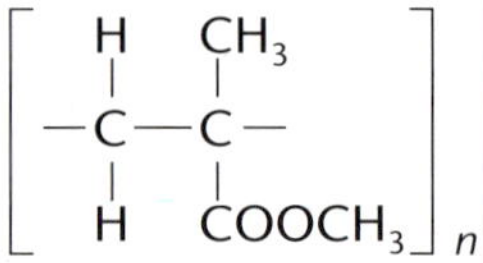
Polystyrol (PS)	Styrol 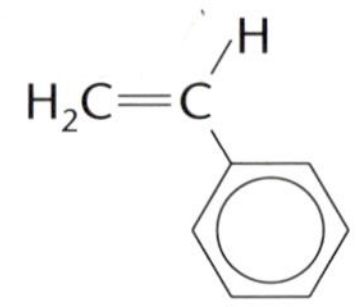	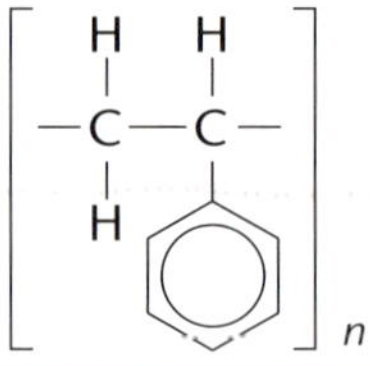

Polymerisationen können auch nach einem *ionischen* Mechanismus ablaufen. Im Gegensatz zu radikalisch ablaufenden Polymerisationen sind bei einer ionischen Polymerisation die *Substituenten* an der C=C-Doppelbindung der Monomeren für den Verlauf der Reaktion von ausschlaggebender Bedeutung.

Kationische Polymerisation

Der *kationische* oder *elektrophile Mechanismus* wird dann bevorzugt, wenn an den Monomeren Substituenten mit +I-Effekt vorhanden sind. Im Reaktionsverlauf entstehen als Zwischenstufe Carbokationen, deren Stabilität durch solche Substituenten erhöht wird. (Sie werden im Folgenden mit R_1 bezeichnet.)

Die Startreaktion wird im Sauren eingeleitet:

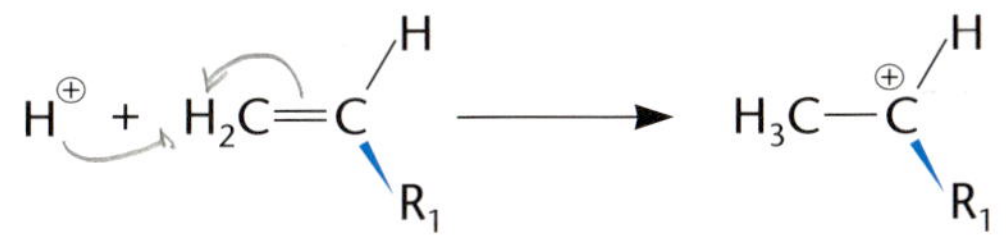

Startreaktion

Das Carbokation greift ein weiteres Monomer elektrophil an, dabei entsteht ein neues, größeres Carbokation. Dieses reagiert erneut mit einem Monomer usw.: Ein *Makrokation* wird gebildet.

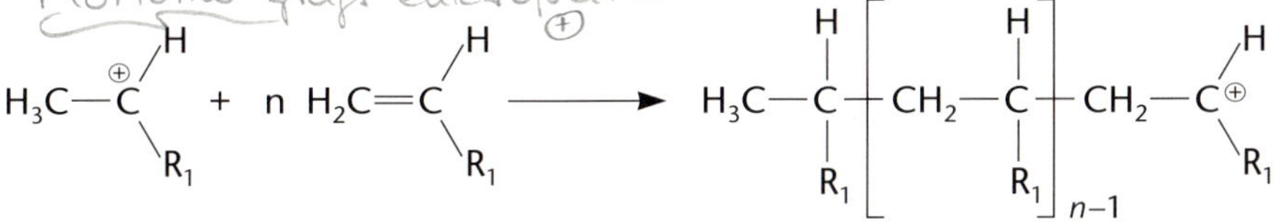

Wachstumsreaktion

Ein Kettenabbruch ist bei ionischen Polymerisationen nicht durch Rekombination möglich. Bei der kationischen Polymerisation erfolgt er durch Abspaltung eines Protons. Damit wird der Reaktionsstarter, also die Säure, wieder regeneriert: Sie fungiert bei diesem Reaktionsablauf als Katalysator.

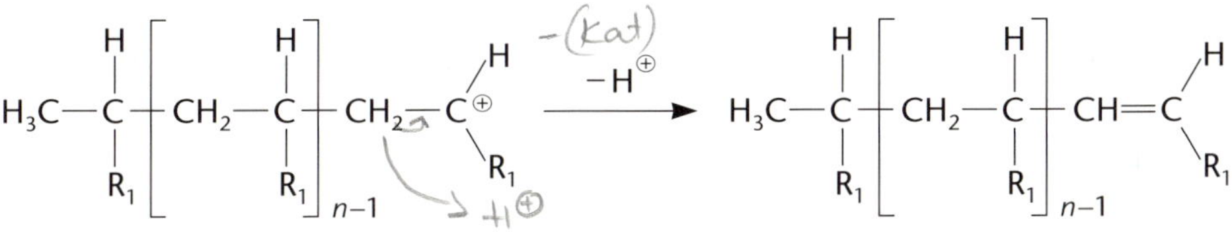

Abbruchreaktion

Anionische Polymerisation

Der *anionische* oder *nukleophile Mechanismus* wird durch Substituenten mit –I-Effekt (zum Beispiel –CN oder –COOH, im Folgenden mit R_2 bezeichnet) an der Doppelbindung begünstigt, da diese die als Zwischenprodukte auftretenden Carbanionen stabilisieren.
Die Startreaktion wird durch Anionen eingeleitet. Häufig werden dazu Substanzen wie Natriumamid $NaNH_2$ verwendet:

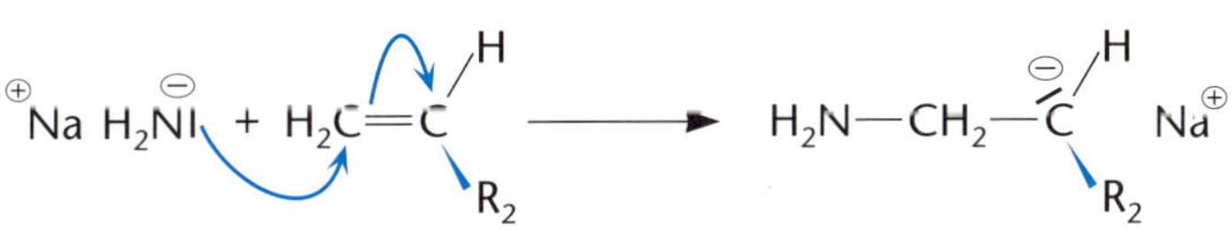

Startreaktion

Das so entstandene Carbanion greift ein weiteres Monomer nukleophil an; es entsteht unter Verbrauch von Monomeren ein *Makroanion*:

Wachstumsreaktion

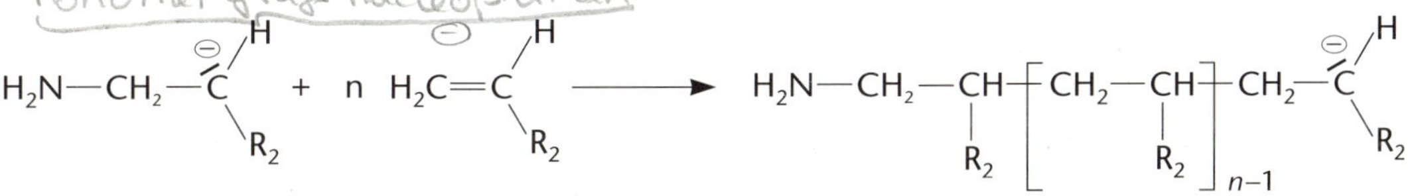

Abbruchreaktion

Der Abbruch des Kettenwachstums kann durch Anlagerung eines Protons (aus dem Lösungsmittel) oder, wie hier in der Beispielgleichung, durch Anlagerung des Kations aus der Startersubstanz erfolgen:

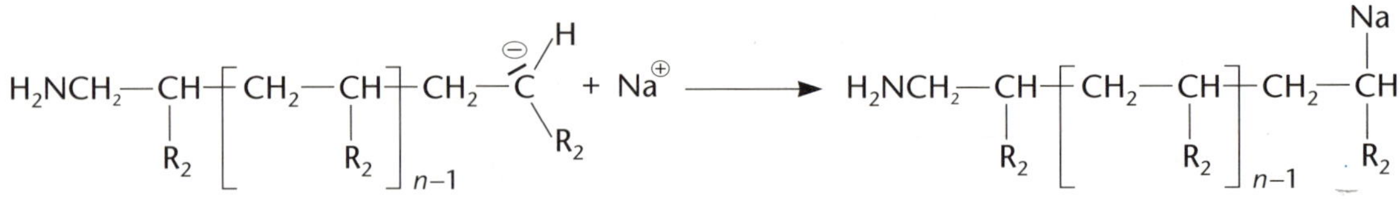

2.4.2 Polykondensationsreaktionen

Bei einer Polykondensation vereinigen sich viele Monomere zu Makromolekülen, wobei bei jedem Reaktionsschritt ein *einfaches Nebenprodukt* abgespalten wird. Sehr häufig ist es Wasser, es können aber auch Moleküle wie Chlorwasserstoff oder Ammoniak sein.

Damit eine Polykondensation möglich ist, muss jedes Monomer mindestens **bifunktionell** sein, das heißt, es muss mindestens zwei funktionelle Gruppen tragen:

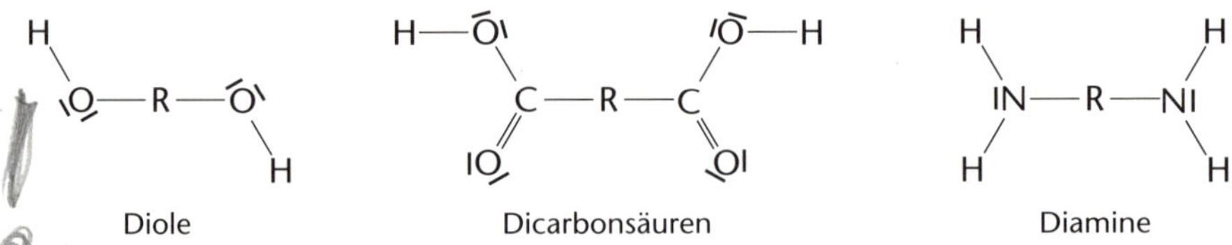

Zu einer Polykondensation benötigt man zwei verschiedene Monomere mit unterschiedlichen funktionellen Gruppen.

Polyester

Polyester sind langgestreckte Polykondensate aus Dicarbonsäuren und Diolen. Dabei wird 1,4-Benzoldicarbonsäure (Terephthalsäure) mit Ethandiol zur Reaktion gebracht:

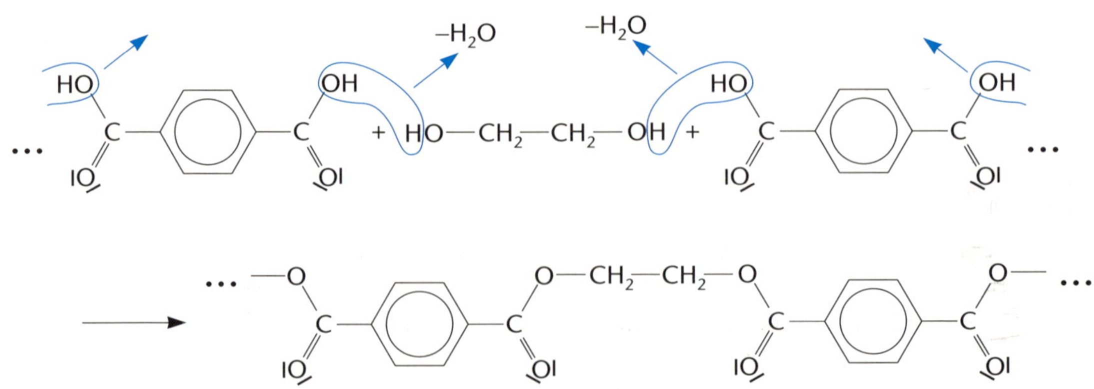

Abb. 65
Polyester-Kondensationsreaktion

Produkte mit dem Handelsnamen Diolen oder Trevira sind Polyester, die in der Textilindustrie eine wichtige Rolle spielen.

Polyamide

Polyamide entstehen durch Polykondensation von Dicarbonsäuren mit Diaminen. Die wichtigsten Polyamide sind Perlon und Nylon, die vorwiegend zu Textilfasern verarbeitet werden.

Zur Herstellung von Nylon wird ein Salz aus 1,6-Hexandisäure (Adipinsäure) und 1,6-Diaminohexan (Hexamethylendiamin) bis zur Schmelze erhitzt. Dabei kondensieren beide Monomere unter Abspaltung von Wasser und bilden lange Polyamidfäden, die leicht aus der Schmelze herausgezogen werden können. Die Reaktion der Carboxylgruppe der Adipinsäure mit den Aminogruppen des Hexamethylendiamins gleicht der Verknüpfung der Aminocarbonsäuren in Proteinen. In beiden Fällen tritt die charakteristische Peptidbindung* auf:

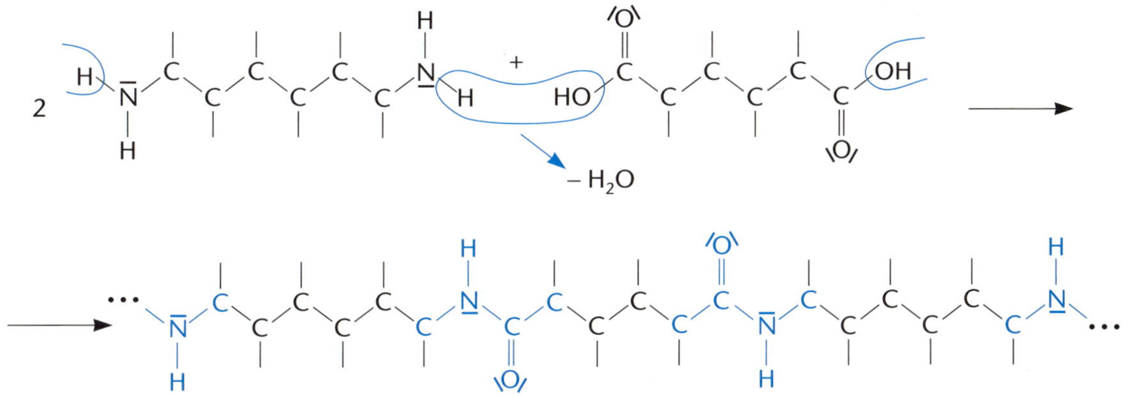

Abb. 66
Polyamid-Kondensationsreaktion am Beispiel einer Nylon-Synthese (blau: Peptidbindung)

Bei der Verknüpfung von bifunktionellen Monomeren bilden sich lange Fadenmoleküle, wie wir an zwei Beispielen gesehen haben. Ist wenigstens ein Monomer tri- oder höherfunktionell, so ergeben sich *räumlich vernetzte* Makromoleküle.

Phenoplaste

Phenoplaste entstehen durch Verknüpfung von Phenol oder Resorcin (1,3-Dihydroxybenzol) mit Methanal (Formaldehyd).

Bei der Herstellung von Bakelit, das unter anderem für Steckdosen und Lichtschalter verwendet wird, wirken die Phenolmoleküle als trifunktionelle, die Methanalmoleküle als bifunktionelle Komponenten. So entsteht ein in alle Richtungen des Raumes vernetztes Makromolekül. In Abbildung 67 auf der nächsten Seite ist skizziert, wie die vom Methanal stammenden CH_2-Brücken in ortho- und para-Stellung zur Hydroxylgruppe diese räumliche Vernetzung aufgrund ihrer tetraedrischen Bindungswinkel entstehen lassen.

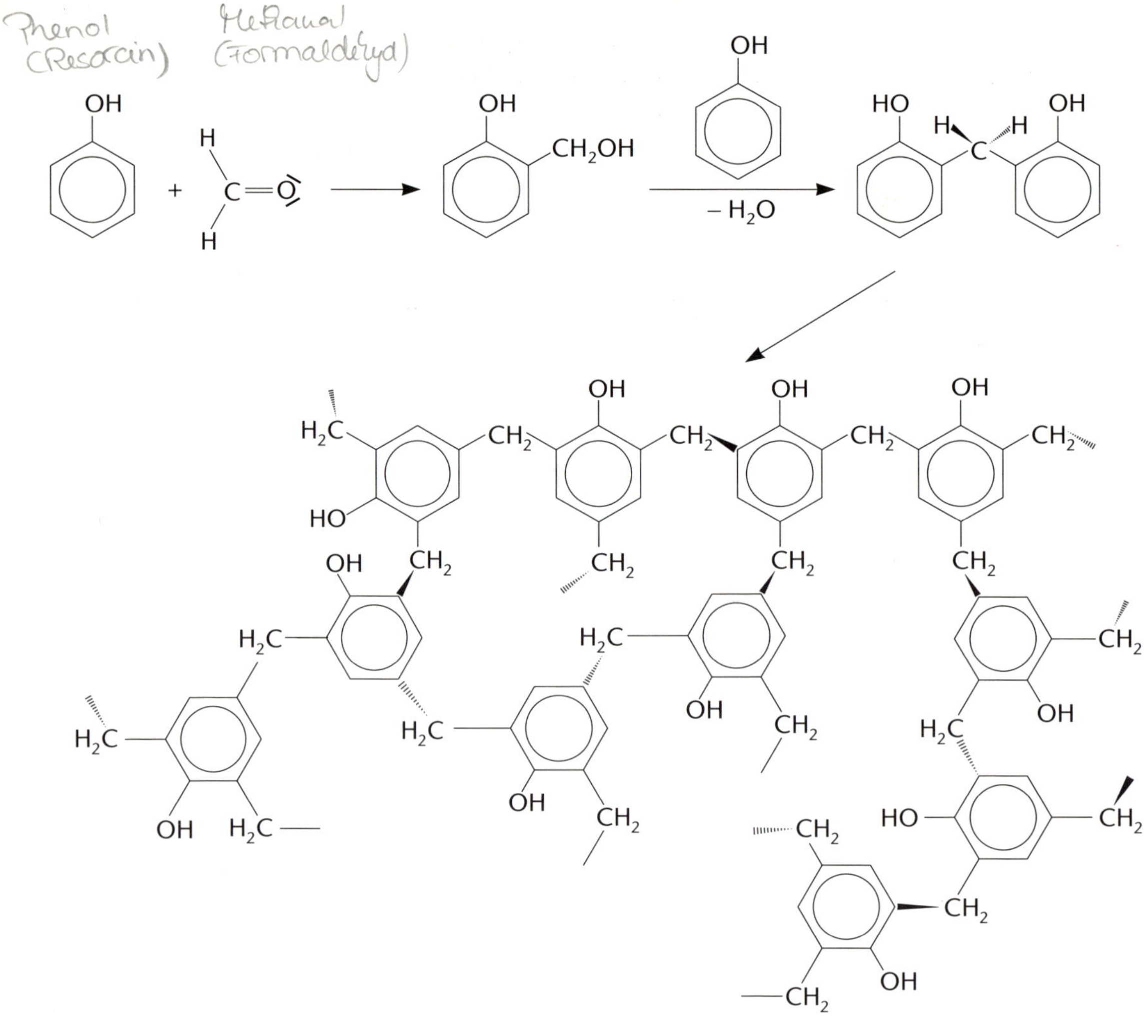

Abb. 67
Phenoplast-Kondensation.
Die dreidimensionale Vernetzung geht immer von den Benzolringen aus!

2.4.3 Polyaddition

Für eine Polyaddition sind wie bei der Polykondensation Monomere mit zwei oder mehr funktionellen Gruppen nötig. Sind die Monomere bifunktionell, so entstehen auch hier lange Fadenmoleküle und bei tri- und höherfunktionellen Monomeren ergeben sich räumlich vernetzte Makromoleküle.

Die Bildung von Makromolekülen erfolgt bei der Polyaddition aber ohne Abspaltung eines Nebenproduktes. Außerdem ist es für Polyadditionen typisch, dass bei jeder Verknüpfung ein *Platzwechsel* von Wasserstoffatomen von einem Monomer auf ein anderes stattfindet.

Polyurethane sind die wichtigsten Polyadditionskunststoffe. Sie entstehen durch Verknüpfung von Di- oder Triisocyanaten* mit mehrwertigen Alkoholen.

Polyurethane

Basisreaktion ist die Addition von R–OH an eine Isocyanatgruppe, wodurch ein *Urethan* gebildet wird:

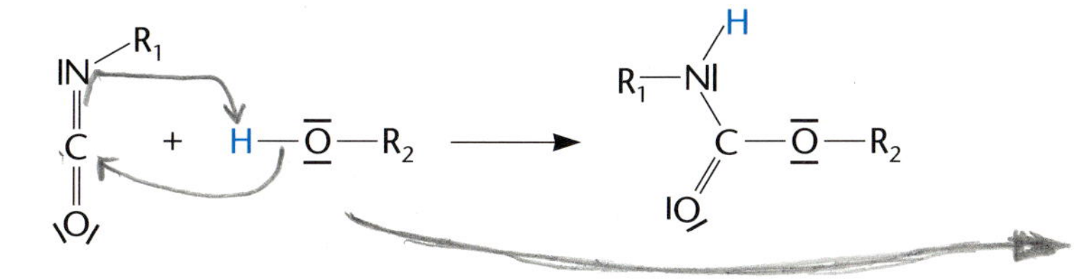

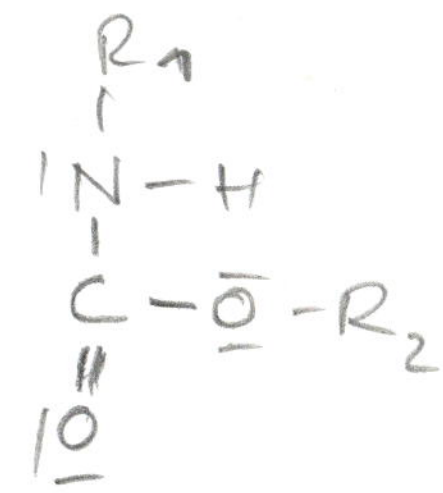

Abb. 68
Additionsreaktion von Isocyanat und Alkohol zu Urethan mit „Platzwechsel" des Wasserstoffatoms

Aus 1,4-Phenylendiisocyanat und 1,4-Butandiol erhält man zum Beispiel ein lineares Polyaddukt, das ein hervorragendes synthetisches Borstenmaterial ergibt:

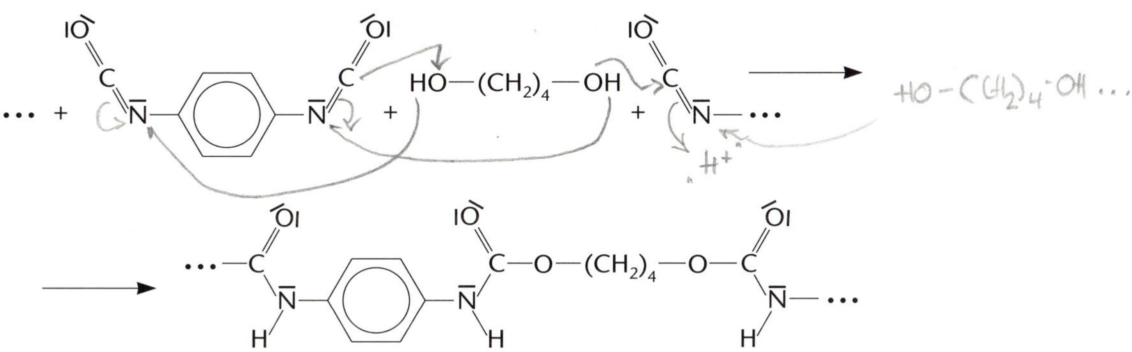

Vielfältige Anwendungen finden Polyurethane als Schaumstoffe. Um den Kunststoff aufzuschäumen, setzt man dem Reaktionsgemisch Wasser zu. Dieses reagiert mit einem Teil der Isocyanate, wobei Kohlenstoffdioxid freigesetzt wird. Der sich bildende Kunststoff wird dadurch aufgeschäumt:

$$R-\overline{N}=C=O + H_2O \longrightarrow R-NH_2 + CO_2\uparrow$$

Abb. 69
Freisetzung von CO_2 bei der Reaktion von Wasser mit Isocyanaten

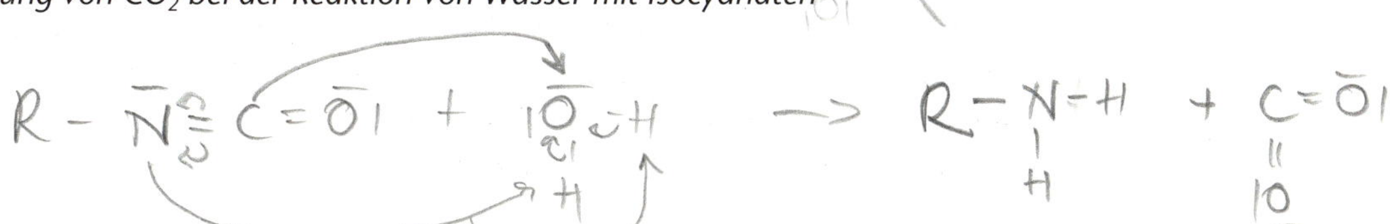

Aufgaben 2.27 – 2.37

2.27 Was sind Kunststoffe?

2.28 Welche Haupttypen unterscheidet man bei Kunststoffen?

2.29 Beschreiben Sie den Reaktionsmechanismus der radikalischen Polymerisation anhand eines Beispiels.

2.30 Polymerisationen können auch nach einem ionischen Mechanismus ablaufen. Wann wird ein kationischer und wann ein anionischer Mechanismus bevorzugt?

2.31 Was ist ein Polykondensat?

2.32 Welche Eigenschaften müssen die Ausgangsstoffe besitzen, damit eine Polykondensation möglich ist?

2.33 Warum ähneln Polyamide den Eiweißstoffen?

2.34 Wann entstehen räumlich vernetzte Makromoleküle?

2.35 Was versteht man unter Polyaddition?

2.36 Wie entstehen Polyurethanschaumstoffe?

2.37 Was unterscheidet ein „Polymerisat" von einem „Polymer"?

Räumliche Struktur organischer Verbindungen – Isomerie

3.

Die Summenformel einer organischen Verbindung gibt noch keine Auskunft darüber, in welcher Reihenfolge und räumlichen Lage die einzelnen Atome miteinander verknüpft sind. Moleküle mit gleicher Summenformel können völlig verschiedene chemische und physikalische Eigenschaften haben.

Moleküle, die zwar gleiche Summenformeln, aber unterschiedliche Strukturformeln* haben, bezeichnet man als **Isomere**.

Man unterscheidet verschiedene Arten von Isomerie, die die Eigenschaften zueinander isomerer Verbindungen unterschiedlich beeinflussen können.

Strukturisomerie (Konstitutionsisomerie)

3.1

Unterscheiden sich Stoffe mit gleicher Summenformel in der unterschiedlichen Reihenfolge der Anordnung von Atomen und Bindungen im Molekül, so spricht man von **Konstitutionsisomerie** oder **Strukturisomerie**.
Die Vielzahl strukturisomerer Verbindungen ist fast unüberschaubar. Schon bei den aliphatischen Kohlenwasserstoffen steigt die Anzahl der verschiedenen Strukturmöglichkeiten mit steigender Anzahl der Kohlenstoffatome steil an. Erstmals beim Butan (C_4H_6) sind zwei Möglichkeiten der Anordnung der Atome denkbar:

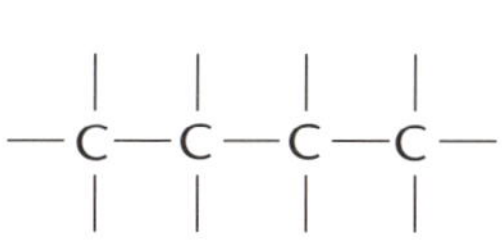

n-Butan

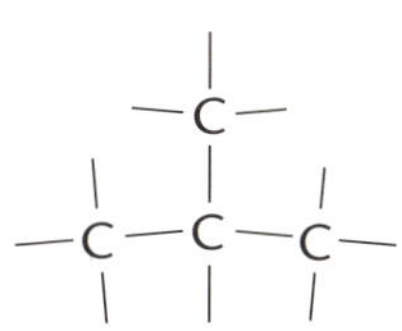

2-Methylpropan

Gerüstisomerie

Beim Octan (C_8H_{18}) gibt es bereits 18 verschiedene Möglichkeiten und beim Tetracontan mit der Summenformel $C_{40}H_{82}$ ist die Zahl der möglichen Isomere auf über 62 Billionen angestiegen. (Wenn Sie es genau wissen wollen: 62.491.178.805.831.)
Eine Konstitutionsisomerie, die auf dem unterschiedlichen Aufbau des Kohlenstoffgerüsts basiert, wird auch als **Gerüstisomerie** bezeichnet.

Bei ungesättigten Kohlenwasserstoffen eröffnet die unterschiedliche Anordnung der Mehrfachbindungen als weitere Möglichkeit zur Ausbildung isomerer Formen die **Bindungsisomerie**:

Bindungsisomerie

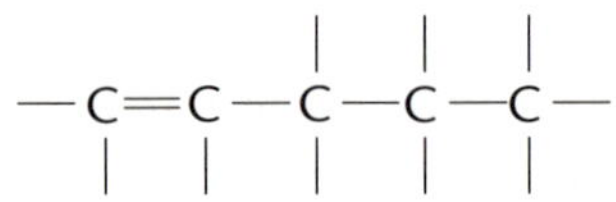

1-Penten

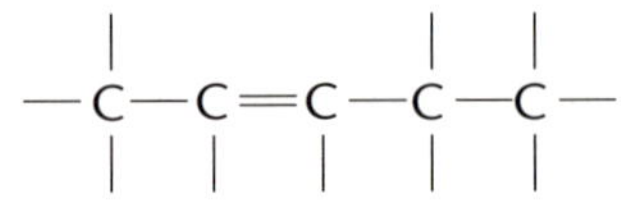

2-Penten

Sind in einem Molekül *mehrere* Doppelbindungen enthalten, können diese in unterschiedlicher Anordnung zueinander stehen:

1,3-Cyclohexadien

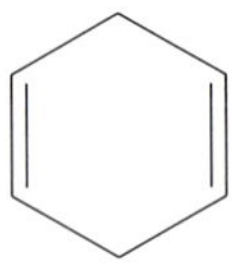

1,4-Cyclohexadien

Weitere Isomeriemöglichkeiten ergeben sich bei substituierten Verbindungen durch die **Stellungsisomerie**, also durch die unterschiedliche Stellung von Substituenten am Kohlenstoffgerüst. So gibt es beispielsweise beim Dichlorethan zwei Isomere, beim Dichlorpropan sind es schon vier Möglichkeiten, die zwei Chloratome unterschiedlich anzuordnen:

Stellungsisomerie

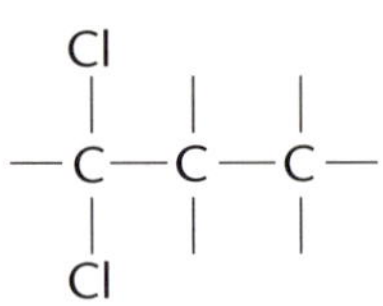

1,1-Dichlorpropan

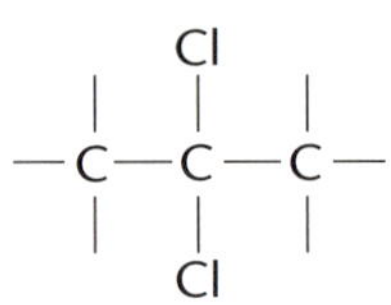

2,2-Dichlorpropan

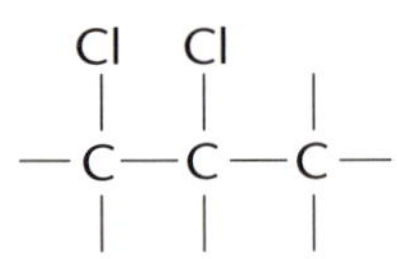

1,2-Dichlorpropan

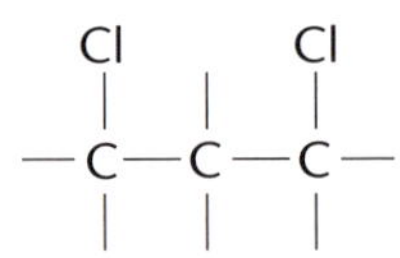

1,3-Dichlorpropan

Ein anderes Beispiel für eine Stellungsisomerie sind *primäre**, *sekundäre* und *tertiäre* Alkohole (siehe dazu auch Abschnitt C1 in ML 676). Diese Bezeichnungsweise gibt an, ob an das *Kohlenstoffatom, das die OH-Gruppe trägt*, noch ein, zwei oder drei weitere Kohlenstoffatome direkt gebunden sind; hier aufgezeigt am Beispiel der Butanolisomeren:

immer C-Atom das OH-Gruppe trägt maßgebend

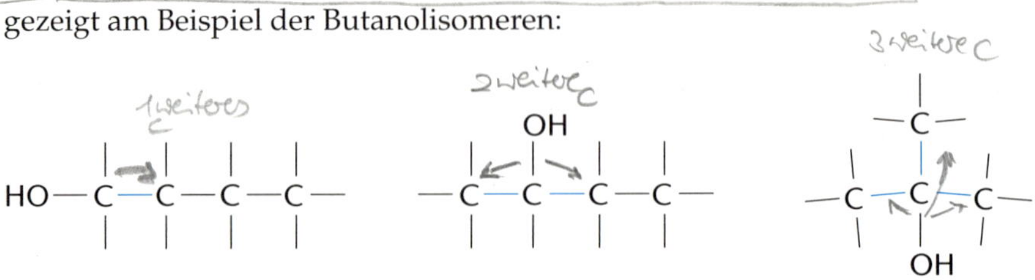

1-Butanol (primärer Alkohol) 2-Butanol (sekundärer Alkohol) 2-Methyl-2-propanol (tertiärer Alkohol)

Durch die unterschiedliche Anordnung der Atome können sich bei gleicher Summenformel sogar Moleküle mit verschiedenen funktionellen Gruppen und damit mit völlig verschiedenen physikalischen und chemischen Eigenschaften ergeben (**Funktionsisomere**).

Ein einfaches Beispiel hierfür sind die Verbindungen mit der Summenformel C_2H_6O. Diese Summenformel gilt sowohl für Ethanol als auch für Dimethylether:

Funktions-isomerie

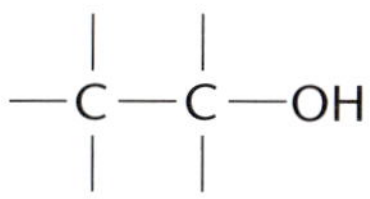

Ethanol

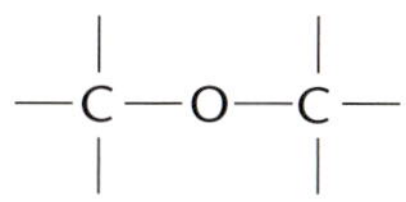

Dimethylether

Aufgaben 3.1 – 3.5

3.1 Was versteht man unter Strukturisomerie?

3.2 Geben Sie die Strukturformeln aller möglichen Butene an.

3.3 Welche isomeren Propanole gibt es? Mit welcher weiteren Verbindung sind diese isomer?

3.4 Geben Sie die Strukturformeln aller möglichen Tri- und Tetrachlorethane an und benennen Sie die betreffenden Verbindungen.

3.5 In welcher Beziehung stehen Diethylether, Methylpropylether und 2-Butanol zueinander?

Stereoisomerie 3.2

Stereoisomerie liegt dann vor, wenn Moleküle mit gleicher Bindungsstruktur sich nur durch verschiedene *Raumanordnung* der Atome unterscheiden. Eine Stereoisomerie kann verschiedene Ursachen haben; dementsprechend teilt man sie ein in die **Konformationsisomerie**, die **cis-trans-Isomerie** und die **optische Isomerie**.

Von wenigen Sonderfällen abgesehen unterscheiden sich Stereoisomere nicht in ihren chemischen Eigenschaften.

3.2.1 Konformationsisomerie

Konformationsisomere des Ethans

Aufgrund der freien Drehbarkeit um die Einfachbindungsachse zwischen zwei Kohlenstoffatomen (σ-Bindung) können die beiden Molekülteile theoretisch in unendlich vielen Stellungen (Konstellationen) zueinander angeordnet sein.

> Isomere, die durch *Drehung um Einfachbindungen* ineinander überführt werden können, werden als **Konformationsisomere** bezeichnet.

Beim Ethan beispielsweise können die beiden Methylgruppen um die C–C-Bindungsachse *frei rotieren*.

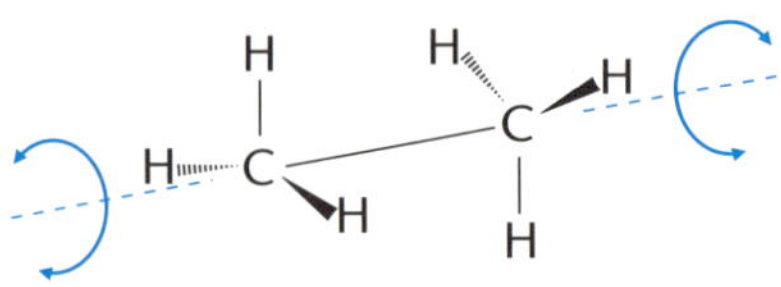

Abb. 70
Rotation der beiden Methylgruppen im Ethan

Zur Darstellung von **Konformeren*** bedient man sich der NEWMAN'schen* Projektionsformeln. Dabei wird das Molekül entlang der C–C-Bindungsachse in die Ebene projiziert. Das vordere C-Atom wird durch einen Punkt, das hintere C-Atom durch einen Kreis dargestellt (siehe Abb. 71).

Von den unendlich vielen Stellungen beim Ethanmolekül sind zwei von besonderem Interesse.

- Die *energiereichste* Form ist die **verdeckte** oder **ekliptische Form**. Sie liegt vor, wenn sich die Wasserstoffatome genau gegenüber, also auf Deckung stehen, wodurch sich die H-Atome etwas behindern.
- Die *energieärmste* und somit stabilste Form ist die **gestaffelte Form**. Dabei sind die Methylgruppen um 60° gegeneinander gedreht.

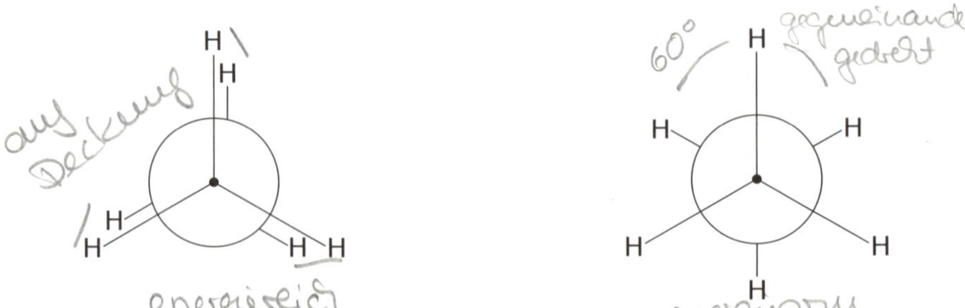

ekliptische Konformation — gestaffelte Konformation

Abb. 71
Konformationen des Ethanmoleküls in der NEWMAN-Projektion

Die Energiedifferenz zwischen den beiden Konformeren beträgt nur etwa 12,5 kJ·mol^{-1}. Somit können sie sich schon allein mithilfe ihrer in der Bewegung gespeicherten Energie jederzeit ineinander umwandeln. Erst bei sehr tiefen Temperaturen können Konformationsisomere voneinander isoliert werden.

Konformationsisomere des 1,2-Dichlorethans

Ersetzt man an jedem Kohlenstoffatom des Ethans ein Wasserstoffatom durch ein Chloratom, so erhält man das 1,2-Dichlorethanmolekül. Bei diesem Molekül ist es wahrscheinlicher, die gestaffelte Konformation vorzufinden, weil sich die voluminösen Chloratome gerade bei der ekliptischen Konformation stark behindern, wenn sie sich zu nahe kommen.

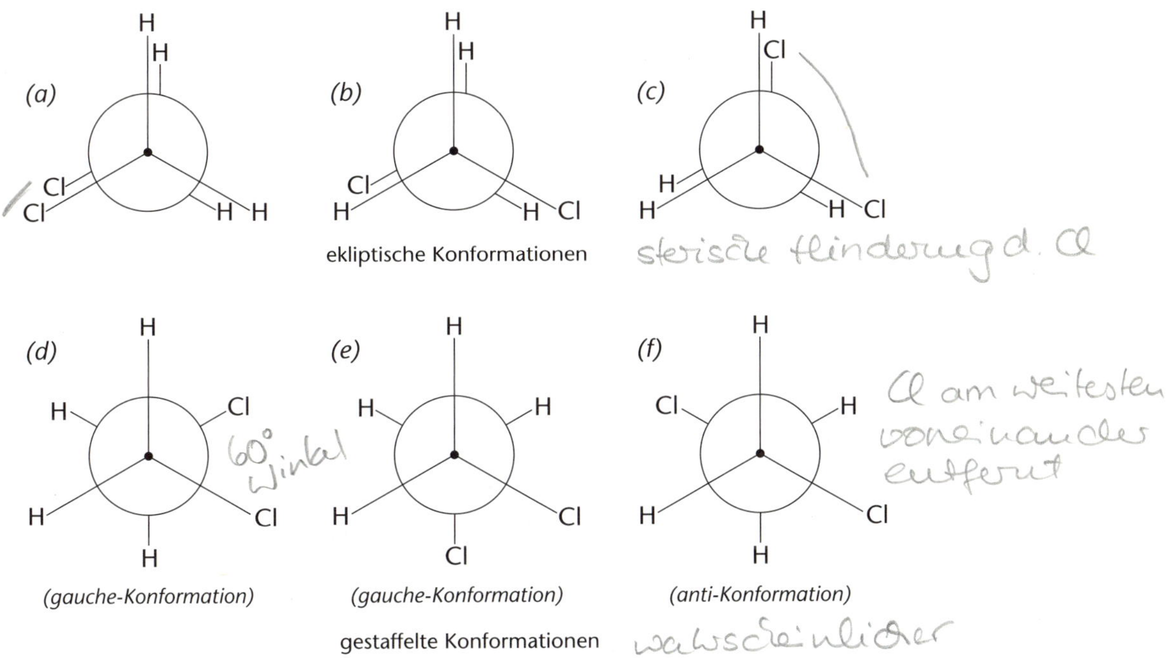

Abb. 72
Konformationsisomere des 1,2-Dichlorethans

Da Dichlorethan nicht so hochsymmetrisch gebaut ist wie Ethan, gibt es mehrere gestaffelte Konformationen: Man unterscheidet die **anti-Stellung**, in der die beiden Chloratome am weitesten voneinander entfernt sind, von den **gauche-Stellungen**, bei denen die Chloratome im Winkel von nur 60° zueinander stehen.

Konformationsisomerie des Cyclohexans

Eine interessante Konformationsisomerie ergibt sich beim Cyclohexan und seinen Derivaten. In einem ebenen Sechsring würden die Kohlenstoffatome einen Winkel von 120° einschließen. Bei sp^3-hybridisierten C-Atomen wie beim Cyclohexan beträgt der Bindungswinkel jedoch ca. 109,5° (Tetraederwinkel). Ein ebener Cyclohexanring würde deshalb unter starker *Winkelspannung* stehen.

Cyclohexan ist daher nicht eben gebaut: Es gibt zwei spannungsfreie räumliche Konformationen des Cyclohexans, die man als **Sesselform** und **Wannenform** bezeichnet.

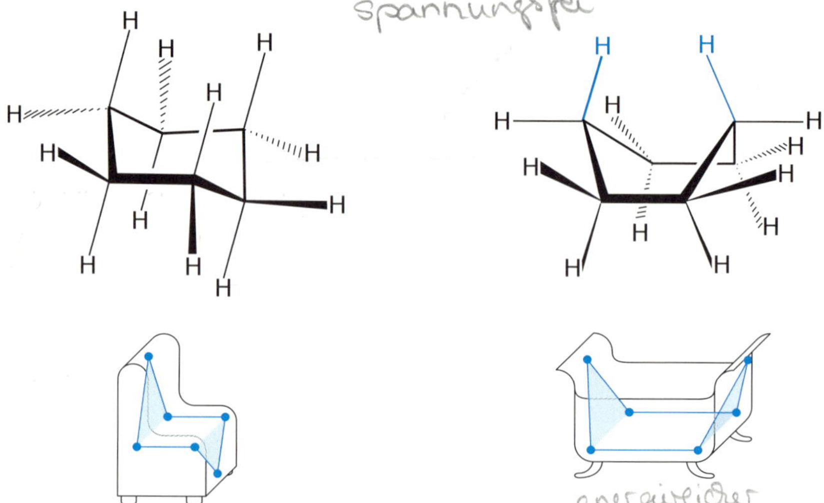

Abb. 73
Sessel- und Wannenform des Cyclohexanmoleküls

Die stabilere der beiden Formen, die bei Raumtemperatur zu 99 % vorliegt, ist die Sesselform. In dieser Konformation stehen alle Wasserstoffatome auf Lücke, also gestaffelt, und behindern sich nicht gegenseitig.

Die Wannenkonformation ist energiereicher, da die vier Wasserstoffatome an der Seite der Wanne ekliptisch zueinander stehen. Durch synchrone Drehbewegungen um mehrere C–C-Bindungen können Wannen- und Sesselform ineinander überführt werden. Diese Umwandlung der Konformationsisomere erfordert allerdings Aktivierungsenergie, da sie nur unter vorübergehender Deformation der C–C–C-Bindungswinkel stattfinden kann.

Aufgaben 3.6 – 3.11

3.6 Wann tritt Konformationsisomerie auf?

3.7 Erklären Sie anhand eines einfachen Beispiels die Konformationsisomerie.

3.8 Ordnen Sie die Konformationen des 1,2-Dichlorethans aus Abbildung 72 nach steigendem Energiegehalt und begründen Sie Ihre Reihenfolge.

3.9 Geben Sie die möglichen Konformere des Butans an.

3.10 Warum ist der Cyclohexanring nicht eben gebaut?

3.11 Welche ist die stabilste Konformation des Cyclohexans? Begründen Sie Ihre Auffassung.

Cis-trans-Isomerie 3.2.2

Cis-trans-Isomerie des 1,2-Dibromethens

Aufgrund der π-Bindung ist die freie Drehbarkeit der Molekülteile um die Bindungsachse einer Doppelbindung nicht mehr möglich, denn wenn die beiden π-Orbitale senkrecht zueinander stehen, ist ihre Überlappung null. Anders gesagt: Die π-Bindung würde komplett gespalten!

Sind nun an den beiden Kohlenstoffatomen, die durch eine Doppelbindung verknüpft sind, unterschiedliche Atome bzw. Atomgruppen gebunden, dann führt das zum Auftreten von zwei Molekülarten mit gleicher Verknüpfung, aber unterschiedlicher räumlicher Anordnung. Man bezeichnet diese Form der Isomerie als **cis-trans-Isomerie** oder **geometrische Isomerie**.
Ein typisches Beispiel dafür sind die beiden stereoisomeren Formen des 1,2-Dibromethens. Liegen beide Bromatome zusammen auf einer Seite der Molekülebene angeordnet, dann liegt die **cis-Form** bzw. ein **Z-Isomer** vor. Bei entgegengesetzter Anordnung der Bromatome spricht man von **trans-Form** bzw. von einem **E-Isomer**. („Z" kommt von *zusammen*, „E" von *entgegengesetzt*.)

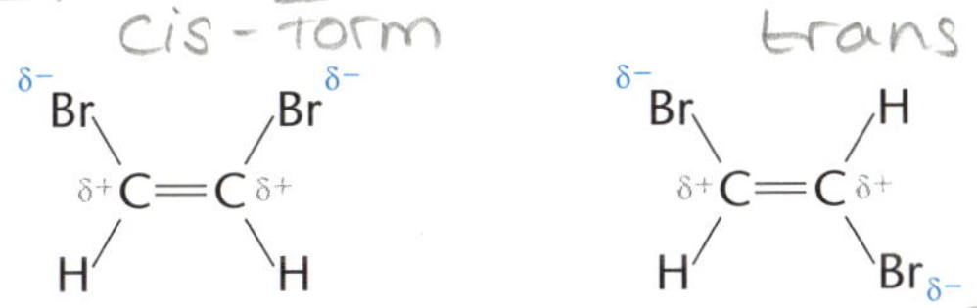

Abb. 74
Cis-trans-Isomerie beim 1,2-Dibromethenmolekül

Die beiden Isomere unterscheiden sich in ihren Eigenschaften, zum Beispiel in ihrem Dipolcharakter: Bei der cis-Form addieren sich die Dipolmomente, während sie sich bei der trans-Stellung der Bromatome weitgehend gegenseitig aufheben.

Zum Lösen der π-Bindung müsste ein Energiebetrag von ca. 250 $kJ \cdot mol^{-1}$ aufgebracht werden. (Man erhält diesen Wert als Differenz der Zeilen eins und zwei der Tabelle in Abschnitt 1.4.) Diese Energiebarriere ist so hoch, dass eine Drehung um die C–C-Bindungsachse bei Raumtemperatur nicht möglich ist. Daher wandeln sich die isomeren Formen bei Raumtemperatur nicht ineinander um.

Cis-trans-Isomerie der Butendisäure

Ein weiteres interessantes Beispiel der cis-trans-Isomerie sind die beiden Formen der Butendisäure. Die cis-Butendisäure hat den Trivialnamen *Maleinsäure*, die trans-Butendisäure trägt die Bezeichnung *Fumarsäure.*

Fumarsäure   Maleinsäure

Abb. 75
Cis-trans-Isomerie der Butendisäure

Die Maleinsäure kann durch Wasserabspaltung ohne große Schwierigkeiten in ein Anhydrid* überführt werden.

Bei der Fumarsäure ist dies wegen der weit auseinander liegenden Carboxylgruppen nicht möglich.

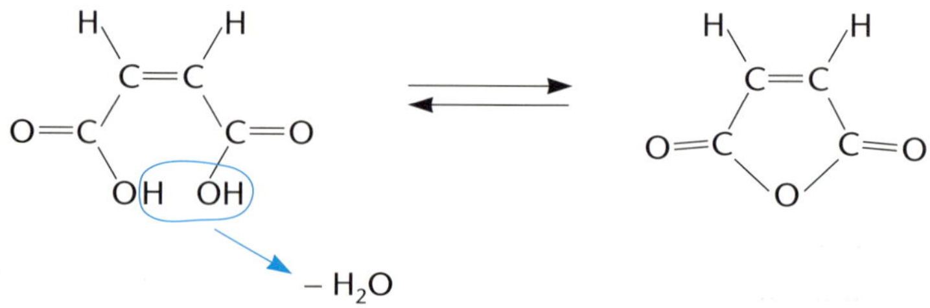

Abb. 76
Anhydridbildung bei der Maleinsäure

Aufgaben 3.12; 3.13

3.12 Wann tritt cis-trans-Isomerie auf? Geben Sie Beispiele an.

3.13 Von welchen der hier genannten Verbindungen existieren cis-/trans-Isomere?

- Butan
- 1-Buten
- 2-Buten
- 1-Chlorpropen
- 1,2-Dichlorethin

Begründen Sie und geben Sie die jeweiligen Strukturformel an.

Optische Aktivität des 2,3-Dihydroxypropanal

Vom 2,3-Dihydroxypropanal (Glycerinaldehyd) existieren zwei verschiedene Isomere. Diese unterscheiden sich nur durch die *räumliche Anordnung* der Atome bzw. Atomgruppen voneinander. Die beiden Isomere können nicht durch Drehung um die C–C-Einfachbindungsachse ineinander überführt werden, sie verhalten sich wie Bild und Spiegelbild (**Spiegelbildisomerie**). Spiegelbildisomere nennt man auch **Enantiomere** oder **optische Antipoden**.

L-2,3-Dihydroxypropanal D-2,3-Dihydroxypropanal

Abb. 77
Spiegelbildisomere des Glycerinaldehyds

Um die optische Isomerie besser verstehen zu können, gehen wir in Gedanken noch einmal zurück zur Abbildung 5: Das Kohlenstoffatom im Methan sitzt im Zentrum eines Tetraeders und an den Tetraederspitzen sitzen die vier an den Kohlenstoff gebundenen Liganden, also die Wasserstoffatome.
Beim Glycerinaldehyd sind die vier Liganden –CHO, $–CH_2OH$, –OH und –H.

Wenn Sie sich nicht so richtig vorstellen können, dass man diese vier *verschiedenen* Liganden tatsächlich im dreidimensionalen Raum spiegelbildlich zueinander anordnen kann, dann basteln Sie sich zwei Tetraeder aus Papier nach folgender Skizze:

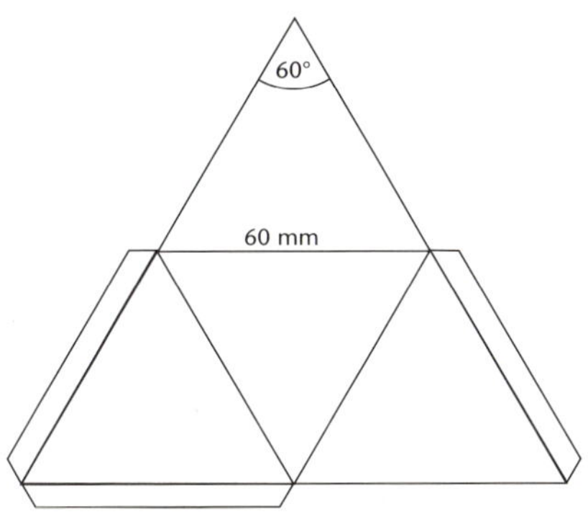

Stellen Sie dann beide Tetraeder nebeneinander so vor sich auf, dass eine Seite genau auf Sie gerichtet ist. Färben Sie die obere Spitze schwarz, die hintere blau, die linke Spitze des linken Tetraeders und die rechte Spitze des rechten Tetraeders grün sowie die beiden verbliebenen Spitzen rot. Versuchen Sie nun die Tetraeder so aufzustellen, dass alle vier Farben auf den gleichen Positionen liegen.

Das Auftreten optischer Enantiomere ist immer dann möglich, wenn ein **chiraler Molekülbau** vorliegt, das heißt, wenn ein Molekül ein Kohlenstoffatom besitzt, das mit *vier verschiedenen* Liganden verknüpft ist. Dieses Kohlenstoffatom ist das **Chiralitätszentrum**; man bezeichnet es als **asymmetrisch**.
In Strukturformeln werden solche C-Atome mit einem Sternchen gekennzeichnet:

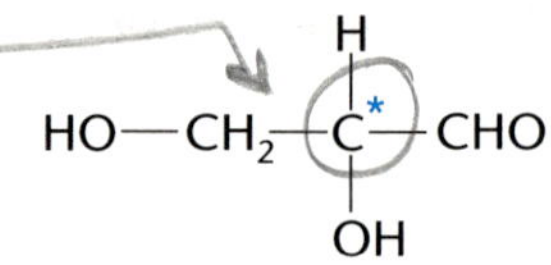

Abb. 78
Asymmetrisches Kohlenstoffatom im 2,3-Dihydroxypropanal

Zur vereinfachten Darstellungen der optischen Antipoden verwendet man die von FISCHER* bereits 1891 vorgeschlagenen Projektionsformeln.

Aufstellen der FISCHER-Projektionsformeln

1. Unter den vier Liganden des asymmetrischen C*-Atoms das Kohlenstoff-Atom mit der höchsten Oxidationszahl bestimmen.
2. Die längste C-Kette suchen, die durch dieses Kohlenstoffatom und durch das asymmetrische C*-Atom verläuft.
3. Das Tetraeder um C* mit den vier Liganden an den Ecken so orientieren, dass der C-Ligand mit der höchsten Oxidationszahl nach oben und die längste C-Kette nach hinten zeigt.
4. Die räumliche Orientierung der Liganden wird auf das Papier übertragen: Das Chiralitätszentrum C* bildet die Mitte, der Ligand oben liegt in der Papierebene über C*, der Ligand nach unten hinten liegt unter C*. Die Liganden nach vorne unten links bzw. rechts liegen links und rechts von C*.
5. Die nach oben zeigende Halbachse dreht man nun in der Papierebene zum Heteroatom-Liganden. (Oder zum C-Liganden mit der nächstgrößten Oxidationszahl, wenn kein Heteroatom-Ligand am C* vorhanden ist.)

   Geht die Drehung nach rechts (lat. *dexter*), liegt die **D-Konfiguration** vor. Geht die Drehung nach der linken Seite (lat. *laeva*), liegt die **L-Konfiguration** vor.

Beispiel: Glycerinaldehyd

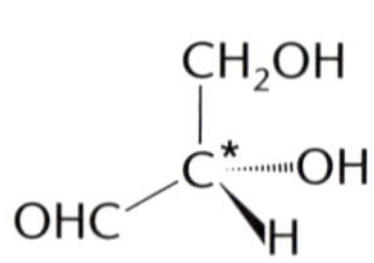

L-2,3-Dihydroxypropanal

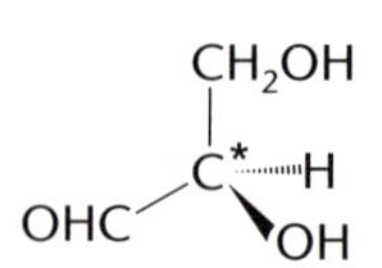

D-2,3-Dihydroxypropanal

Der C-Ligand mit der höchsten Oxidationsstufe ist –CHO. **1. Schritt**

Die längste Kette ist $OHC-C^*-CH_2OH$. **2. Schritt**

3. Schritt

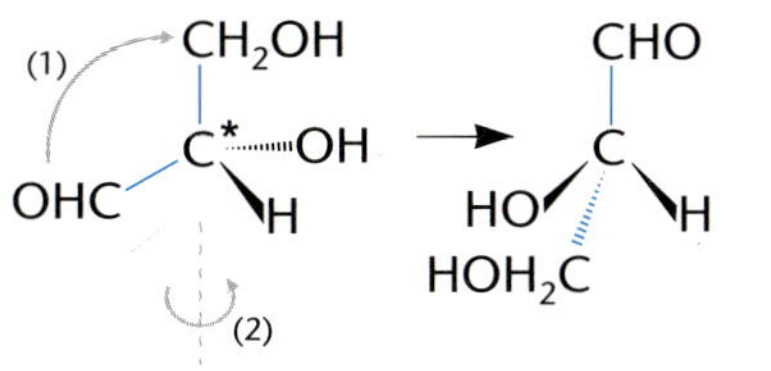

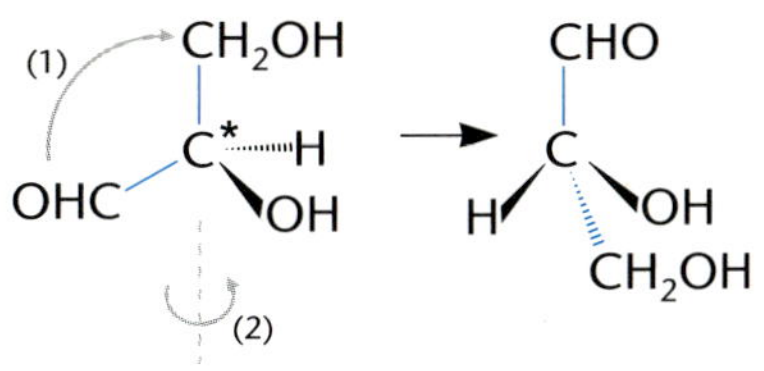

4. Schritt

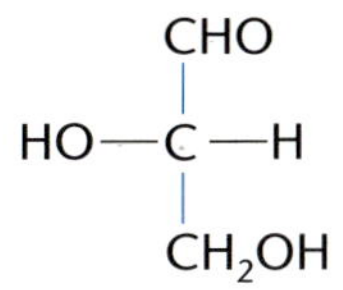

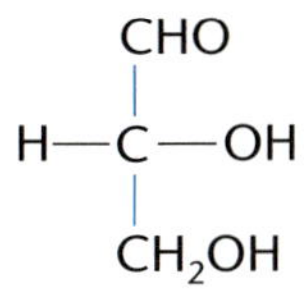

5. Schritt

Der Heteroatom-Ligand ist –OH.

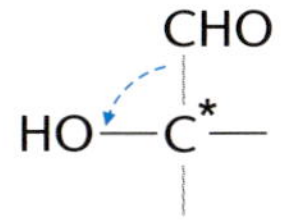

Linksdrehung
⇒ L-Konfiguration

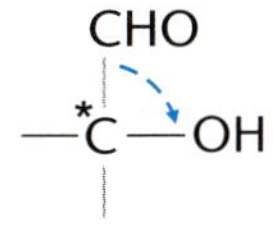

Rechtsdrehung
⇒ D-Konfiguration

Enantiomere zeigen gleiche chemische und physikalische Eigenschaften, mit einer Ausnahme: Sie unterscheiden sich in ihrem Verhalten gegenüber *linear polarisiertem* Licht!
Lösungen von Substanzen, deren Moleküle asymmetrische Kohlenstoffatome besitzen, sind in der Lage, die Schwingungsebene von linear polarisiertem Licht zu drehen. Man nennt diese Erscheinung **optische Aktivität**.

Optische Antipoden drehen die Ebene des polarisierten Lichts um den gleichen Betrag, aber in verschiedene Richtungen.
Zur Unterscheidung wird den Substanzen das Zeichen (+) für Rechtsdrehung (im Uhrzeigersinn), das Zeichen (–) für Linksdrehung (gegen den Uhrzeigersinn) gegeben.

Aufgrund der Messwerte, die man für die Enantiomere unserer Beispielverbindung 2,3-Dihydroxypropanal erhält, lautet die vollständige Bezeichnung: D-(+)-2,3-Dihydroxypropanal und L-(–)-2,3-Dihydroxypropanal.

In einem äquimolaren (gleichteiligen) Gemisch zweier Enantiomere heben sich die *gegensinnigen* Drehbeträge durch Kompensation auf. Ein Gemisch dieser Art nennt man **Racemat**.
Racemate sind nach außen hin *optisch inaktiv*.

Die optische Aktivität kann zur Identifizierung von Substanzen herangezogen werden. Dazu wird der spezifische Drehwinkel α einer optisch aktiven Substanz mit einem Polarimeter bestimmt:

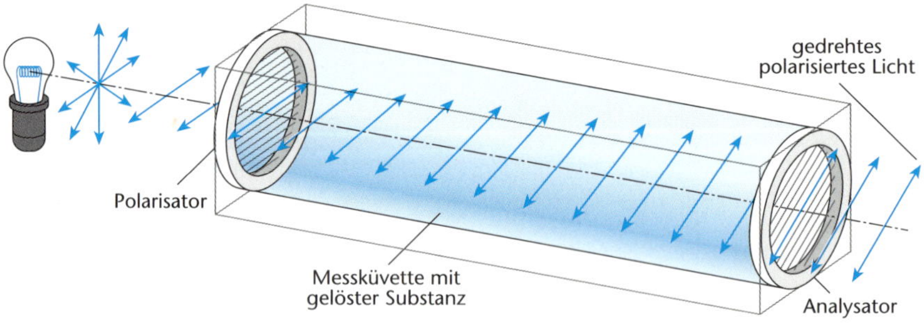

Abb. 79
Schema eines Polarimeters

Die Präfixe D- und L- sagen übrigens nichts über den jeweiligen Drehwinkel aus, sie geben lediglich die absolute Konfiguration am asymmetrischen Kohlenstoffatom an. Umgekehrt lässt die Drehrichtung (+) oder (–) keinerlei Aussagen über die wirkliche Struktur einer optisch aktiven Substanz zu!
So haben zum Beispiel (–)-Milchsäure (2-Hydroxypropansäure) und (+)-Glycerinaldehyd (2,3-Dihydroxypropanol) die gleiche absolute D-Konfiguration, obwohl sie das polarisierte Licht in entgegengesetzter Richtung drehen:

D-(+)-Glycerinaldehyd
$\alpha = +13{,}8°$

D-(–)-Milchsäure
$\alpha = -3{,}8°$

Moleküle mit mehreren asymmetrischen Kohlenstoffatomen

Viele optisch aktive Substanzen haben nicht nur ein, sondern zwei oder auch mehrere C*-Atome. So besitzen beispielsweise Aldohexosen (Monosaccharide, siehe dazu ML 676, Abschnitt D 2.2) vier Asymmetriezentren, woraus sich 16 optische Isomere (acht Enantiomerenpaare) ergeben. Eines dieser Enantiomerenpaare ist die Glukose*.

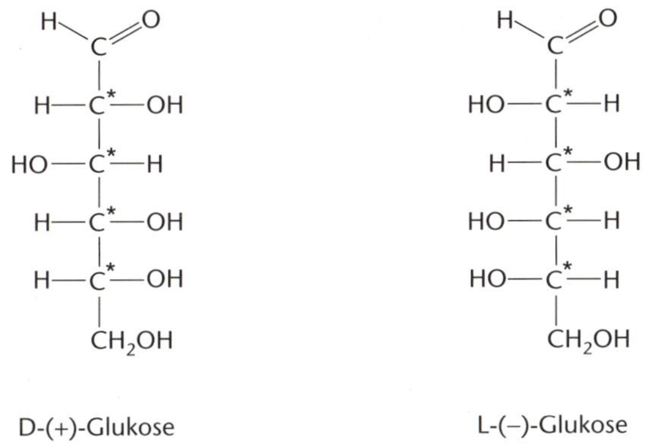

Abb. 80
Optische Antipoden mit je vier asymmetrischen C-Atomen

Für die Zahl z der möglichen Isomere in Molekülen mit mehreren asymmetrischen Kohlenstoffatomen gilt allgemein die Formel $z = 2^n$, wobei n die Anzahl der asymmetrischen C-Atome bedeutet.

Beispiel

Ein anderes Beispiel für eine Verbindung mit zwei asymmetrischen Kohlenstoffatomen ist die 2,3-Dihydroxybutandisäure (Weinsäure). Die beiden Kohlenstoffatome mit den OH-Gruppen sind Asymmetriezentren. Für ein Molekül mit zwei asymmetrischen C-Atomen wie die Weinsäure wären vier verschiedene räumliche Atomanordnungen, also vier optische Isomere zu erwarten. Die Weinsäure hat aber die Besonderheit, dass ihre beiden C*-Atome *strukturell gleichartig* sind, das heißt, jedes der beiden Kohlenstoffatome trägt die gleichen Substituenten. Tatsächlich existieren daher nur drei Formen, da zwei der vier möglichen Stereoisomere identisch sind. Es handelt sich in beiden Fällen um die Mesoweinsäure.

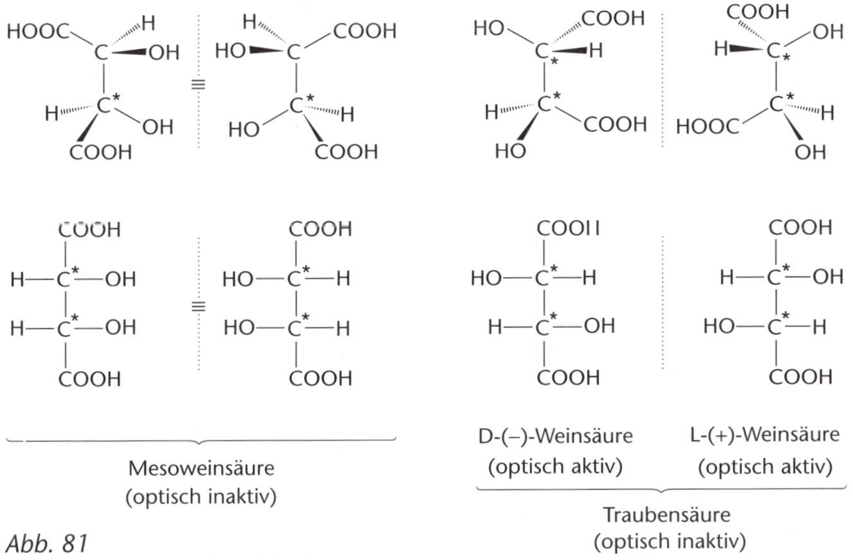

Abb. 81
Optische Isomere der Weinsäure

Die Mesoweinsäure ist optisch inaktiv, da es zu einer *intra*molekularen* Kompensation der Drehwinkel kommt.
Das 1 : 1-Gemisch der D- und L-Weinsäure (die Traubensäure) ist ein Racemat. Sie ist ebenfalls optisch inaktiv, hier wird jedoch das Drehvermögen *inter*molekular* aufgehoben.

Bei der Mesoweinsäure tritt eine besondere Art der Stereoisomerie auf. Die Mesoweinsäure ist weder mit der D- noch mit der L-Weinsäure noch mit deren Spiegelbildern zur Deckung zu bringen, ist also kein optischer Antipode zur D- oder L-Weinsäure. Stereoisomere, die sich zueinander nicht wie Bild und Spiegelbild verhalten, bezeichnet man als **Diastereomere**.
Diastereomere Substanzen zeigen unterschiedliche physikalische und chemische Eigenschaften.

Aufgaben 3.14 – 3.23

3.14 Was ist ein asymmetrisches Kohlenstoffatom?

3.15 Erläutern Sie den Begriff Spiegelbildisomerie.

3.16 Was versteht man unter optischer Aktivität?

3.17 Wie unterscheiden sich die spezifischen Drehwinkel bei einem optischen Antipodenpaar?

3.18 Was ist ein Racemat?

3.19 Erläutern Sie den grundlegenden Aufbau eines Polarimeters.

3.20 Erklären Sie die Darstellung in der FISCHER-Projektion anhand eines Beispiels.

3.21 Stellen Sie die beiden Enantiomere der Äpfelsäure

$$\mathrm{COOH{-}\underset{\displaystyle |\atop \displaystyle OH}{CH}{-}CH_2{-}COOH}$$

in der FISCHER-Projektion dar: D(+)-Äpfelsäure und L(–)-Äpfelsäure (Hydroxybernsteinsäure).

3.22 Geben Sie sämtliche Isomere der Summenformel $C_3H_6Br_2$ an und benennen Sie diese. Mit welchen physikalischen Methoden kann man die isomeren Verbindungen unterscheiden?

3.23 Was sind Diastereomere?

Farbstoffe

4.

Herkunft und Bedeutung von Farbstoffen

4.1

Der Gebrauch farbiger Substanzen hat den Menschen schon von alters her fasziniert. Farben, die aus Mineralien gewonnen wurden, wie die **Mineralfarben** Mennige, Zinnober oder Malachit, dienten beispielsweise für die Höhlenmalereien der Altsteinzeit. Die Mineralfarben der damaligen Zeit waren anorganische Verbindungen. **Naturfarbstoffe**, also organische Verbindungen, die aus Tieren und Pflanzen gewonnen wurden, standen zum Färben von Textilien und Lebensmitteln zur Verfügung. So isolierte man Purpur aus Purpurschnecken, Karmin aus der Cochenille-Laus oder Indigo aus den Blättern des tropischen Indigofera-Strauches. Alle diese Naturfarbstoffe standen nur in sehr geringen Mengen zur Verfügung und waren daher sehr kostbar. Deshalb waren sie oft nur den höheren Gesellschaftsschichten zugänglich, wie das Kaisergelb (Rutin aus Gelbbeeren), mit dem die Mandaringewänder in China gefärbt wurden.

Auswahl einiger natürlich vorkommender Farbstoffe

Farbstoff	Rohmaterial	Hauptvorkommen	Verwendung
Indigo	Indican	*Indigofera tinctoria*	Textilfarbstoff
Alizarin	Krapp	*Rubia tinctorum* (Wurzeln)	Textilfarbstoff
Rutin	Gelbbeere	*Sophora japonica*	Textilfarbstoff
Carotin	Möhren	*Daucus carota*	Lebensmittelfarbstoff
Curcumin	Curcuma	*Curcuma longa*	Gewürz, Lebensmittelfarbstoff, Curry
Crocin	Safran	*Crocus sativus* (Blütennarben)	Gewürz, Lebensmittelfarbstoff
Karminsäure	Cochenille	*Coccus cacti* (Schildläuse)	Schminke
Chlorophyll	Urtica (Brennnessel)	Blätter	zum Färben von Seifen, Ölen, Zahnpasta

1856 Mauvein (violett)

1869 Alizarin (rot)

1878 Indigo (blau)

Mit der Synthese von gelber Pikrinsäure als erstem künstlichen Farbstoff begann im 19. Jahrhundert eine stürmische Entwicklung, die zur Synthese immer weiterer Farbstoffe führte. Die aus natürlichen Rohstoffen gewonnenen Farbstoffe wurden durch die viel billigeren synthetisch hergestellten Farbstoffe fast völlig verdrängt.
Die industrielle Herstellung von Farbstoffen und der dazu notwendigen Ausgangsstoffe (zum Beispiel Anilin) führte zu einem rasanten Aufschwung der chemischen Großindustrie in Deutschland. Die Namen einiger bekannter Chemiekonzerne, wie BASF (*Badische Anilin- und Sodafabrik*) oder Bayer und Hoechst (früher *Farbwerke Bayer* und *Farbwerke Hoechst*) weisen noch darauf hin.

Die Anzahl der heute bekannten Farbstoffe ist sehr groß. Sie lassen sich keiner bestimmten chemischen Substanzklasse zuordnen; ihr auffälligstes gemeinsames Merkmal ist, dass wir Menschen sie farbig wahrnehmen. Für das Verständnis des Phänomens „Farbigkeit" haben erst die modernen Erkenntnisse über die Natur des Lichts sowie über Struktur und Mesomerie organischer Verbindungen die Voraussetzungen geschaffen.
Also befassen wir uns im nächsten Abschnitt erst einmal mit der Theorie der Farbigkeit.

4.2 Farbigkeit organischer Verbindungen

4.2.1 Theorie der Farbigkeit

Die Farbigkeit von Stoffen beruht auf der Wechselwirkung von Licht und Materie. Das für das menschliche Auge sichtbare Licht ist elektromagnetische Strahlung im Bereich der Wellenlängen $\lambda = 400$ nm bis $\lambda = 760$ nm.
Entscheidend für unser *Farbempfinden* ist der Verlauf der *Lichtintensität* über den sichtbaren Bereich: Eine Intensitätsverteilung, die dem Tageslicht entspricht, empfinden wir als „weißes" Licht. Trifft anders zusammengesetztes Licht auf die Netzhaut, so entsteht ein *farbiger* Sinneseindruck. Daher hat zum Beispiel Glühlampenlicht einen gelblichen Ton und die rein gelbe Farbe vieler Straßenbeleuchtungen erklärt sich aus dem Spektrum der Natriumdampf-Lampe (Abbildung 82 auf der nächsten Seite).

Auch die Farbe von Körpern, die selbst kein Licht aussenden, nehmen wir nach diesem Prinzip wahr: Ein Gegenstand, der mit weißem Licht bestrahlt wird, erscheint uns weiß, wenn er das einfallende Licht bei allen Wellenlängen gleichmäßig streut bzw. reflektiert.
Der Eindruck der „Farbe" Schwarz entsteht, wenn ein Körper den sichtbaren Wellenlängenbereich vollständig absorbiert.

Trifft nun weißes Licht auf einen *Farbstoff*, so kommt es zur **Absorption** bestimmter Wellenlängen des sichtbaren Lichts. Die restlichen Wellenlängenbe-

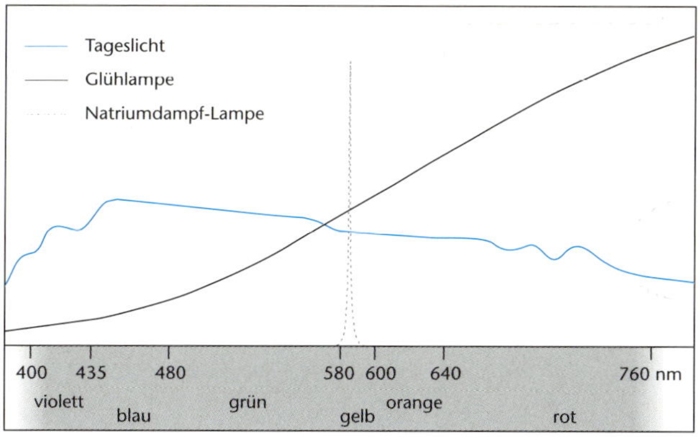

Abb. 82
Sichtbarer Spektralbereich des Lichts (grauer Bereich) und Spektren von Lichtquellen

reiche werden entweder reflektiert oder aber durchgelassen. Der sichtbare Farbeindruck wird also von den *nicht absorbierten* Wellenlängen des durchgelassenen bzw. reflektierten Lichts hervorgerufen.
Ein *farbloser* Körper ist für den gesamten Wellenlängenbereich des sichtbaren Lichts durchlässig; es findet keine Wechselwirkung mit dem auftreffenden Licht in Form von Absorption, Reflexion oder Streuung statt.

Die Farbe des durchgelassenen Lichts und der Farbeindruck, den die absorbierten Wellenlängenbereiche erzeugen würden, ergänzen sich zu weißem Licht. Solche Farbenpaare bezeichnet man als **Komplementärfarben**.

Komplementärfarben		
absorbierter Wellenlängenbereich in nm	absorbierte Farbe	sichtbare Farbe
400–435	violett	gelbgrün
435–480	blau	gelb
480–490	grünblau	orange
490–500	blaugrün	rot
500–560	grün	purpurrot
560–580	gelbgrün	violett
580–595	gelb	blau
595–605	orange	grünblau
605–705	rot	blaugrün

Lichtenergie ist in Form von **Photonen** gequantelt! Die Energie eines *einzelnen* Photons beträgt $E = h \cdot \nu$. (h ist eine Naturkonstante, das so genannte PLANCK'sche* Wirkungsquantum, ν ist die Lichtfrequenz.)
Über den für jede elektromagnetische Strahlung gültigen Zusammenhang zwischen Frequenz ν und Wellenlänge λ

$$\nu = \frac{c}{\lambda} \qquad (c\text{: Lichtgeschwindigkeit})$$

ergibt sich, dass die Energie eines Photons umgekehrt proportional zu seiner Wellenlänge λ ist:

$$E = h \cdot \frac{c}{\lambda} \qquad \text{Energie eines Photons}$$

Die Energie eines einzelnen „blauen" Photons ist also größer als die Energie eines einzelnen „roten" Photons, da die Wellenlänge von blauem Licht kleiner als die Wellenlänge von rotem Licht ist.
Die *Gesamt*energie von Licht einer bestimmten Wellenlänge λ ist das Produkt aus der Zahl der Photonen dieser Wellenlänge und der Photonenenergie E_λ.

Zwei Photonen einer Wellenlänge, deren Energie der halben Energiedifferenz zum angeregten Zustand entspricht, können ein Molekül nicht anregen, obwohl ihre Gesamtenergie genau der Energie des energiereichen Anregungsphotons entspricht!

Die Quantelung der Lichtenergie macht uns das Absorptionsverhalten von Atomen und Molekülen verständlich: Ein Atom gelangt nur dann aus dem Grundzustand in einen angeregten Zustand, wenn es ein Photon absorbiert, dessen Energie *genau* der Energiedifferenz zwischen Grundzustand und angeregtem Zustand entspricht. (Vergleiche dazu Abschnitt 4.1 in ML 680, „Allgemeine und anorganische Chemie, Aufbauwissen".)
Was für Atome exakt gilt, gilt im Prinzip auch für Moleküle. Allerdings hat bei Farbstoffen das Energieniveau des angeregten Zustands einen „unscharfen" Abstand zum Grundzustand.

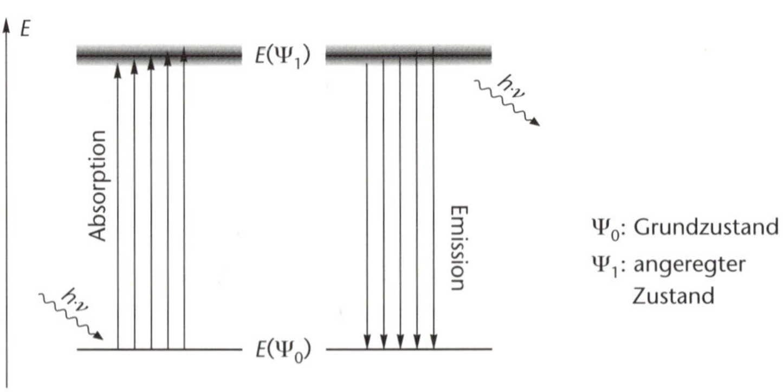

$$\Delta E = E(\Psi_1) - E(\Psi_0)$$
$$\Delta E = h \cdot \nu$$

Abb. 83
Modellvorstellung der Lichtabsorption über einen Wellenlängenbereich bei organischen Farbstoffen

Abbildung 83 zeigt als Modellvorstellung, dass sich das Energieniveau des angeregten Zustands über einen Energie*bereich* erstreckt. Deswegen gibt es bei Farbstoffen nicht nur eine einzige Wellenlänge, bei der Licht absorbiert wird, sondern einen breiten spektralen Bereich über alle Wellenlängen, deren Photonenenergie einer der vielen Energiedifferenzen zwischen Grundzustand und angeregtem Zustand entspricht. Ein Farbstoff, den wir als „rot" wahrnehmen, könnte zum Beispiel Lichtquanten der Wellenlängen zwischen 450 nm und 500 nm absorbieren.

Die aufgenommene Energie kann auf unterschiedliche Weise „verwertet" werden. Sie kann zum Beispiel in Wärmeenergie umgewandelt werden. Sie merken das, wenn Sie im Sommer ein schwarzes Bekleidungsstück tragen. Es erwärmt sich bei Sonneneinstrahlung sehr stark, da schwarze Gegenstände die Lichtquanten *aller* Wellenlängen absorbieren.
Die aufgenommene Lichtenergie kann aber auch wieder in Form von Licht abgestrahlt werden. Man spricht dann von **Fluoreszenz**.
Wird ein Lichtquant absorbiert, so gelangt das Molekül durch Elektronenanregung extrem schnell vom Grund- in den angeregten Zustand. Fluoreszenz liegt vor, wenn das Elektron sehr rasch (nach etwa 10^{-10} s) aus dem angeregten Zustand wieder in den Grundzustand zurückfällt, wobei ein etwas längerwelliges Lichtquant emittiert wird.

Zusammenhang zwischen Molekülbau und Farbigkeit 4.2.2

Allen organischen Farbstoffmolekülen ist gemeinsam, dass sie ausgedehnte konjugierte π-Elektronensysteme besitzen. Das Absorptionsmaximum der Farbstoffe hängt dabei von der Länge des π-Systems und von eventuell vorhandenen funktionellen Gruppen mit freien Elektronenpaaren ab. Der Zusammenhang zwischen Molekülbau und Farbe lässt sich am Beispiel der Polyene und Cyanine am leichtesten erklären. Beide haben unverzweigte Molekülketten mit *konjugierten* Doppelbindungen:

$R\text{–}(CH{=}CH)_n\text{–}R$

Polyene

$R_2N\text{–}(CH{=}CH)_n\text{–}CH{=}\overset{+}{N}R_2\ Cl^-$

Cyanine

Mit steigender Zahl der konjugierten Doppelbindungen nimmt die Wellenlänge des Absorptionsmaximums zu. Diese ist umgekehrt proportional zur Anregungsenergie, daher sinkt mit zunehmender Kettenlänge der Spektralbereich der benötigten Anregungsenergie.

Wie aus der Tabelle auf der nächsten Seite zu entnehmen ist, sind Polyene mit weniger als zehn konjugierten Doppelbindungen farblose Moleküle, denn sie absorbieren nicht im sichtbaren Bereich. Erst ab einer Zahl von zehn Doppelbindungen wird sichtbares Licht absorbiert und die Farbstoffe erscheinen in den jeweiligen Komplementärfarben.

Absorptionsmaxima von Polyenen und Cyaninen (→ Komplementärfarbe)		
n	Polyene	Cyanine
2	225 nm UV	420 nm violett (→ gelbgrün)
3	257 nm UV	519 nm grün (→ orangerot)
4	300 nm UV	620 nm rot (→ blaugrün)
6	344 nm UV	848 nm IR
8	386 nm UV	
10	430 nm violett (→ gelbgrün)	
12	460 nm blau (→ gelb)	
14	485 nm grüngelb (→ violett)	

Zu den bekanntesten Polyenfarbstoffen zählen die in der Natur weit verbreiteten Carotinoide, die unter anderem in Möhren, Tomaten, gekochten Schalentieren (zum Beispiel Hummer) oder im Gefieder der Flamingos zu finden sind. In Blättern sind diese gelben und roten Farbstoffe auch zu finden, sie werden allerdings erst im Herbst sichtbar, wenn das grüne Chlorphyll sie nicht mehr überdeckt.

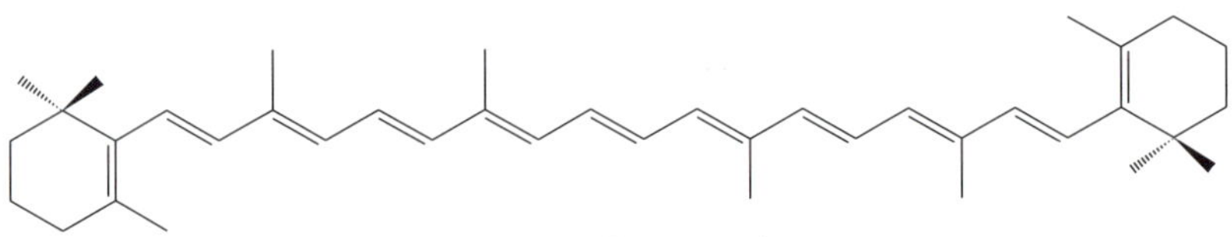

β-Carotin (gelb) aus Möhren

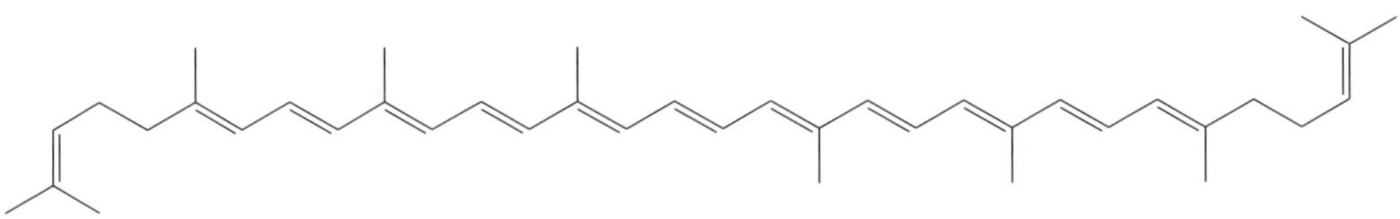

Lycopin (rot) aus Tomaten

Die Anzahl der im Molekül vorhandenen konjugierten C=C-Doppelbindungen ist nicht allein ausschlaggebend für den Absorptionsbereich: Cyanine absorbieren sichtbares Licht bereits ab zwei konjugierten Doppelbindungen im Molekül, denn die Aminogruppen werden in das mesomere System mit einbezogen. Dadurch werden die π-Elektronen über die Länge der C-Kette hinaus delokalisiert. Das mesomere System kann also durch geeignete funktionelle Gruppen verlängert werden.

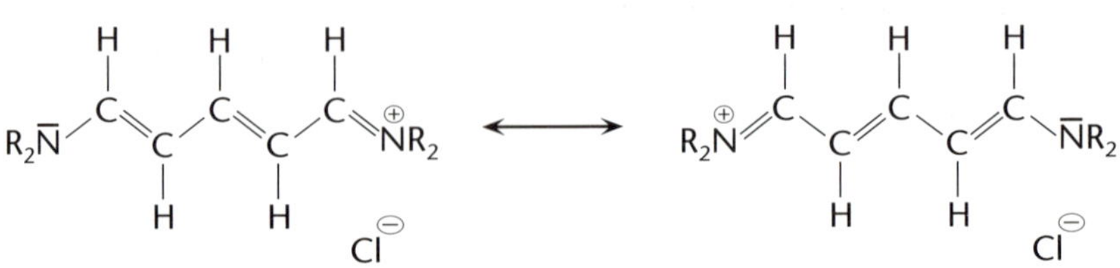

Abb. 84
Verlängerung des π-Systems durch mesomere Grenzstrukturen in Cyaninen

Eine NR_2-Gruppe stellt aufgrund ihres freien Elektronenpaares einen Elektronendonator dar, eine $-CH{=}\overset{+}{N}R_2$-Gruppe einen Elektronenakzeptor. Wie man aus den mesomeren Grenzstrukturen der Cyanine erkennen kann, bewirkt die Delokolisierung, dass die beiden formal verschiedenen Aminogruppen völlig gleichwertig werden.

Nach dem historischen Konzept von WITT* ist für das Zustandekommen eines Farbeffekts das Zusammenwirken verschiedener Atomgruppen notwendig. Intensive farbige Verbindungen haben demnach zwei verschiedene Atomgruppen im Molekül. WITT nannte sie **chromophore Gruppen** (*Farbträger*) und **auxochrome Gruppen** (*farbverstärkende Gruppe*).
Alle Moleküle, die chromophore Gruppen tragen, werden zusammenfassend auch als **Chromogene** (*Farbgrundkörper*) bezeichnet. Diese besitzen ein mehr oder weniger ausgeprägtes System an konjugierten Doppelbindungen.
Um aus Chromogenen einen kräftigen Farbstoff zu machen, müssen in das Molekül auxochrome Gruppen eingeführt werden.

Auxochrome sind an das Chromophor gebundene Gruppen, die über mindestens ein freies Elektronenpaar verfügen, wie zum Beispiel:

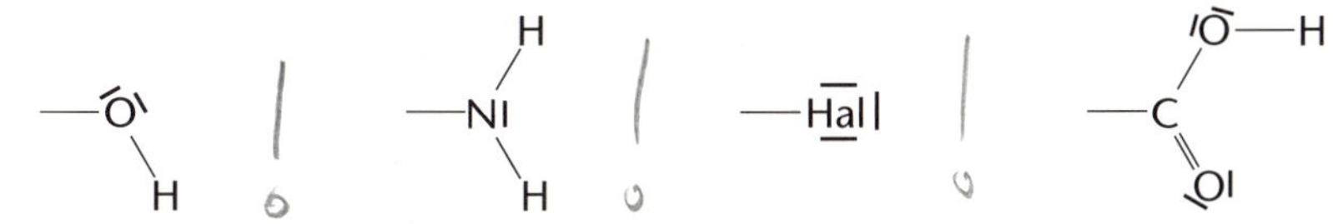

Hydroxylgruppe | Aminogruppe | Halogenatom | Carboxylgruppe

Die freien Elektronenpaare der auxochromen Gruppen und die chromophore Gruppe sind an den mesomeren Grenzstrukturen des Farbstoffmoleküls beteiligt. Durch diesen Vorgang kommt es zu einer Verschiebung der Absorption, meistens in den längerwelligen Bereich. Es ist also weniger Energie zur Anregung der π-Elektronen notwendig.
Die Verschiebung der Lichtabsorption zu längeren Wellenlängen bezeichnet man auch als **bathochromen** Effekt; allgemeiner als *Farbverschiebung*. Eine Farbverschiebung können auxochrome Gruppen übrigens auch zu kürzeren Wellenlängen hin bewirken. Außerdem kann von auxochromen Gruppen die Stärke der Absorption intensiviert oder geschwächt werden.

Durch gezieltes Abändern oder Einführen von auxochromen Gruppen kann man die Lichtabsorption beeinflussen. Dadurch lassen sich bestimmte erwünschte Farbtöne herstellen.

Eine Erweiterung erfuhr das WITT'sche Modell 1927. Man unterschied zwischen auxochromen und **antiauxochromen** Gruppen. Die Unterscheidung orientiert sich am Verhalten dieser funktionellen Gruppen als Substituenten am aromatischen Ring: Auxochrome Gruppen haben einen +M-Effekt, bewirken also eine Erhöhung der Elektronendichte. Antiauxochrome Gruppen führen durch ihren –M-Effekt zur Erniedrigung der Elektronendichte im Ring.

Auf die chromophoren Gruppen in Farbstoffmolekülen wirken Auxochrome und Antiauxochrome im Prinzip auf dieselbe Weise. Auxochrome Gruppen sind daher Elektronendonatoren, antiauxochrome Gruppen sind Elektronenakzeptoren. Beide Gruppen führen zu einer verstärkten Delokalisierung der π-Elektronen.

„Farbverschiebung"

Eine wichtige Erscheinung in der Farbenchemie ist die **Halochromie** („Salz-Farbigkeit"). Man versteht darunter Farbverschiebungen, die bei der Salzbildung – oder allgemein: bei einer Änderung des Ladungszustands – auftreten. So zeigen manche Stoffe ihre Farbigkeit nur bei bestimmten pH-Werten oder wechseln milieubedingt ihre Farbe.

Klassische Beispiele für Halochromie sind das im Schulalltag bestens bekannte Phenolphthalein oder auch Pflanzenfarbstoffe, die zum Beispiel im Blaukrautsaft enthalten sind.

Blaukrautsaft ist im Sauren rot, im leicht basischen Bereich violett, im stark basischen Bereich sogar grün. Phenolphthalein ist im schwach sauren bis neutralen Milieu ungeladen und farblos und im alkalischen Milieu purpurrosa und negativ geladen.

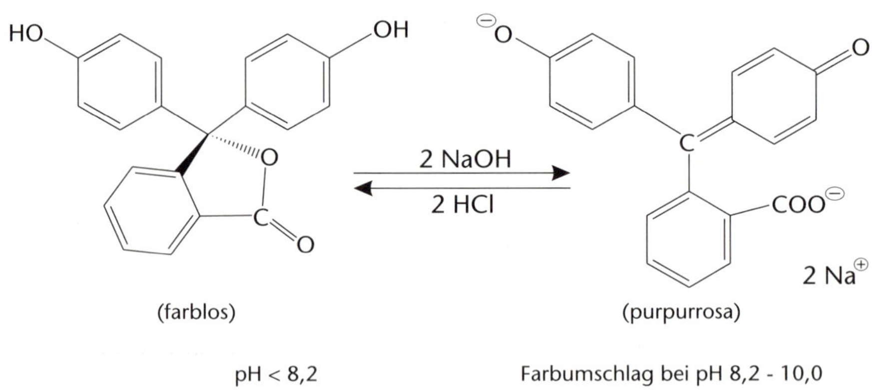

Abb. 85
Halochromie am Beispiel Phenolphthalein

Halochrome Farbstoffe werden häufig als Indikatoren benutzt. Einige wichtige Säure-Base-Indikatoren und ihre Farbumschlagsbereiche finden Sie in ML 680, Abbildung 5.

Aufgaben 4.1 – 4.5

4.1 Worauf beruht die Farbigkeit mancher Stoffe?

4.2 Welche Voraussetzungen sind notwendig, damit eine organische Verbindung Farbe zeigen kann?

4.3 Erklären Sie den Unterschied zwischen „Chromogen" und „Farbstoff".

4.4 Was sind Auxochrome bzw. Antiauxochrome?

4.5 Lycopin ist der rote Farbstoff der Tomaten:

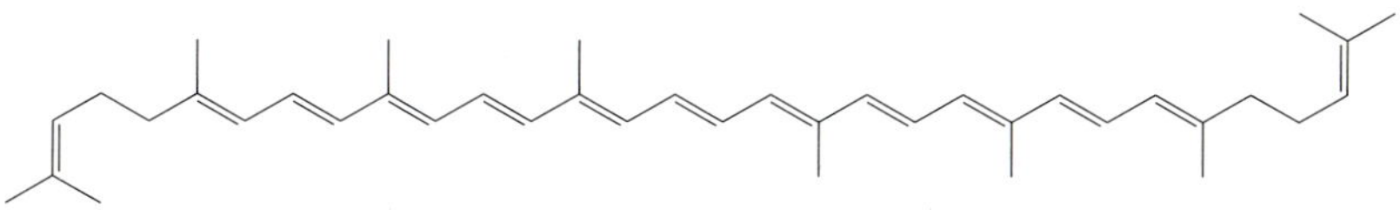

Bei der Zugabe von Bromlösung zu Tomatensaft ändert sich dessen Farbe. Es kommt zu einer schrittweisen Farbverschiebung von Rot über Gelb bis hin zu Blau. Erklären Sie die Farbänderung.
Tipp: Lesen Sie noch einmal in Abschnitt 2.2.1 über die elektrophile Addition von Halogenen nach.

Wichtige Farbstoffklassen und ihre Synthesen 4.3

Azofarbstoffe 4.3.1

Jeder Vertreter aus der großen Klasse der Azofarbstoffe, von denen es über 2000 in allen Farben gibt, trägt als Charakteristikum mindestens eine **Azogruppe** –N=N–. Sie ist ein Teil des Chromophors und verknüpft zwei Aromaten miteinander, bei denen es sich um Benzol- oder Naphthalinabkömmlinge handelt.
Der einfachste Azofarbstoff ist das p-Aminoazobenzol (Anilingelb):

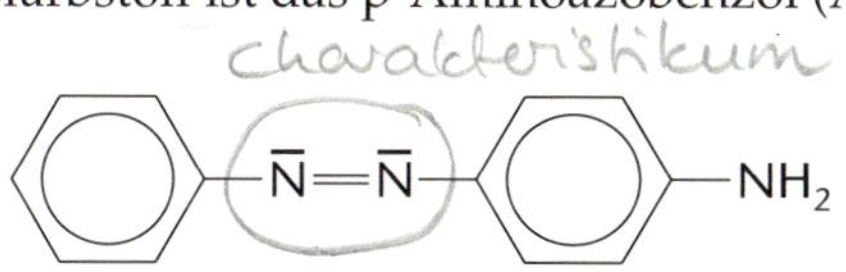

Anilingelb oder auch Buttergelb wurde früher zum Färben von Butter benutzt. Es ist heute jedoch zum Färben von Lebensmitteln verboten, da es krebserregend wirkt.

Ausgangssubstanz zur Herstellung dieser bedeutenden Farbstoffklasse ist Aminobenzol (Anilin) aus Steinkohlenteer oder ein Derivat davon. Die Synthese erfolgt in zwei Schritten.

Im ersten Reaktionsschritt, der **Diazotierung**, reagiert die Anilinverbindung mit salpetriger Säure HNO_2. Dabei bildet sich zunächst eine N-Nitrosoverbindung, die dann in saurem Milieu unter Wasserabspaltung in das **Diazoniumsalz** übergeht (s. nächste Seite, Abbildung 86).

Synthese von Anilin:
1. Schritt: Diazotierung
Reaktion mit salpetriger Säure HNO_2
→ Nitrosylkation unter Wasserabspaltung in saurem Bereich → Diazonium Salz

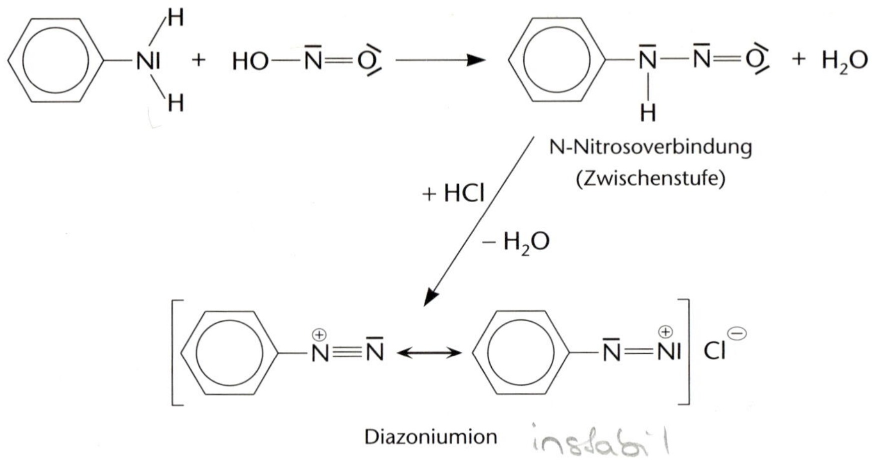

Abb. 86
Erster Schritt der Synthese eines Azofarbstoffs: Diazotierung

Diazoniumsalze sind sehr instabil, sie zerfallen leicht und heftig unter Stickstoffabspaltung. Daher wird die wässrige Lösung des Diazoniumsalzes in der Regel unverzüglich bei Temperaturen zwischen 0 °C und 5 °C weiterverarbeitet.

Im zweiten Reaktionsschritt, der **Azokupplung**, wirkt das Diazoniumion als elektrophiles Teilchen, das sich an einen Reaktionspartner, die **Kupplungskomponente**, anlagert. Als typische aromatische Substitution verläuft diese Reaktion mit elektronenreichen Benzolderivaten wie zum Beispiel Phenol oder Anilin besonders gut (siehe Abschnitt 2.1.3: S_E-Reaktionen).

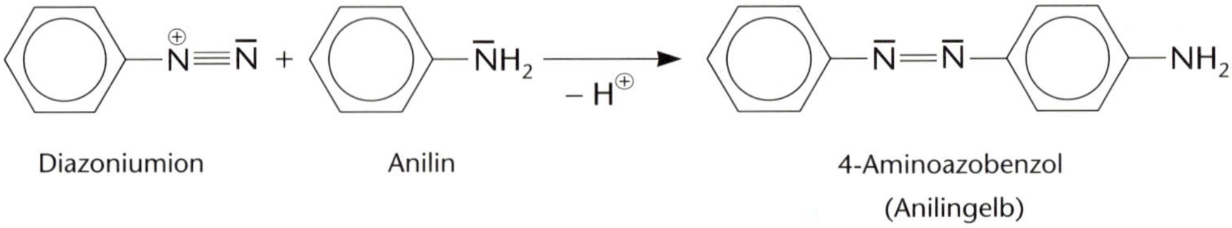

Abb. 87
Zweiter Schritt der Azofarbstoff-Synthese: Azokupplung

Die Synthese von Azofarbstoffen erfolgt immer in zwei Schritten:

1. Schritt: Herstellung des Diazoniumsalzes aus einem Anilinderivat (*Diazotierung*)
2. Schritt: *Azokupplung* mit einem Benzolderivat

Durch Variation der Komponenten lässt sich eine Vielzahl an Azofarbstoffen herstellen. Bei dieser Farbstoffklasse geht die Synthese von Varianten besonders leicht, da man nur ein beliebig substituiertes Benzol mit einem einfach substituierten Anilin zu kuppeln braucht. Geringe Änderungen an den Substituenten reichen aus für die Herstellung eines neuen Azofarbstoffs.

Die Variation der Seitengruppen spielt auch für den Färbeprozess eine Rolle, denn sie kann zum Beispiel Färbeverhalten oder Wasserlöslichkeit beeinflussen.

Azofarbstoffe zeichnen sich durch einen hohen Farbechtheitsgrad aus und finden vielfache Verwendung. Sie spielen unter anderem eine Rolle beim Färben von Baumwolle, Seide, Ölen, Papier und Lebensmitteln. So findet zum Beispiel Echtrot E Verwendung in Getränken, Speiseeis, Puddingpulver und Zuckerwaren.

Einige Azofarbstoffe lassen sich auch als Indikatoren verwenden. Aus der Schule dürfte Ihnen vor allem Methylorange bekannt sein. Wie Sie aus der in Abbildung 88 gezeigten Ladungsänderung sehen können, handelt es sich bei Methylorange um einen halochromen Farbstoff (vergleiche Abschnitt 4.2.2). Der Umschlagbereich liegt im pH-Bereich von 3,1 bis 4,4.

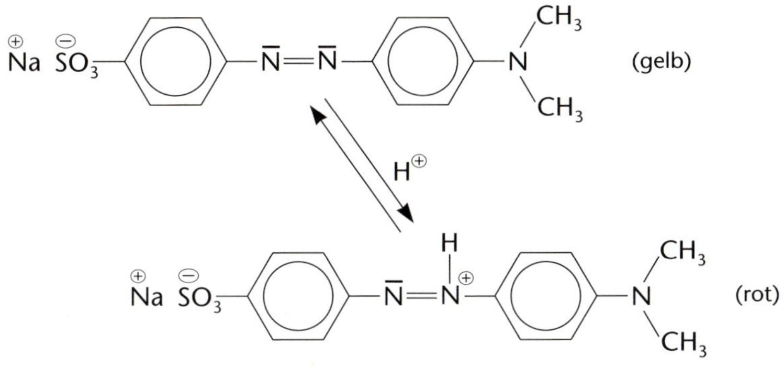

Abb. 88
Halochrome Formen von Methylorange

Triphenylmethanfarbstoffe

4.3.2

C_6H_5

Triphenylmethan, das dreifach mit dem Phenylrest* substituierte Methan, ist der Grundkörper einer Farbstoffklasse, der so bekannte Vertreter wie Fuchsin, Fluorescein, Malachitgrün oder Phenolphthalein angehören (Abb. 90).

Triphenylmethan selbst ist farblos. Die eigentlichen Farbstoffgrundkörper der Triphenylmethanfarbstoffe sind oxidierte Formen von Triphenylmethan, nämlich Fuchson und Fuchsonimin (Abb. 89). Hier sind die π-Elektronensysteme der drei Benzolringe miteinander *gekoppelt*, wodurch ausgedehnte mesomere π-Elektronensysteme entstehen, die sich über alle drei aromatischen Ringe erstrecken.

Bei der Synthese von Triphenylmethanfarbstoffen geht man nicht von den Farbstoffgrundkörpern, sondern von einer aromatischen Carbonylverbindung (Aldehyd, Keton oder Carbonsäurederivat) aus. Diese *kondensiert* unter Abspaltung eines kleinen Moleküls (zum Beispiel H_2O) mit einem reaktiven

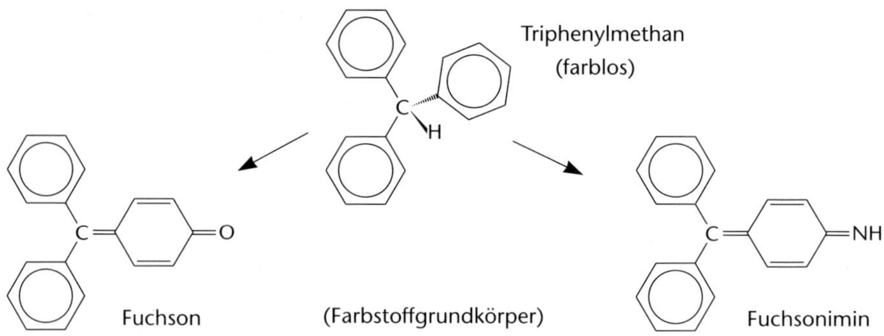

Abb. 89
Abstammung der Farbstoffgrundkörper von Triphenylmethan

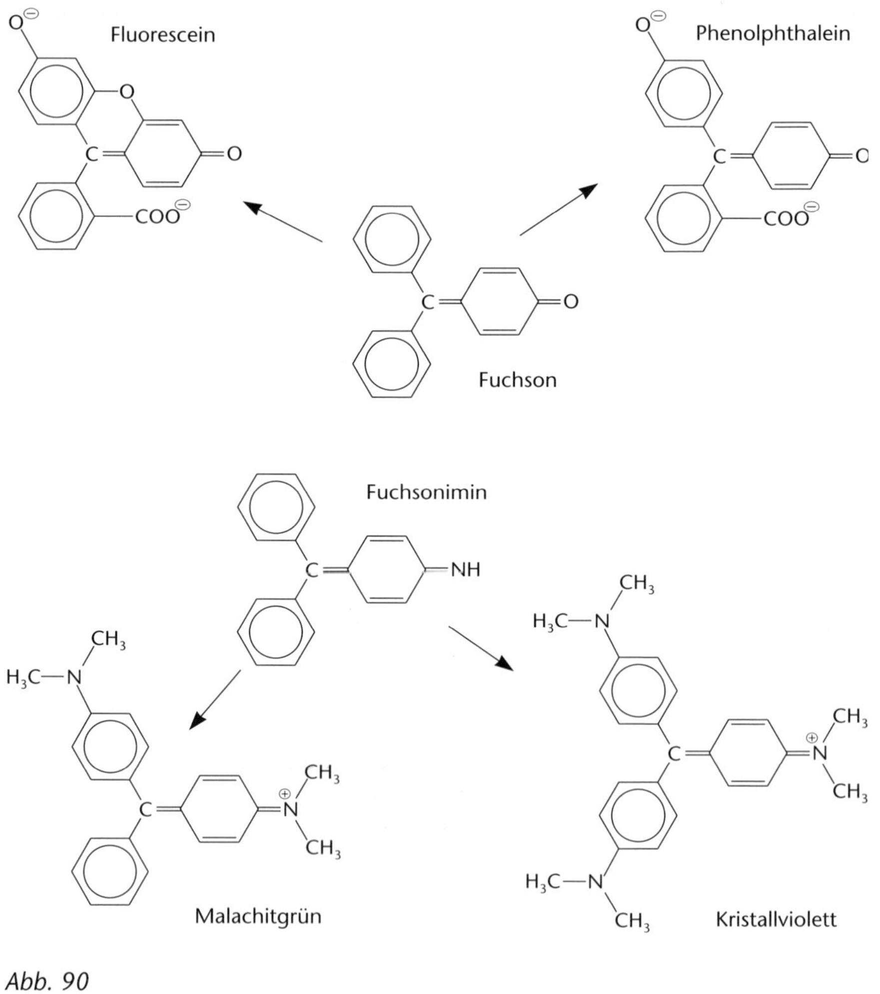

Abb. 90
Derivate der Triphenylmethanfarbstoff-Grundkörper

(nukleophilen) Aromaten. Dabei ist die Anwesenheit eines Säurekatalysators notwendig, um die Reaktivität des Carbonylkohlenstoffs zu erhöhen.
Als Beispiel ist hier die Synthese von Phenolphthalein dargestellt. In der Kondensationsreaktion erhält man aus einem Carbonsäureanhydrid (Phthalsäureanhydrid) und Phenol in saurer Lösung die farblose Form des Phenolphthaleins:

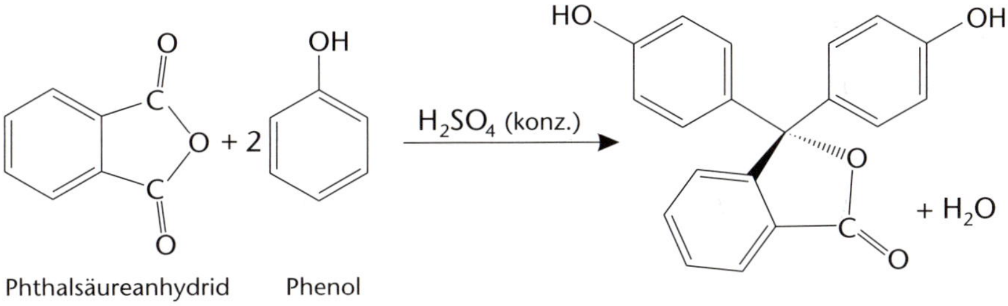

Abb. 91 a
Bildung von ungeladenem Phenolphthalein durch Kondensation von Phthalsäureanhydrid mit Phenol

Der purpurrosa Farbstoff entsteht daraus in alkalischer Lösung (pH > 8,2):

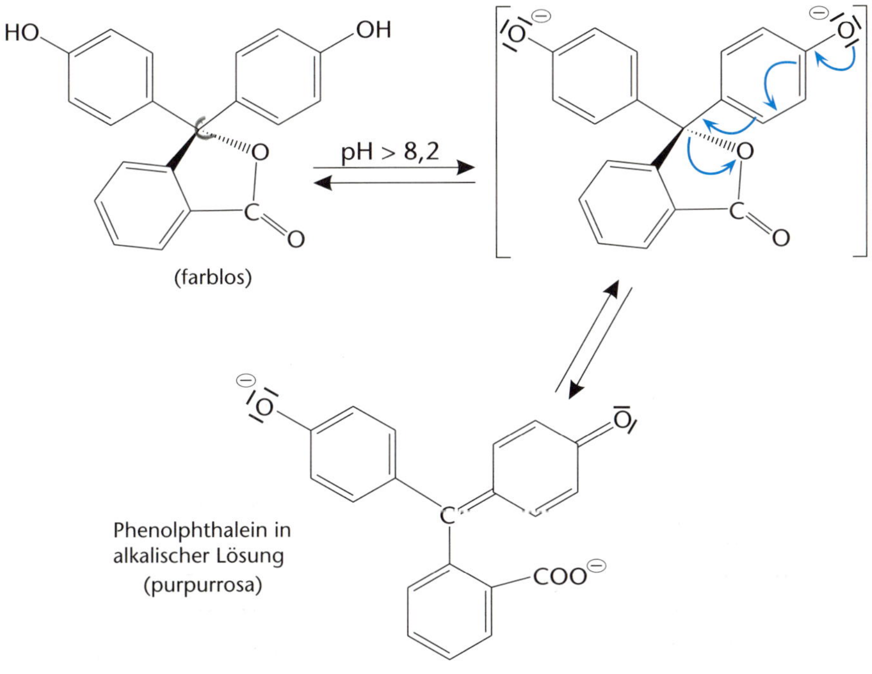

Abb. 91 b
Säure-Base-Gleichgewicht von Phenolphthalein

4.3.3 Carbonylfarbstoffe

Das Chinonsystem, wie es zum Beispiel im Alizarin vorliegt, lässt sich als System von zwei miteinander in Konjugation stehenden Carbonylgruppen beschreiben:

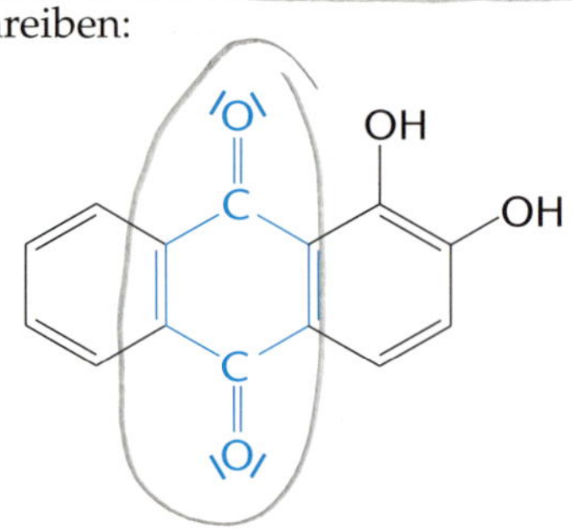

Abb. 92
Chinonsystem im Alizarin

Alle Farbstoffe mit einem solchen farbgebenden System zählt man zu den Carbonylfarbstoffen. Dabei kann diese Molekülgruppe linear konjugiert (*halbchinoid*) wie bei Indigo oder cyclisch konjugiert (*chinoid*) wie bei den Anthrachinonen auftreten.

Indigofarbstoffe

Ein Farbstoff mit halbchinoidem System ist **Indigo**:

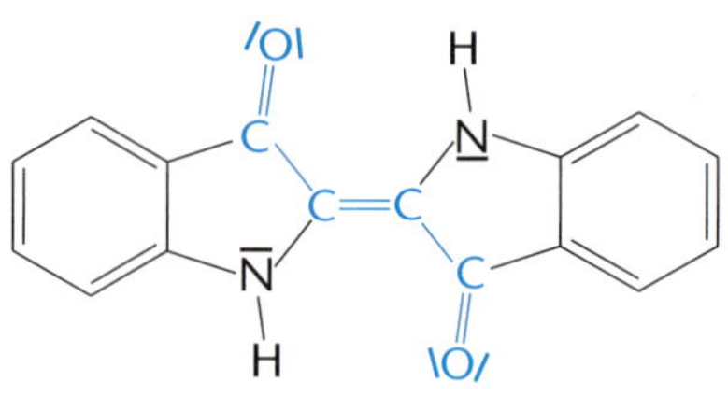

Abb. 93
Indigo mit linear konjugierten Carbonylgruppen

Indigo ist einer der ältesten vom Menschen zur Textilfärbung benutzten Farbstoffe. Es sind 4000 Jahre alte ägyptische Mumientücher erhalten, die mit Indigo blau gefärbt wurden. Auch heute noch ist synthetisch hergestellter Indigo einer der wichtigsten Farbstoffe überhaupt, man denke nur an unsere Bluejeans! 1868 konnte A. v. BAEYER* die chemische Struktur von Indigo aufklären, 1878 gelang ihm die Synthese.

Indigosynthese

Bei der BAEYER'schen Synthese kondensieren 2-Nitrobenzaldehyd und Propanon (Aceton) zu einem Zwischenprodukt, das sich in alkalischer Lösung zum wasserunlöslichen Indigo umsetzt.

In den ersten beiden Schritten handelt es sich um eine Kondensationsreaktion, es bildet sich unter Abspaltung eines Wassermoleküls eine Doppelbindung aus:

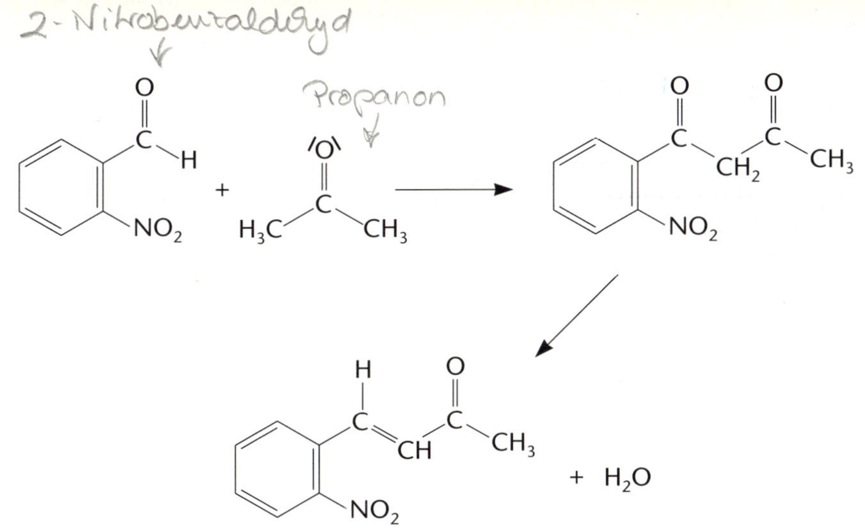

Im dritten Schritt wird Natronlauge zugegeben. Es wird zunächst in einem bis heute noch nicht ganz geklärten Reaktionsmechanismus unter Abspaltung von Essigsäure Isatin gebildet:

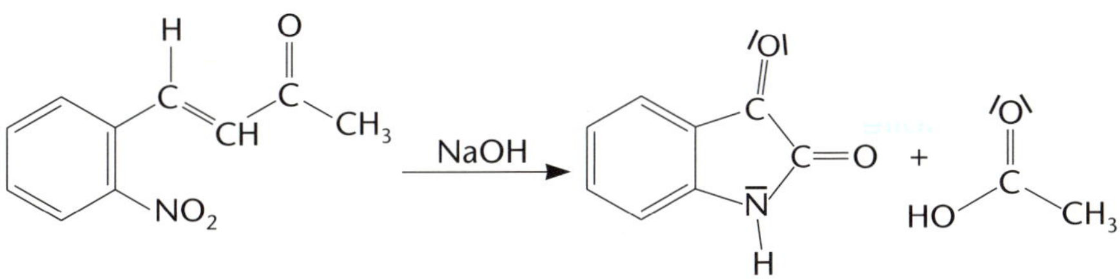

Isatin

Zwei dieser Isatinmoleküle vereinigen sich im letzten Schritt der Reaktion zu einem Indigo-Molekül:

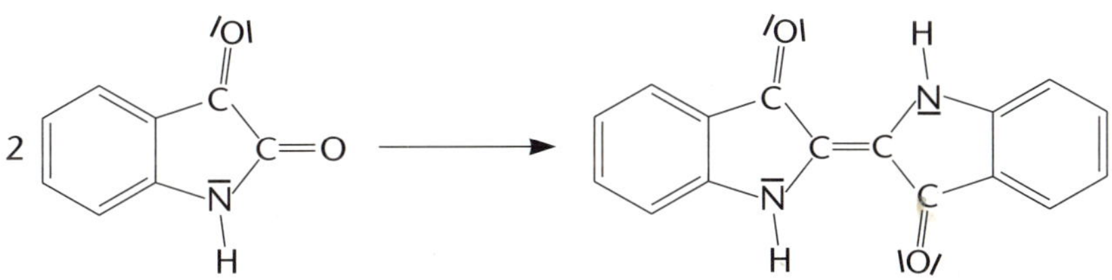

Indigo

Anthrachinonfarbstoffe

Die Anthrachinonfarbstoffe enthalten alle ein chinoides π-Elektronensystem. Einer der bekanntesten Farbstoffe ist das **Alizarin**, das bis zur Synthese im Jahr 1869 ausschließlich aus der Krappwurzel gewonnen wurde.
Berühmtheit erlangte der Krapp vor allem durch die Türkisch-Rot-Färberei. Mit dieser Technik wurden im Orient jahrhundertelang Rottöne von faszinierender Brillanz und Echtheit geschaffen. Dies gelingt mithilfe von Beizmitteln (vgl. Abschnitt 4.4.5). Durch Komplexbildung mit Metallsalzen kann man aus dem orangeroten Alizarin die unterschiedlichsten Varianten an Rottönen erzielen.

Alizarin-Synthese

Zur Synthese des Alizarins wird das Natriumsalz der Anthrachinon-2-sulfonsäure in einer Oxidationsschmelze mit Alkalien umgesetzt:

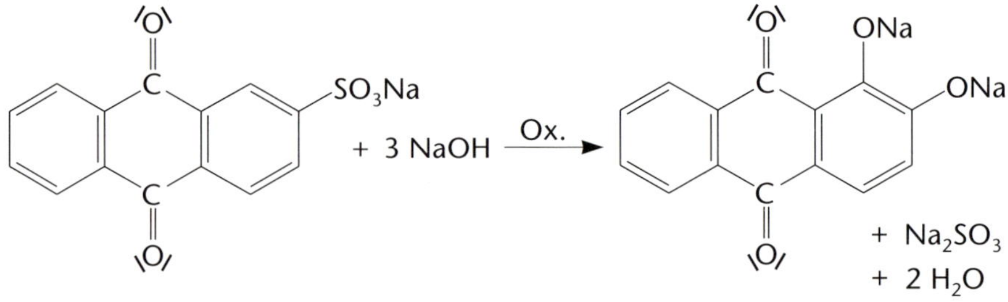

Es bildet sich das violette Natriumsalz des Alizarins, das wasserlöslich ist. Erst beim Ansäuern scheidet sich Alizarin als orangeroter Niederschlag ab:

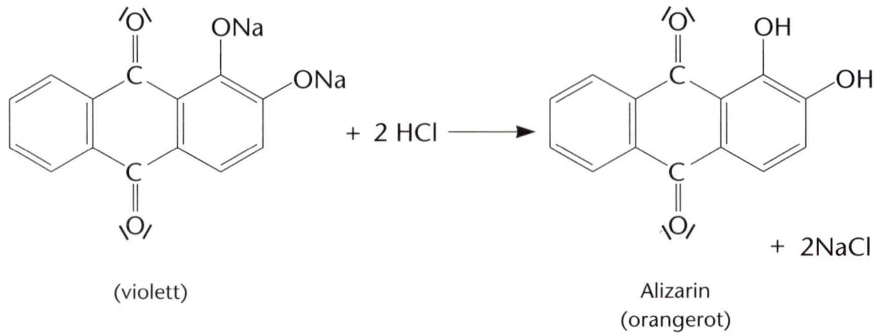

Zu den Anthrachinonfarbstoffen gehören auch die **Indanthrenfarbstoffe**. Sie bestehen aus zwei oder mehreren miteinander verknüpften Molekülen von verschiedenen Anthrachinonderivaten. Der erste Farbstoff dieser Art wurde 1901 hergestellt. Es war das **Indanthren**, ein licht- und waschechter blauer Farbstoff, der heute unter dem Handelsnamen *Indanthrenblau RS* bekannt ist.

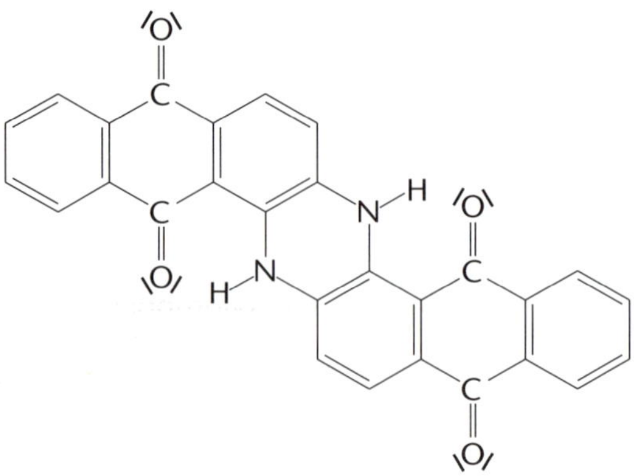

Mit dem Namen Indanthren sollte zum einen die dem **Ind**igo ähnliche Färbemethode, zum anderen die Molekülstruktur des **Anthr**achinons angesprochen werden.

Die aktuelle Bedeutung von „Indanthren" ist eine ganz andere: Es steht seit 1922 als Warenzeichen der Textilindustrie zur Qualitätsbezeichnung für Farbstoffe. Damit wird, *unabhängig von der Art des verwendeten Farbstoffs*, eine licht- und waschechte Färbung gekennzeichnet.

Aufgaben 4.6; 4.7

4.6 Was versteht man unter Triphenylmethanfarbstoffen?

4.7 Chrysoidin ist ein Farbstoff, den man zum Färben von Leder einsetzt:

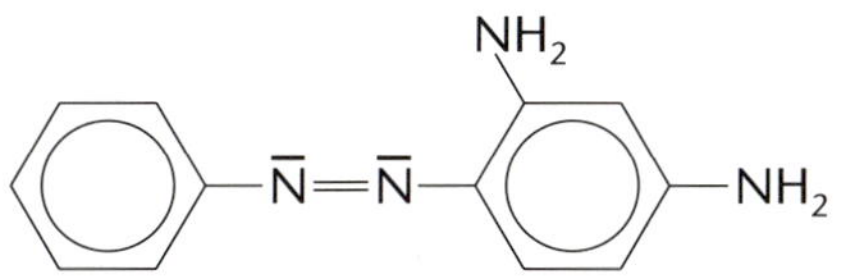

Erläutern Sie, wie man diesen Farbstoff herstellen kann.

Grundlagen der Textilfärbung 4.4

Ein sehr bedeutender Bereich für die Anwendung von Farbstoffen ist die Textilfärbung. Es ist wichtig, dass der Farbstoff möglichst *fest* auf der Textilfaser *haftet* und *waschecht* ist. Dabei sind die verschiedenen Farbstoffe nicht gleichermaßen für alle Gewebefasern geeignet.
Das Vermögen einer farbigen Substanz, auf eine Faser haltbar aufzuziehen, hängt in großem Maße vom Charakter der Faser ab. Tierische Fasern wie Wolle und Naturseide sind Stoffe mit Proteinbindungen und zeigen wie alle Proteine amphoteres* Verhalten. Sie lassen sich daher mit sauren und basischen Farbstoffen leicht anfärben, da sich zwischen Faser und Farbstoff eine salzartige Verbindung ausbildet.
Fasern pflanzlicher Herkunft hingegen, also Baumwolle, Leinen oder Viskose, bestehen aus chemisch neutraler Cellulose, das heißt, sie haben keine geladenen Seitengruppen. Sie müssen zum Anfärben daher meist vorbehandelt werden.
Die Tabelle gibt uns einen Überblick über die chemisch reaktiven Gruppen einzelner Textilfasern.

Textilfaser	reaktive Gruppen
Wolle	ionisierte Amino- bzw. Carboxylgruppen
Seide	ionisierte Amino- bzw. Carboxylgruppen
Baumwolle	neutrale Hydroxylgruppen

Auch bei Kunstfasern bestimmt der chemische Charakter des Fasermaterials das Aufziehvermögen des Färbemittels.

Das Haftvermögen eines Farbstoffs hängt aber nicht nur vom chemischen Aufbau der Fasern, sondern auch von der Struktur des Farbstoffmoleküls ab. Daher gibt es unterschiedliche, an Faser und Farbstoff angepasste Färbeverfahren, die im Folgenden erläutert werden.

4.4.1 Färben mit einem Direktfarbstoff

Kann ein Farbstoff in Wasser gelöst werden, so lässt er sich häufig direkt aus dem heißen Färbebad auf die Gewebefaser aufziehen. Man bezeichnet ihn daher auch als **direktaufziehenden Farbstoff** oder kurz **Direktfarbstoff**.
Saure und basische Farbstoffe bilden dabei mit der Faser ein fest bindendes Farbsalz, wenn die anzufärbende Faser geeignete Gruppen trägt. An Wolle oder Seide, die eine Vielzahl ionisierter Gruppen tragen, lagern sich beispielsweise saure bzw. basische Farbstoffe wie Echtrot A oder Methylenblau an.

Es gibt aber auch die Möglichkeit, dass sich Farbstoffe direkt aus der Lösung in Form von kolloiden* Teilchen auf die Gewebefasern aufziehen lassen und sich zum Teil *zusätzlich* in das Innere von Faserbündeln einlagern. Bei dieser Art von Ditektfarbstoffen spricht man dann von **substantiven Farbstoffen.** Farbstoffe dieser Art besitzen meist mehrere Azogruppen. Der erste direktaufziehende Farbstoff war das Kongorot.

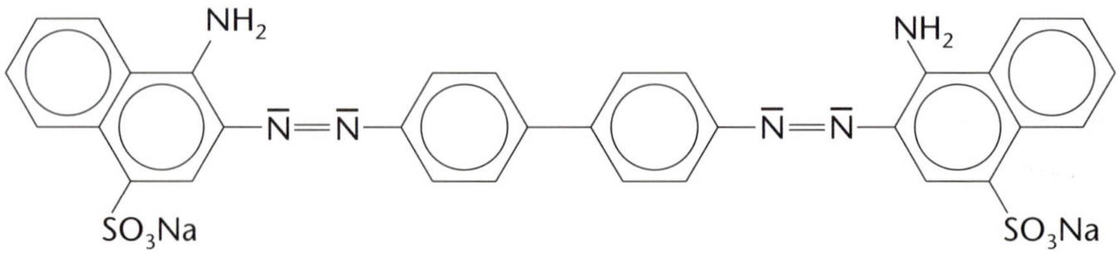

Abb. 94
Strukturformel von Kongorot

Das Molekül ist langgestreckt und enthält NH_2-Gruppen, die mit den OH-Gruppen der Cellulosefasern Wasserstoffbrücken ausbilden. Es kann daher direkt auf Baumwolle aufgezogen werden.

4.4.2 Färben mit einem Entwicklungsfarbstoff

Der Grad der Wasserlöslichkeit eines Farbstoffs ist ein direktes Maß für die Waschechtheit eines gefärbten Textilgewebes. Ideal wäre daher ein völlig wasserunlöslicher Farbstoff. Doch leider kann man damit nicht aus wässriger Lösung anfärben. Deshalb wird versucht, einen unlöslichen Farbstoff aus wasserlöslichen Vorstufen direkt auf der Faser zu erzeugen.

Bei diesen so genannten **Entwicklungsfarbstoffen** handelt es sich meistens um Azofarbstoffe. Die Azokupplung (siehe dazu Abschnitt 4.3.1) wird „auf der Faser" vorgenommen.
Die Textilfaser wird zunächst mit der wasserlöslichen Kupplungskomponente, häufig Naphtol-AS (siehe Abb. 95), getränkt. Die so vorbehandelte, ge-

trocknete Faser wird anschließend in ein eisgekühltes Bad mit Diazoniumsalz-Lösung gebracht, wo sich dann der unlösliche Azofarbstoff bildet („Eisfarben"). Der Farbstoff bleibt durch Adsorption auf der Gewebefaser haften, sodass nichts verloren geht.

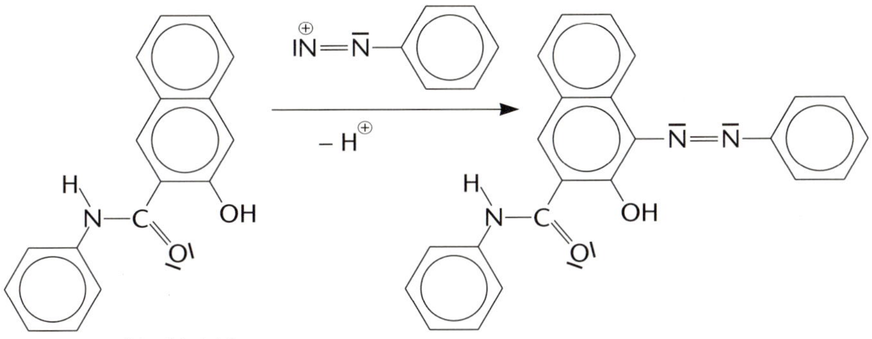

Abb. 95
Herstellung eines Entwicklungsfarbstoffes in einer einstufigen Reaktion

Das beschriebene Verfahren eignet sich auch hervorragend für das Bedrucken von Geweben: Der Stoff wird mit der Kupplungskomponente bedruckt, getrocknet und dann im eisgekühlten Bad „entwickelt".

Färben mit einem Reaktivfarbstoff 4.4.3

Eine weitere Möglichkeit, einen wasserlöslichen Farbstoff auf einer Faser zu verankern, besteht darin, dass man den Farbstoff mithilfe einer chemischen Reaktion durch kovalente Bindungen an die Fasermoleküle heftet. Diesen Gedanken findet man bei den **Reaktivfarbstoffen** verwirklicht. Mit dieser Art Farbstoffe werden Cellulosefasern und auch Wolle oder Polyamidfasern gefärbt.
Innerhalb des Moleküls eines Reaktivfarbstoffs gibt es neben der eigentlichen Farbstoffkomponente reaktionsfreudige funktionelle Gruppen, die so genannten **Reaktivkomponenten**. Solche Komponenten sind zum Beispiel die Vinylsulfongruppe $-SO_2-CH=CH_2$) oder die Dichlortriazingruppe ($-C_3N_3Cl_2$). Sie reagieren sehr leicht mit den Aminogruppen der Eiweißfasern oder mit Hydroxylgruppen. Farbstoff und Faser verknüpfen sich dabei unter Ausbildung von kovalenten Bindungen zu einer sehr beständigen Färbung (Abbildung 96 auf der nächsten Seite).

Als Reaktivfarbstoffe werden vor allem Azofarbstoffe für die Rot- und Gelbfärbung sowie Anthrachinonfarbstoffe für die Blaufärbung eingesetzt.

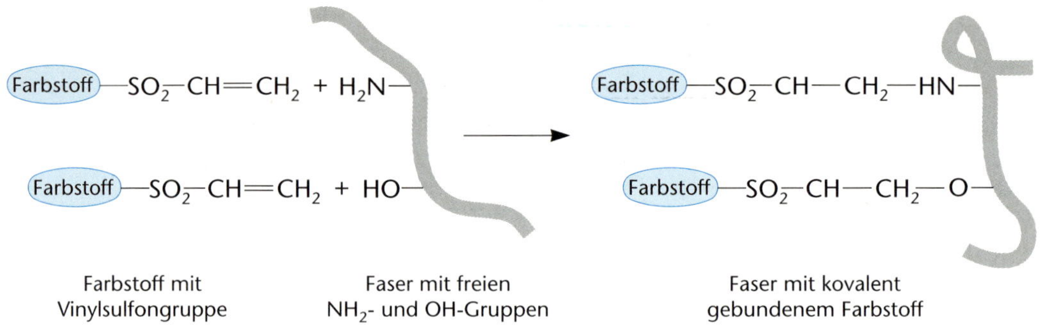

Abb. 96
Schematische Darstellung des Färbens mit einem Reaktivfarbstoff

4.4.4 Färben mit einem Küpenfarbstoff

Küpenfarbstoffe sind in Wasser unlöslich und deshalb in hohem Maße waschecht. Zum Färben muss der Farbstoff erst in eine wasserlösliche Form überführt werden. Beim *Küpen* geschieht dies durch Reduktion des Farbstoffs, der dadurch in die wasser- und alkalilösliche **Leukoverbindung** übergeht. Die zu färbende Faser wird nun mit der Küpe getränkt und an der Luft getrocknet. Durch die Oxidation mit dem Luftsauerstoff bildet sich der Farbstoff zurück und haftet nun fest auf der Faser.

Der bekannteste und bedeutendste Küpenfarbstoff ist Indigo. Zur Küpenfärbung wird der blaue Farbstoff in alkalischer Lösung mit Natriumdithionit $Na_2S_2O_4$ bei 50 bis 70 °C reduziert. Die entstandene Leukoform, das Indigweiß, ist eine wasserlösliche, farblos bis gelbliche Verbindung. Das Färbegut wird nach einer Verweilzeit von ca. 30 Minuten in der Küpe entweder mit verdünnter Wasserstoffperoxidlösung oder aber an der Luft reoxidiert.

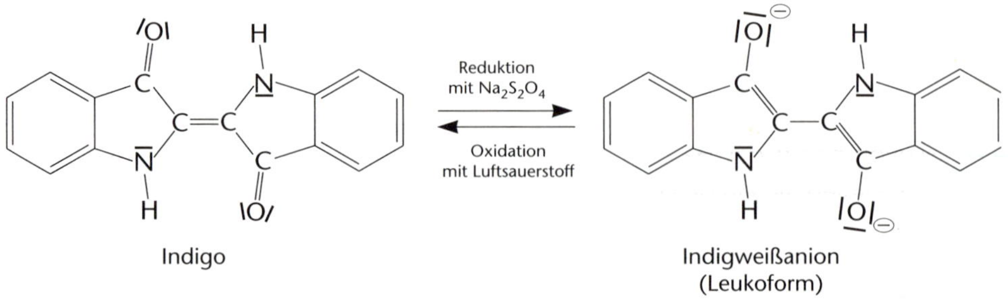

Abb. 97
Der Küpenfarbstoff Indigo und seine Leukoform

Färben mit einem Beizenfarbstoff

4.4.5

Haftet ein Farbstoff auf der Faser nur sehr schwach, kann er mithilfe von **Beizmitteln** (Metallsalze, Gerbsäuren) auf ihr verankert werden. Dabei fungiert das Beizmittel zwischen Faser und Farbstoff als Vermittlersubstanz, die sowohl auf Fasern direkt aufzieht als auch Farbstoffe direkt zu binden vermag.

Mithilfe der **Beizenfärbung** werden saure und auch basische Gruppen auf neutralen Fasern wie Baumwolle fixiert. Dadurch wird die Färbung mit basischen oder sauren Farbstoffen möglich. Die vorbehandelte (gebeizte) Faser wird in einem Farbbad mit dem gelösten Farbstoff getränkt. Farbstoff, Beizmittel und Faser bilden den in Wasser schwer löslichen **Farblack**.

Beim Beizen mit *Metallsalzen* spielt die Ausbildung von *Komplexverbindungen* eine große Rolle. Eisen-, Chrom- und Aluminiumsalze sind zur Komplexbildung zwischen Faser und Farbstoff befähigte Beizmittel. Die entstandenen Komplexbindungen sind oftmals sehr stabil. Außerdem können die Metallionen zu einer Farbverschiebung führen.

Ein Beispiel für einen Beizenfarbstoff ist das Alizarin (siehe Abschnitt 4.3.3). Es bildet mit Aluminiumbeizen rote, mit Eisenbeizen violette und mit Chrombeizen braunrote Farbtöne.

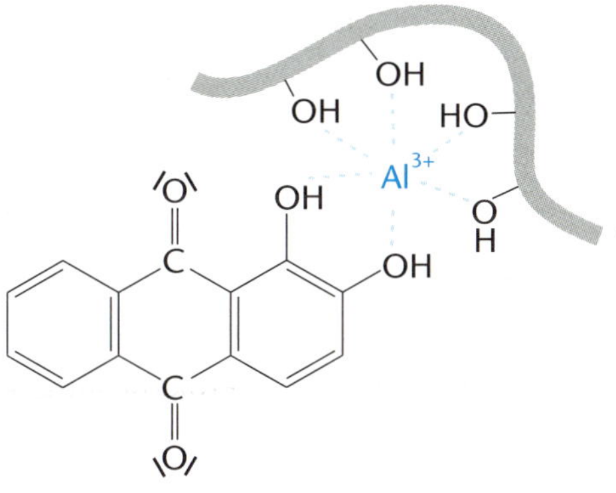

Abb. 98
Beizenfärbung mit Alizarin

Aufgaben 4.8 – 4.12

4.8 Wovon hängt das Haftvermögen eines Farbstoffes auf einer Textilfaser ab? Zählen Sie einige Haftwirkungen auf.

4.9 Seide und Wolle lassen sich sehr gut mit ionischen Farbstoffen anfärben. Begründen Sie dies.

4.10 Was ist ein Entwicklungsfarbstoff?

4.11 Beschreiben Sie das Prinzip der Küpenfärbung am Beispiel des blauen Indigos.

4.12 Erläutern Sie die Färbemethode mit einem Beizenfarbstoff.

5. Biochemie: Enzyme und Stoffwechselprozesse

Die Biochemie befasst sich mit den *chemischen Vorgängen* in lebenden Organismen. Biochemische Vorgänge sind aber keineswegs auf die Körper von Lebewesen beschränkt, also auf den Ablauf *in vivo*, denn alle biochemischen Vorgänge lassen sich grundsätzlich auch außerhalb des lebenden Organismus *in vitro* („im Glas") durchführen, wenn auch manchmal unter erheblichen technischen Schwierigkeiten. Damit ist die historische Abgrenzung der Biochemie von der „Reagenzglas-Chemie" aufgehoben: Es gibt keine wissenschaftliche Grundlage für die Vorstellung von irgendeiner geheimnisvollen *vis vitalis* („Lebenskraft") außerhalb der chemischen Gesetze oder in Ergänzung zu ihnen.

Die chemisch-physikalischen Gesetzmäßigkeiten besitzen grundsätzlich auch für den biologischen Bereich Gültigkeit.

Grundvoraussetzung für alle lebenserhaltenden Vorgänge in Organismen ist die Verfügbarkeit von *Energie*. Der Energievorrat muss aufgebaut bzw. erworben werden (Energiebindung), er muss dauerhaft speicherbar sein und er muss bei Bedarf schnell verfügbar gemacht werden können (Energiefreisetzung).
Dauerhaft speicherbar ist Energie nur in *stofflicher* Form als chemische Energie, also in Form von energiereichen Verbindungen. Die Vorgänge beim Umgang mit stofflich gebundener Energie in den Zellen werden für die *aufbauenden* Stoffwechselprozesse (Photosynthese) und die *abbauenden* Stoffwechselprozesse (wie Gärung und Atmung) in den Abschnitten 2 bis 4 dieses Kapitels beschrieben.

Um diese Prozesse und die ihnen zugrunde liegenden chemischen Reaktionen auf molekularer Ebene verstehen zu können, müssen wir uns zuerst einmal mit den biochemischen Werkzeugen befassen, die es ermöglichen, die Reaktionen in der Zelle kontrolliert, aufeinander abgestimmt und bei den auf dem Planeten Erde vorherrschenden Temperaturen ablaufen zu lassen. Diese Werkzeuge sind die **Enzyme**.

5.1 Enzyme

Enzyme oder **Fermente** sind Eiweißstoffe (Proteine) mit Molekülmassen zwischen ca. 10 000 und mehr als 1 000 000 u. Enzyme verringern die Aktivierungsenergie einer Reaktion und erhöhen dadurch die Reaktionsgeschwin-

digkeit. Als Folge davon beschleunigen sie schon in geringer Konzentration die Einstellung von chemischen Gleichgewichten; oft ermöglichen sie sogar erst die Gleichgewichts-Einstellung.
Enzyme sind also *Katalysatoren*. Sie gehören neben den Vitaminen und Hormonen zu den **Biokatalysatoren**. Alle chemischen Umsetzungen in lebenden Organismen werden durch Biokatalysatoren gesteuert.

Wirkungsweise von Enzymen

5.1.1

Die mithilfe von Enzymen umgesetzten Stoffe werden als **Substrate*** bezeichnet. Die Wechselwirkung zwischen Enzym und Substrat ist in zweifacher Weise hochspezifisch:

- Enzyme reagieren nur mit einem ganz bestimmten Substrat bzw. einer Gruppe von sehr ähnlichen Substraten.
- Sie katalysieren nur *einen* Reaktionsablauf bzw. einen bestimmten Reaktionstyp.
  Wenn ein Substrat zu unterschiedlichen Produkten umgesetzt werden kann, sind dafür unterschiedliche Enzyme nötig.

Bei Enzymen unterscheidet man die **Substratspezifität** und die **Wirkungsspezifität.**

Substrat-spezifität

Die Substratspezifität der Enzyme erklärt sich aus ihrem chemischen Aufbau und der daraus resultierenden räumlichen Struktur. Als Proteine sind die Enzyme Kettenmoleküle aus Aminocarbonsäuren („Aminosäuren"). Durch kovalente Bindungen zwischen Kettengliedern, durch Wasserstoffbrückenbindungen und durch elektrostatische Wechselwirkungen zwischen geladenen

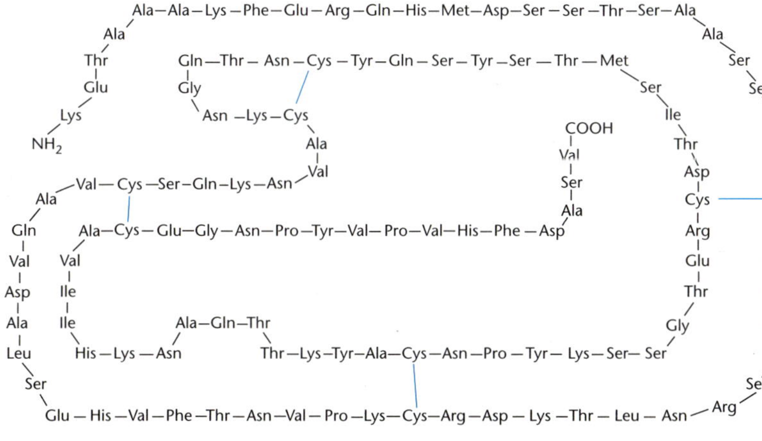

Abb. 99
Aminosäuresequenz von Ribonuklease A (—— : Disulfidbrücken)*

Gruppen an den Kettengliedern können die Proteine eine *charakteristische* räumliche Struktur (**Konformation**) ausbilden. Beispiele für die Entstehung von Sekundär- und Tertiärstrukturen durch Wasserstoffbrückenbindungen kennen wir bereits aus ML 676 „Organische Chemie, Grundwissen". Abbildung 99 (vorhergehende Seite) zeigt, wie durch kovalente Bindungen im Molekül eine Faltung der Aminosäurekette entsteht.

Bei Enzymen ist das besondere Kennzeichen ihrer Raumstruktur eine strukturierte Einbuchtung im gefalteten Proteinmolekül, das **aktive Zentrum**. In diese rinnen- oder taschenförmige Aussparung passt *nur* das Substrat bzw. eine kennzeichnende Teilstruktur des Substrats, so wie ein Schlüssel ins Schloss passt:

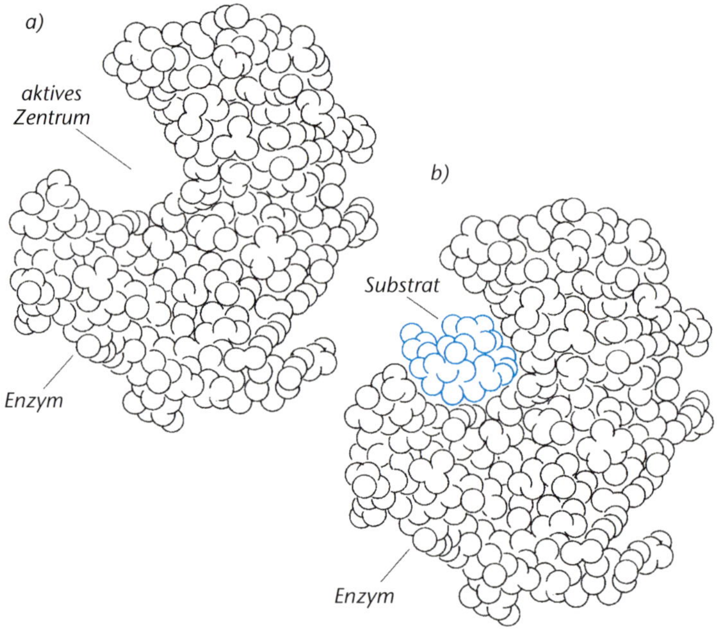

Abb. 100
Die Raumstruktur von Lysozym
a) ohne Substrat und b) mit angelagertem Substrat

Der Substratspezifität der Enzyme liegt also ein **Schlüssel-Schloss-Mechanismus** zugrunde, der zur Bildung eines **Enzym-Substrat-Komplexes** führt. Der Ort der Komplexbildung ist das aktive Zentrum des Enzyms.
Das aktive Zentrum wirkt aber nicht nur als „Schloss", es bewirkt bei der Bildung des Komplexes durch Wechselwirkungen mit dem Substrat Ladungsverschiebungen im Substratmolekül. So entsteht ein **aktivierter Übergangszustand**, in dem das Substrat auf spezifische Weise „reaktionsbereiter" gegenüber der Umgebung wird.
Chemischer formuliert: Die Aktivierungsenergie-Schwelle, die dem Ablauf der Substratreaktion als Hindernis „im Weg" steht, wird so weit abgesenkt, dass sie bei der im Organismus vorherrschenden Temperatur *sehr schnell* überwunden werden kann.

Jede der im Prinzip möglichen Reaktionen eines Substrats benötigt einen *anderen* aktivierten Übergangszustand; das aktive Zentrum eines Enzyms kann aber nur *einen* bestimmten Übergangszustand aktivieren. Dies erklärt die Wirkungsspezifität der Enzyme.

Wirkungs-spezifität

Aufgrund der Wirkungsspezifität wird also für jede Substratreaktion ein anderes Enzym benötigt. Ein bekanntes Beispiel dafür ist der Abbau von Glukose im Körper, in dessen Verlauf die weitere Umsetzung von Brenztraubensäure enzymatisch entweder zur Milchsäure CH_3–CH(OH)–COOH oder zur aktivierten Essigsäure gesteuert wird. (Genaueres zur aktivierten Essigsäure erfahren Sie in Abschnitt 5.3, „Energiegewinnung beim Abbau von Kohlenhydraten".)

Auch *innerhalb* von komplexen biochemischen Prozessen ist für jeden der aufeinander folgenden unterschiedlichen Reaktionsschritte immer ein spezielles Enzym erforderlich.

Die Substratreaktion verändert die Form des Substrats und Art und Umfang seiner Wechselwirkungen mit der Umgebung. Diese Umgebung wird in erster Linie vom aktiven Zentrum gebildet. „Schloss" und Substrat bzw. seine Reaktionsprodukte passen daher nach der Reaktion nicht mehr zusammen: Das Enzymmolekül wird wieder freigesetzt und ist bereit für den nächsten Katalysezyklus.

Abbildung 101 fasst die Phasen der Enzymkatalyse zusammen.

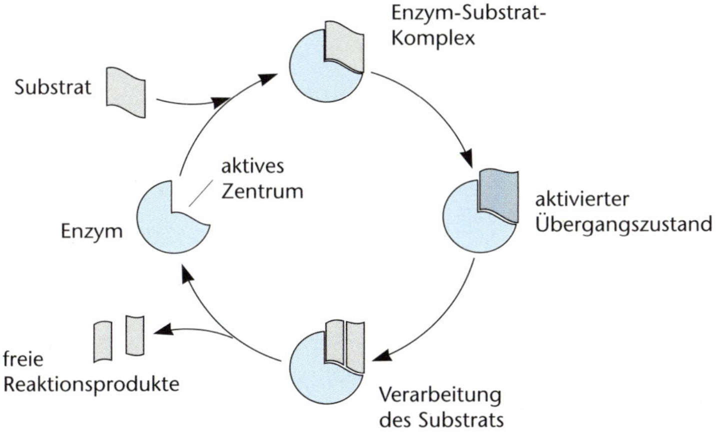

Abb. 101
Phasen einer enzymatisch katalysierten Reaktion

Benennung von Enzymen und Enzymklassen 5.1.2

Im Unterschied zu „einfachen" organischen Molekülen kann man Enzyme nicht mehr dadurch bezeichnen, dass man ihren Bau und ihre funktionellen Gruppen zur Grundlage der Nomenklatur macht. Häufig kennt man die genaue Zusammensetzung ja nicht einmal!

Man kennt aber ihre Wirkung im Organismus und es liegt daher nahe, die eindeutigen Kennzeichen *Substratspezifität* und *Wirkungsspezifität* zum Bezeichnen der Enzyme zu verwenden.

> Der systematische Name eines Enzyms ist dreiteilig:
>
> 1. Teil: Substratkennzeichnung
> 2. Teil: Wirkungskennzeichnung
> 3. Teil: Endung *-ase*

Wenn man den systematischen Enzymnamen kennt, ist man schon ziemlich gut informiert:

Pyruvate sind die Salze der Brenztraubensäure.

Glukose|oxid|ase — oxidiert Glukose.
Lactat-Dehydrogen|ase — oxidiert Milchsäure zu Brenztraubensäure.
Pyruvat-Decarboxyl|ase — spaltet CO_2 von der Brenztraubensäure ab.
Hydrogenperoxid|oxidoredukt|ase (Katalase) — reduziert Wasserstoffperoxid zu Wasser.

Nicht immer will man es so genau wissen, dann verzichtet man auf die Wirkungskennzeichnung im Namen:

Ure|ase — spaltet Harnstoff.
Lip|ase — spaltet Fette unter Bildung freier Fettsäuren.
Amyl|ase — spaltet Stärke.

Daneben gibt es natürlich noch viele Trivialnamen, die sich behaupten konnten:

Pepsin	spaltet Eiweiß im Magen.
Trypsin	spaltet Eiweiß im Darm.
Katalase (s. oben)	reduziert Wasserstoffperoxid zu Wasser.

bekannt: > 3 000
isoliert: > 1 000
vermutet: > 10 000

Die Vielzahl von Enzymen macht eine Unterteilung notwendig. In einer *Hauptklasse* werden alle Enzyme zusammengefasst, die eine bestimmte Klasse von chemischen Umsetzungen katalysieren. Insgesamt gibt es sechs Hauptklassen:

1. Oxidoreduktasen

Diese Enzyme katalysieren Wasserstoff- oder Elektronenübertragungen bei Redoxreaktionen*. Wenn die Übertragung auf ein organisches Akzeptormolekül erfolgt, spricht man von **Dehydrogenasen**, bei Übertragungen direkt auf Sauerstoff von **Oxidasen**.
Manche Dehydrogenasen können in beide Richtungen katalysieren. Je nach den Konzentrationsverhältnissen der beteiligten Stoffe kann beispielsweise

die Lactat-Dehydrogenase Milchsäure zu Brenztraubensäure oxidieren oder umgekehrt Brenztraubensäure zu Milchsäure reduzieren.

Oxidoreduktasen spielen besonders beim Abbau der Nährstoffe eine wichtige Rolle; wir werden in Abschnitt 5.3 die Wirkungen dieser Enzyme noch ausführlich kennen lernen.

2. Transferasen

Transferasen bewirken die Übertragung von Molekülgruppen. Solche Gruppen können zum Beispiel Amin- oder Methylgruppen sein, am bedeutendsten sind aber Übertragungen von Phosphatgruppen durch **Phosphotransferasen** und Übertragungen von Acylgruppen, die mithilfe von **Acyltransferasen** von Donatormolekülen auf Akzeptormoleküle transportiert werden. Mit beiden Transferase-Gruppen werden wir noch häufig zu tun haben.

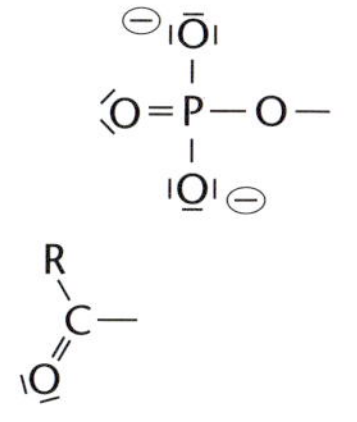

3. Hydrolasen

Diese Enzyme sind Katalysatoren für hydrolytische Spaltungen von C–O- oder C–N-Bindungen.
Zu ihnen gehören die Fett spaltenden Enzyme (Lipasen) im Verdauungstrakt.

4. Lyasen

Lyasen katalysieren über Eliminierungsreaktionen *nichthydrolytische* Bindungsspaltungen, hauptsächlich die Auftrennung von C–C- und C–O-Bindungen. Auch Enzyme, die den umgekehrten Weg katalysieren, also die Addition an eine Doppelbindung, rechnet man zu den Lyasen.
Eine der wichtigsten Lyasen ist die schon erwähnte Pyruvat-Decarboxylase, die bei verschiedenen abbauenden Stoffwechselvorgängen aktiv ist.

5. Isomerasen

Sie katalysieren intramolekulare Umlagerungen wie cis-trans-Isomerisierungen oder die Umwandlung optisch aktiver Verbindungen in ihr Racemat.

6. Ligasen

Diese Enzyme besitzen die Fähigkeit, neue chemische Bindungen zwischen Molekülen zu knüpfen. Daher werden sie auch als **Syntheasen** bezeichnet.

5.1.3 Die Enzymaktivität

Die Wirkung eines Enzyms kann von vielen äußeren Faktoren beeinflusst werden. Um die Größe dieses Einflusses bestimmen zu können, braucht man wie immer in den Naturwissenschaften eine *Messgröße*, deren Wert mit anderen Messergebnissen verglichen werden kann.
Welche Messgröße kann über die Stärke einer Enzymwirkung Auskunft geben?

Aus Abschnitt 1.2 von ML 680, „Allgemeine und anorganische Chemie, Aufbauwissen" kennen wir die **Reaktionsgeschwindigkeit** als die *Konzentrationsänderung eines der an der Reaktion beteiligten Stoffes innerhalb einer bestimmten Zeiteinheit.*
Dort war das so gemeint, dass der an der Reaktion beteiligte Stoff im Zuge der Reaktion verschwindet bzw. gebildet wird. Enzyme werden aber bei der Substratreaktion als Katalysatoren gar nicht verbraucht; daher kommt man mit der gebräuchlichen Definition der Reaktionsgeschwindigkeit hier nicht weiter.
Wir umgehen das Problem mit dem gleichen Trick, der uns schon bei der Suche nach einem für Enzyme brauchbaren Nomenklatur-System weitergeholfen hat: Wir orientieren uns an der *Wirkung* der Enzyme. Das heißt, wir messen, *wie viele Substratumsetzungen pro Zeiteinheit* ein Enzym bewirkt. Diese Messgröße ist die **Enzymaktivität**.

Die **Aktivität** eines Enzyms zeigt sich in der Stoffmenge, die von ihm in einer bestimmten Zeit umgesetzt wird.

Diese Definition ist recht anschaulich und sie lässt sich sinngemäß auf jede andere Art von Katalysator übertragen (zum Beispiel als Umsatz pro Oberflächeneinheit bei Platin-Katalysatoren). Außerdem zeigt sie unmittelbar, wie außerordentlich effektiv Enzyme arbeiten: So kann ein Molekül hochreiner Katalyse *pro Sekunde* ca. $2 \cdot 10^5$ H_2O_2-Moleküle spalten. Der gesamte Zyklus aus Abbildung 101 dauert pro Molekül Wasserstoffperoxid also gerade einmal fünf Mikrosekunden!

Eine Aktivitätsbestimmung setzt die Kenntnis der Enzymkonzentration voraus. Diese wiederum kann nur dann exakt angegeben werden, wenn man die **Reinheit** des Enzyms kennt. Die kennt man aber nicht immer exakt, besonders bei Proben, die schon etwas älter sind. Hier hilft ein *Aktivitätsvergleich* weiter: Man misst die Aktivität einer bestimmten Menge Enzym pro Volumeneinheit bei standardisierten Bedingungen und erhält dann durch Vergleichen mit dem Messwert einer hochreinen Probe Auskunft über die Probenqualität.

Umgebungseinflüsse

Die Effektivität der enzymatischen Wirkung ist stark von den Umgebungsbedingungen abhängig: Der pH-Wert kann die Enzymoberfläche so verändern,

dass das Schlüssel-Schloss-Prinzip nicht mehr funktioniert; die Temperatur beeinflusst grundsätzlich jede Reaktion und kann bei Enzymen außerdem noch ähnlich wie der pH-Wert zu Strukturveränderungen führen; auch die Gegenwart anderer Substanzen kann sich auf die Aktivität auswirken.
Einige dieser Effekte und ihre Auswirkungen auf die Enzymaktivität werden wir nun etwas genauer untersuchen.

Temperaturabhängigkeit

Alle von Enzymen kontrollierten Reaktionen zeigen die gleiche *typische Temperaturabhängigkeit*: Mit ansteigender Temperatur nimmt auch die Enzymaktivität zu. Bis ca. 30 °C folgt die Aktivitätszunahme der Reaktionsgeschwindigkeits-Temperatur-Regel (RGT-Regel). Gemäß dieser Regel *steigert eine Temperaturerhöhung um 10 °C die Reaktionsgeschwindigkeit um das Doppelte.* Danach flacht der Aktivitätsanstieg ab, die Aktivität durchläuft ein Maximum und sinkt dann recht rasch auf null ab (Abb. 102). Verantwortlich dafür ist die bei höherer Temperatur einsetzende **Denaturierung**, die durch Gerinnung die Sekundär- und Tertiärstrukturen von Proteinen und damit auch den Funktionsmechanismus von Enzymen zerstört.

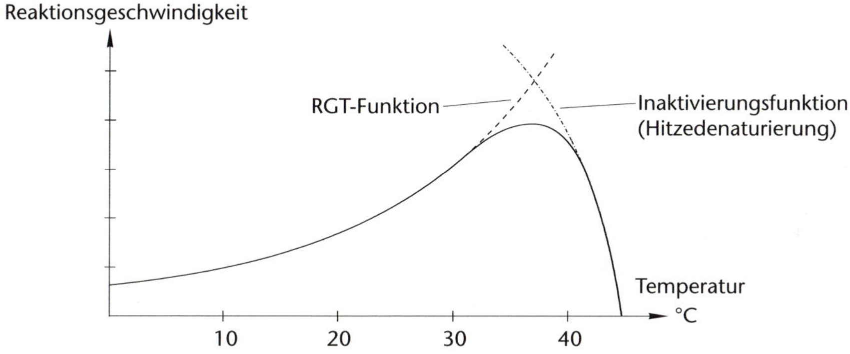

Abb. 102
Abhängigkeit der Enzymaktivität von der Temperatur

pH-Abhängigkeit

Der Proteincharakter der Enzyme erklärt auch den Einfluss des pH-Wertes auf ihre Aktivität. Der räumliche Bau eines Enzyms ist von seiner Aminosäuresequenz und den Wechselwirkungen zwischen den verschiedenen ionischen Gruppen der Aminosäuren vorgegeben. Außerdem haben die Aminosäuren als Ampholyte* auch in der Peptidverknüpfung noch saure und basische Reste. Daher wird eine Veränderung des pH-Wertes zu Protonierungen bzw. Deprotonierungen am Enzym und als Folge davon unvermeidlich

zu Eingriffen in seine Raumstruktur führen – das Substrat kann dann aber nicht mehr optimal oder gar nicht mehr gebunden werden.
Daher arbeitet jedes Enzym in einem *bestimmten* pH-Bereich optimal. Seine pH-Abhängigkeit wird durch die **Optimumskurve** beschrieben, die für jedes Enzym eine andere Lage hat, wie Abbildung 103 für verschiedene Verdauungsenzyme zeigt:

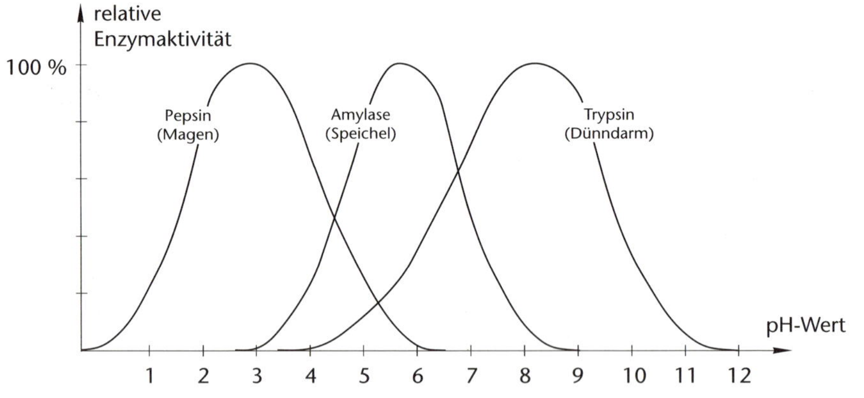

Abb. 103
Abhängigkeit der Enzymaktivität vom pH-Wert bei Verdauungsvorgängen

Substratkonzentration

Bei einer Versuchsreihe mit variabler Substrat-, aber konstanter Enzymkonzentration erhält man eine *Sättigungskurve*:

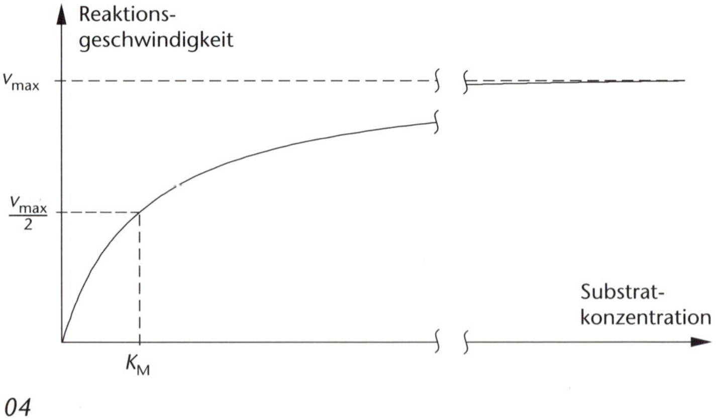

Abb. 104
Substratkonzentration und Reaktionsgeschwindigkeit bei enzymatisch katalysierten Reaktionen

Die Reaktionsgeschwindigkeit steigt anfangs annähernd proportional zur Substratkonzentration an, sie beginnt jedoch relativ rasch abzuflachen und irgendwann spielt es praktisch keine Rolle mehr, ob man die Substratkonzentration noch weiter erhöht: Die Reaktionsgeschwindigkeit, also die Zahl der

umgesetzten Substratmoleküle pro Zeiteinheit, kann nicht mehr weiter gesteigert werden.
Das bedeutet, dass alle Enzymmoleküle voll „ausgelastet" sind. Es ist ähnlich wie an den Zahlstationen einer französischen Autobahn: Zur Hauptsaison steht vor jedem Kassenhäuschen (= Enzym) eine Autoschlange; die Abfertigungsgeschwindigkeit ist konstant, auch wenn die Schlangen länger und länger werden.

Der Kurvenverlauf ist für jedes Enzym-Substrat-Paar kennzeichnend; je nach *Affinität* des Enzyms zum Substrat strebt die Reaktionsgeschwindigkeit schneller oder langsamer in den Sättigungsbereich.
Als Maß für die Enzymaffinität verwendet man nicht die Sättigungskonzentration, denn die wäre nicht exakt genug bestimmbar, wie ein Blick auf Abbildung 104 zeigt. Aber die zur Sättigungskonzentration gehörende maximale Reaktionsgeschwindigkeit v_{max} lässt sich recht präzise bestimmen! Ausgehend von diesem „Fixpunkt" kommt man dann doch zu einer präzisen Kenngröße für die Affinität: Man wählt als Maß für die Enzymaffinität die Konzentration, bei der die Reaktionsgeschwindigkeit den *halbmaximalen* Wert hat.

Dies ist der zu $\frac{v_{max}}{2}$ gehörende Konzentrationswert K_M.

Der Wert der Substratkonzentration bei halbmaximaler Reaktionsgeschwindigkeit ist für jedes Enzym spezifisch. Er wird als **MICHAELIS*-Konstante** K_M bezeichnet.

Enzymkonzentration

Ermittelt man Sättigungskurven für verschiedene Konzentrationen desselben Enzyms, so wird man eine Schar von Kurven erhalten, deren v_{max} zur Enzymkonzentration *proportional* ist (Abb. 105, nächste Seite). Die Sättigungskurven unterscheiden sich sogar über ihren gesamten Verlauf nur in diesem Proportionalitätsfaktor. Dies bedeutet, dass die MICHAELIS-Konstante K_M für alle Enzymkonzentrationen gleich ist!
Auf dieselbe Aussage waren wir schon oben bei der Substratkonzentration gestoßen. Dort hieß es: K_M *ist für jedes Enzym spezifisch.*

Noch eine weitere Aussage kann man Abbildung 105 entnehmen: Wenn das Substrat in hohem *Überschuss* vorliegt, ist bei Enzymen (wie bei allen Katalysatoren) die Reaktionsgeschwindigkeit der enzymatisch katalysierten Reaktion nur noch von der Enzymkonzentration abhängig.
Das schon einmal benutzte Bild von den Zahlstellen auf der Autobahn passt auch hierzu: Öffnet man mehr Kassenhäuschen (= Enzyme), können die wartenden Autos schneller abgefertigt werden.

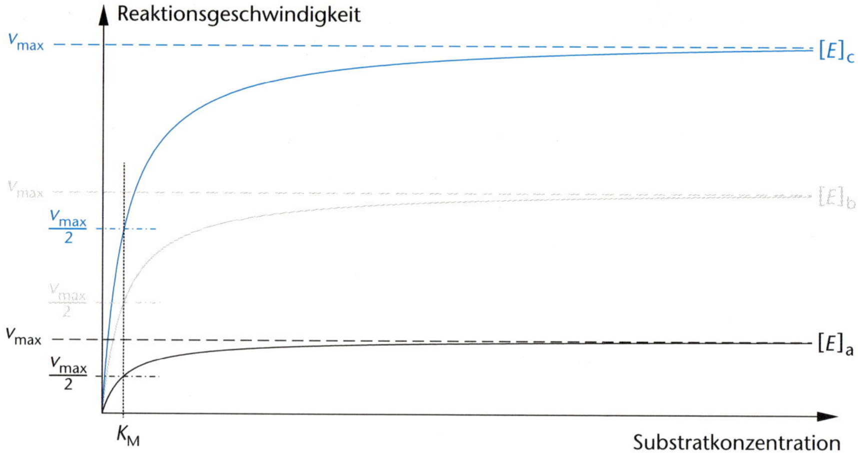

Abb. 105
Substrat-Sättigungskurven bei verschiedenen Enzymkonzentrationen [E]
$[E]_a : [E]_b : [E]_c = 1 : 3 : 5$

Mineralstoffe und Spurenelemente

Enzym und Substrat sind in der Zelle nicht allein: Eine Vielzahl anderer Substanzen kann direkt oder indirekt auf die Enzymkatalyse einwirken. Manche behindern die Enzymaktivität (siehe Abschnitt 5.1.4), manche sind für die enzymatische Wirkung unerlässlich (siehe Abschnitt 5.1.5), andere nehmen als Teil der chemischen Umgebung Einfluss, so wie wir es schon vom pH-Wert kennen.
Zu den Einflussgrößen aus der chemischen Umgebung gehören insbesondere anorganische Ionen, hauptsächlich Mg^{2+} und Ca^{2+}. Für diese Mineralstoffe gibt es Optimumskurven der Konzentration, die denen des pH-Wertes (vgl. Abb. 103) im Prinzip vergleichbar sind.

Eisen, Zink, Kupfer

Auch für Spurenelemente gilt, dass sie die enzymatische Wirkung positiv beeinflussen können. Sie erreichen ihr Wirkungsoptimum aber getreu ihrer Bezeichnung schon bei deutlich niedrigeren Konzentrationen als Mineralstoffe.

5.1.4 Hemmungen der Enzymaktivität

Wenn **Hemmstoffe** oder **Inhibitoren** in der Zelle anwesend sind, setzen sie die Enzymwirkung immer herab. Dies kann auf zwei verschiedenen Wegen geschehen:

Kompetitive Hemmung

Hierbei besitzt das Hemmstoffmolekül eine gewisse strukturelle Ähnlichkeit mit dem Substrat. Daher ist es in der Lage, mit diesem um die Anlagerung an das aktive Zentrum des Enzyms zu konkurrieren. Diese Konkurrenz reduziert die Zahl der Substratreaktionen pro Zeiteinheit, also die Enzymaktivität.

Ist die Bindung des Hemmstoffmoleküls an das aktive Zentrum sehr fest, kommt es zu einer dauerhaften Blockierung des Enzymmoleküls. Antibiotika können so als kompetitive Hemmstoffe das Wachstum von Bakterien blockieren. Auch Schwermetallionen wie Cd^{2+}, Pb^{2+} oder Hg^{2+} wirken als kompetitive Hemmstoffe in vielen Organismen giftig; sie passen chemisch oft ins aktive Zentrum, auch wenn ihre strukturelle Ähnlichkeit zum Substrat nicht gerade augenfällig ist.

Mithilfe einer hohen Substratkonzentration können in vielen Fällen kompetitive Hemmstoffe über das *Massenwirkungsgesetz* (ML 680, Abschnitt 1.5) wieder aus dem aktiven Zentrum herausgedrängt werden.

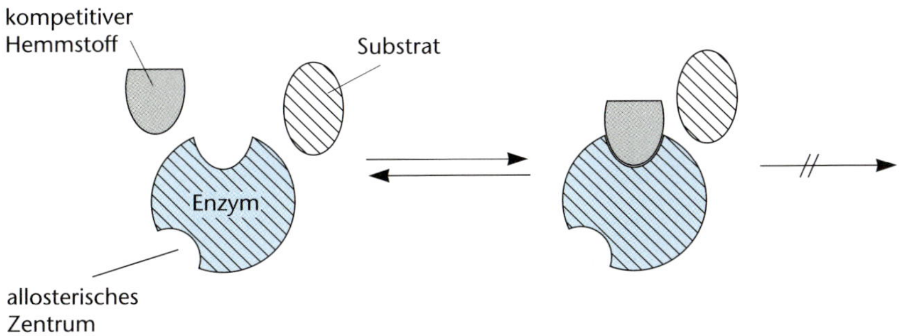

Abb. 106
Prinzip der kompetitiven Hemmung

Allosterische Hemmung

Hochkomplexe Peptidmoleküle wie Enzyme haben zwar immer nur *ein* aktives Zentrum, sie können jedoch auch noch an anderen Stellen ihrer Oberfläche für Moleküle mit bestimmten Strukturmerkmalen Möglichkeiten zum Andocken bieten. Diese so genannten *allosterischen Zentren* sind „unattraktiv" für die Substratmoleküle; für andere Stoffe können sie aber eine ähnlich selektive Ankopplungsstelle nach dem Schlüssel-Schloss-Prinzip darstellen wie ein aktives Zentrum für Substratmoleküle.

Wird als Folge einer solchen Ankopplung die Raumstruktur eines Enzyms so verändert, dass sich am aktiven Zentrum kein Enzym-Substrat mehr bilden kann, liegt eine **allosterische Hemmung** vor. Diese Hemmung zeigt Abbildung 107, nächste Seite.

Das Substrat kann die Wirkung eines allosterischen Hemmstoffs nicht beeinflussen. Die Hemmung kann nur von dritter Seite durch Einwirken auf den Hemmstoff wieder aufgehoben werden.

Allosterische Hemmungen müssen aber keineswegs eine Bedrohung für die Zelle darstellen. Sie können sogar unersetzliche „Schaltelemente" zur Steuerung von biochemischen Prozessen sein.

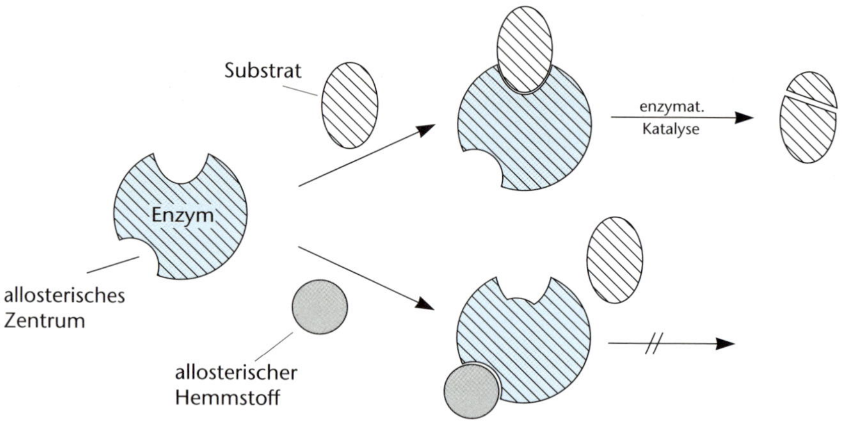

Abb. 107
Prinzip der allosterischen Hemmung

So kann zum Beispiel ein durch enzymatische Wirkungen entstandener Stoff beim Erreichen einer bestimmten Konzentrations-Obergrenze allosterisch ein Enzym hemmen, das am Entstehungsprozess des Stoffs beteiligt ist. Dadurch kommt seine Produktion zum Erliegen. Besteht später Bedarf an der Nachproduktion dieses Stoffs, weil seine Konzentration zu tief abgesunken ist, wird die allosterische Hemmung wieder gelöst. Ein solches selbstregelndes System steuert sich also über das Massenwirkungsgesetz (MWG).

5.1.5 Coenzyme

Manche Enzyme brauchen Unterstützung; dazu gehören zum Beispiel die Phosphotransferasen, die Phosphatgruppen vom Substratmolekül auf ein Akzeptormolekül übertragen. Eine Phosphotransferase ist ein hochspezifischer Katalysator, sie wird die Phosphatgruppe des Substrats kaum irgendeinem zufällig vorbeikommendem Molekül „verpassen“. Im Gegenteil, es wird in der Regel ein ganz genau passendes Akzeptormolekül vonnöten sein, damit die Substratreaktion ablaufen kann. Abbildung 110a zeigt uns das Schema einer solchen Reaktion mit NAD als Akzeptormolekül.

Nicht nur bei den Transferasen beobachtet man, dass das Einsetzen der enzymatisch katalysierten Reaktion die Anwesenheit eines Reaktionspartners voraussetzt; es ist ein häufig vorkommendes Phänomen. Da ohne diese Reaktionspartner keine Enzymreaktionen zustande kommen können, hat man sie als notwendige Bestandteile der Enzyme aufgefasst und sie **Coenzyme** genannt. Eigentlich wäre **Cosubstrat** die korrektere Bezeichnung. Sie wird sich im Lauf der Zeit vermutlich durchsetzen, wir bleiben im Weiteren aber beim derzeit noch häufigeren Begriff „Coenzym“.

Nicotinamidnukleotide

Oxidoreduktasen können nur mithilfe von Coenzymen Wasserstoffatome vom Substrat abtrennen. Hilfestellung dabei leisten die *Wasserstoffüberträger* **Nicotinamid-Adenin-Dinukleotid** (**NAD**) und **Nicotinamid-Adenin-Dinukleotidphosphat** (**NADP**). Sie unterscheiden sich nur im zusätzlichen Phosphorsäurerest an der Adenosingruppe voneinander.

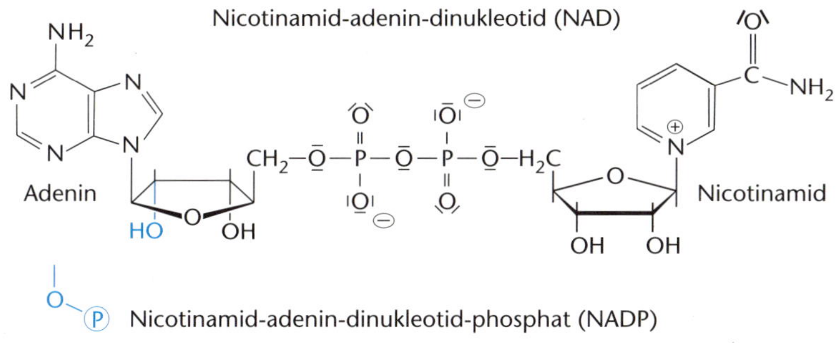

Abb. 108
Struktur von NAD und NADP

Wegen der positiven Ladung am Pyridinring der Nicotinsäureamidgruppe wären eigentlich die Abkürzungen NAD^+ und $NADP^+$ exakter; man ist hier aber häufig etwas nachlässig und begnügt sich mit NAD und NADP bzw. $NADH_2$ und $NADPH_2$ für die reduzierten Formen.

Bei der Reduktion dieser Coenzyme, also der Wasserstoffaufnahme, werden *zwei* Elektronen in Form eines Hydridions H^- übertragen. Das zweite Wasserstoffatom wird als Folge einer Protonierung angelagert. Es ist also am eigentlichen Reduktionsvorgang nicht direkt beteiligt:

$$NAD + H^- + H^+ \underset{Ox.}{\overset{Red}{\rightleftharpoons}} NADH_2$$

Abb. 109
Zwei-Elektronenübertragung auf NAD

Da man in der Biochemie für Reduktionen an einem gebundenen Kohlenstoffatom immer *zwei* Elektronen bzw. Wasserstoffatome benötigt, bezeichnet man die Coenzympaare $NAD/NADH_2$ und $NADP/NADPH_2$ oft pauschal als **Reduktionsäquivalente**.

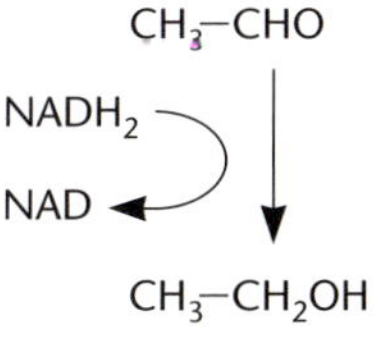

Die *Funktion* der Coenzyme demonstriert Abbildung 110a als Erweiterung von Abbildung 101, der Darstellung des Enzym-katalysierten Reaktionszyklus. Es wird gezeigt, wie die Dehydrogenase aus Substrat und Coenzym einen gemeinsamen Enzym-Substrat-Komplex aufbaut. Über diesen Komplex übernimmt NAD zwei Elektronen und wird dabei zu $NADH_2$ reduziert.

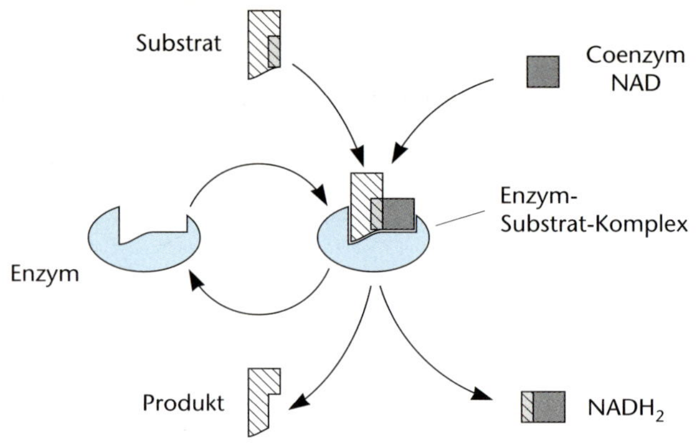

Abb. 110a
Substratoxidation mit NAD durch eine Dehydrogenase

Selbstverständlich geht das komplexe NAD-Molekül dem Organismus nicht auf Dauer verloren. $NADH_2$ reicht in einer Folgereaktion die Wasserstoffatome an ein anderes Substrat weiter und steht dann wieder für die nächste Dehydrogenierung als NAD zur Verfügung:

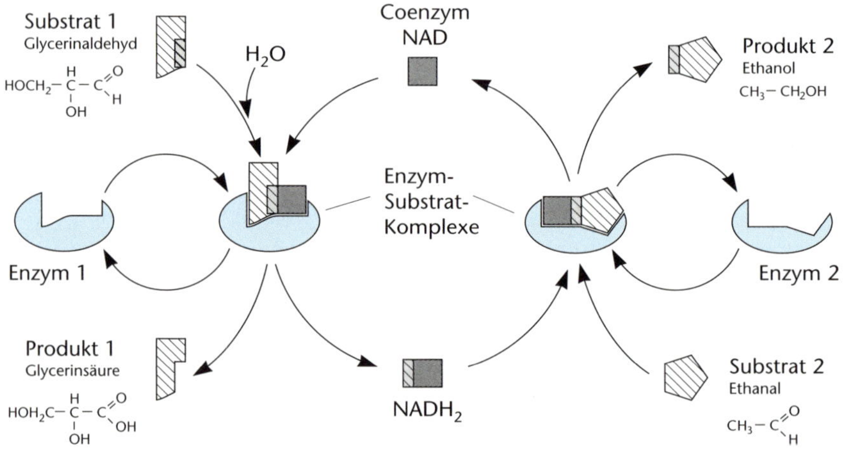

Abb. 110b
NAD-Kreislauf

Die Integration des Kreislaufs aus Abbildung 110b in den Energiehaushalt des Metabolismus* lernen wir im Abschnitt 5.3.2 kennen. Generell gilt:

> $NAD/NADH_2$ ist das Coenzym für die *abbauenden* Stoffwechselprozesse. $NADP/NADPH_2$ ist das Coenzym für die *aufbauenden* Stoffwechselprozesse.

In der Funktion ganz ähnlich wie NAD ist **FAD** (**Flavin-Adenin-Dinukleotid**).

Adenosinphosphate

Adenosinphosphate sind die Coenzyme der Phosphotransferasen. Ihr bekanntester Vertreter ist **Adenosintriphosphat** (**ATP**), der *Kurzzeit-Energiespeicher* der Zelle.

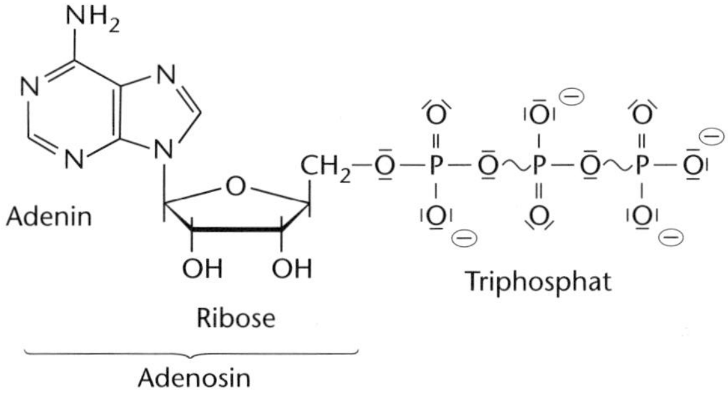

Abb. 111
Adenosintriphosphat (ATP), in der Zelle ionisiert vorliegend.
Kurzschreibweise: Ade-Rib-Ⓟ~Ⓟ~Ⓟ

Adenosinphosphate sind Nukleotide*. Der Zucker Ribose ist mit einer heterocyclischen Base (Adenin) verknüpft und mit Phosphorsäure verestert*. Je nachdem, ob es sich um Mono-, Di- oder Triphosphorsäure handelt, liegt AMP (Adenosinmonophosphat), ADP (Adenosindiphosphat) oder ATP vor.

ATP enthält im Triphosphat zwei Säureanhydrid-Bindungen –P–O–P–. Diese Bindungen sind sehr energiereich (mit ~ symbolisiert), weil die insgesamt vier negativen Ladungen im Triphosphat sich stark abstoßen. Die Spaltung dieser Bindungen ist eine exotherme* Reaktion: Die Hydrolyse von ATP zu ADP liefert unter Standardbedingungen eine Energie von 35 $kJ \cdot mol^{-1}$. Das ist immerhin ein Zehntel der Bindungsenergie einer C–C-Einfachbindung, vergleiche die Tabelle in Abschnitt 1.4, und liegt in der Größenordnung der Wasserstoffbrückenbindung (20 $kJ \cdot mol^{-1}$)!

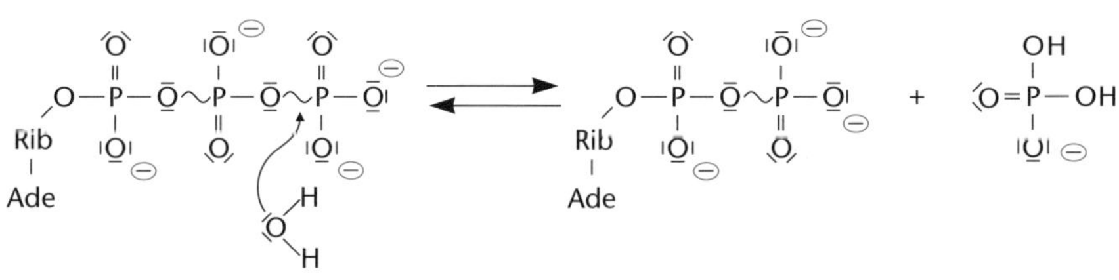

Abb. 112
ATP-Hydrolyse zu ADP (schematisch)

Die Abspaltung der äußeren Phosphatgruppe vom ATP-Molekül liefert die notwendige Energie für fast alle Energie verbrauchenden Vorgänge in der Zelle. Allerdings wird im Organismus diese Bindung nicht einfach durch Hy-

ATP wird manchmal auch als „Energieäquivalent" bezeichnet.

drolyse gespalten, wie es in Abbildung 112 schematisch dargestellt wurde. Stattdessen wird die Phosphatgruppe von *Kineasen* enzymkontrolliert vom Coenzym ATP auf ein Substratmolekül übertragen (**Phosphorylierung**). Die Hydrolysierungsenergie geht dabei größtenteils auf das phosphorylierte Substrat über und erhöht dadurch dessen Reaktionsfähigkeit.

Coenzym A

Das „A" steht für *Acylierung*, denn das Coenzym A (**CoA**) unterstützt alle biochemischen Acylierungen. Dieses Coenzym werden wir beim Zitronensäure-Zyklus in seiner Funktion noch genauer kennen lernen.

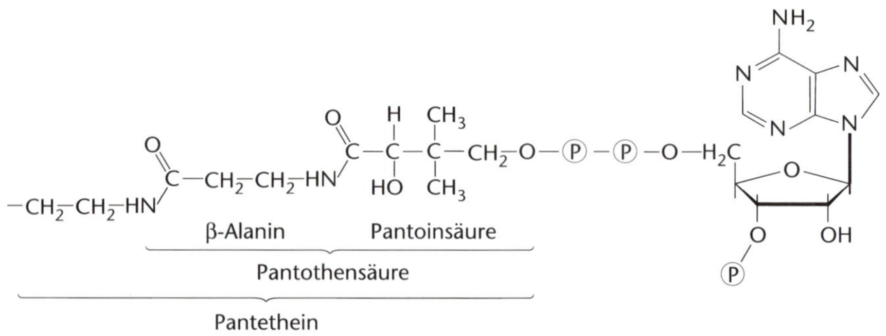

Abb. 113
Struktur von Coenzym A

Enzym und Coenzym bilden *funktionell* eine Einheit. Diese Einheit nennt man **Holoenzym**. Die katalytisch wirksame Komponente dieser funktionellen Einheit ist immer ein Protein. Zur Abgrenzung vom Coenzym bezeichnet man es in Holoenzymen als **Apoenzym**.

Die Harnstoff-spaltende Urease ist ein Proteinenzym.

Da die Coenzyme keine Proteine sind, bestehen Holoenzyme nicht nur aus Proteinen; daher werden sie bisweilen als **Proteidenzyme** bezeichnet („auf Eiweiß basierend"). Man unterscheidet sie von den **Proteinenzymen**. Das sind ohne Coenzyme wirksame Enzyme, also reine Proteine.

5.1.6 Nutzung von Enzymen durch den Menschen

Enzyme spielen in allen Bereichen industrialisierter Gesellschaften eine bedeutende Rolle, was an folgenden ausgewählten Beispielen deutlich gemacht werden soll:

- Nachweis von D-Glukose im Urin mithilfe von Teststäbchen zur Kontrolle und Erkennung von Diabetes (Diagnostik)
- Lipasen zur Fettverdauung in verdauungsunterstützenden Medikamenten (Pharmazie)

- Herausschneiden von DNS-Stücken (Gentechnik)
- Analyse der Aminosäuresequenz eines Polypeptids (Analytik)
- Beseitigung von Trübungen in Fruchtsäften (Lebensmittelproduktion)
- Herstellung von Joghurt (*Probiers aus*, ML 676)
- Zusatz von Proteasen in Waschmitteln gegen eiweißhaltige Verunreinigungen (Reinigungsmittel)

Aufgaben 5.1 – 5.7

5.1 Was versteht man unter Enzymen?

5.2 Was versteht man unter der Wirkungs- und der Substratspezifität von Enzymen?

5.3 Erläutern Sie anhand einer einfachen Skizze die Modellvorstellung vom Schlüssel-Schloss-Prinzip bei der Enzymwirkung.

5.4 Was besagen die Namen Saccharase und Lipase?

5.5 Eine Methode zur Trennung eines Racemats besteht darin, mithilfe eines geeigneten Enzyms das eine der beiden Enantiomere dadurch zu isolieren, dass nur das andere Enantiomer abgebaut wird.
Deuten Sie diesen Sachverhalt. (Machen Sie sich deutlich, was ein Racemat kennzeichnet.)

5.6 Erläutern Sie in einer Skizze das Prinzip der allosterischen Hemmung.

5.7 Welchen Einfluss hat die Erhöhung der Substratkonzentration auf die Aktivität

a) eines Enzyms,

b) eines kompetitiv gehemmten Enzyms,

c) ein allosterisch gehemmten Enzyms?

5.2 Photosynthese

Die Photosynthese bildet die Voraussetzung für unsere biologische Existenz. Wer darüber richtig viel erfahren will, kann sich an die Mentor Abiturhilfe ML 691 „Stoffwechselbiologie" halten. Wir treten bei diesem Thema ein wenig kürzer und beschränken uns auf die photo- und biochemischen Knackpunkte der Photosynthese. Die Grundlagen zu deren Verständnis wurden bereits in den Abschnitten 4.2 und 5.1 gelegt.

Pflanzen nehmen Kohlenstoffdioxid und Wasser auf und stellen daraus unter Zuhilfenahme von Licht das Kohlenhydrat Glukose* (Traubenzucker) her. „Abfallprodukt" der Photosynthese ist Sauerstoff.
Die formale Bruttogleichung der Photosynthese lautet:

$$6\,CO_2 + 6\,H_2O \xrightarrow{h \cdot \nu} C_6H_{12}O_6 + 6\,O_2 \qquad \Delta H = 2880\ \text{kJ} \cdot \text{mol}^{-1}$$

Die notwendige Energiemenge von $2880\ \text{kJ} \cdot \text{mol}^{-1}$ wird unter natürlichen Bedingungen vom Sonnenlicht aufgebracht.

Chloroplasten sind die Organellen der Pflanzenzelle, in denen die Photosynthese abläuft.

Die Photosynthese läuft in den **Chloroplasten** ab. Die innere Struktur der Chloroplasten kann man mit den Geräten vergleichen, aus denen man den Aufbau für einen chemischen Versuch zusammenstellt: Nur die aufeinander abgestimmte Kombination von Heizbad, Kolben, Rührer, Kühler und Verbindungselementen gewährleistet, dass eine chemische Synthesereaktion mit optimaler Ausbeute durchgeführt werden kann.
Den Blick auf einige der „Geräte" im Chloroplasten erlaubt uns Abbildung 114:

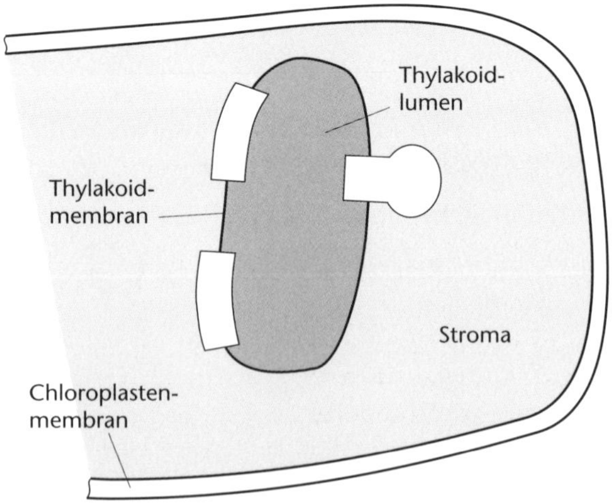

Abb. 114
Bau eines Chloroplasten (Grobstruktur)

Der Chloroplast wird nach außen von einer Doppelmembran begrenzt. Im Inneren befindet sich als Grundsubstanz das farblose **Stroma***. Das Stroma umgibt Bestandteile wie Stärkekörner, Fetttröpfchen oder Ribosomen, die an der Photosynthese aber nicht direkt teilnehmen. Außerdem ist es von **Thyla-**

koidmembranen* durchzogen. Diese Membrankörper umgeben das Thylakoid**lumen** (Thylakoidinnenraum) und schließen es gegen das Stroma ab.
In die Thylakoidmembranen sind die „Geräte" eingebaut, die das Sammeln der Photonen und die Umwandlung der Strahlungsenergie in lagerfähige Energieformen ermöglichen; dazu mehr im übernächsten Abschnitt.

Die Abhängigkeit der Photosyntheseleistung von Außenfaktoren 5.2.1

Als Maß für die Photosyntheseleistung dient die **Photosyntheserate**, das ist die Menge des pro Zeiteinheit assimilierten Kohlenstoffdioxids.

Photosyntheserate und Lichtintensität

Ein wichtiger Einflussfaktor auf die Photosyntheserate ist naturgemäß die *Beleuchtungsstärke*.

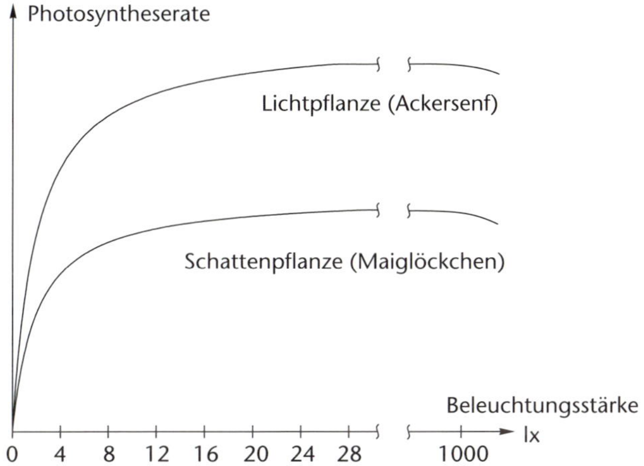

Abb. 115
Abhängigkeit der Photosyntheserate von der Beleuchtungsstärke

Der Verlauf der Photosyntheserate ähnelt stark den Sättigungskurven, die sich für die Substratabhängigkeit enzymatisch katalysierter Reaktionen ergeben: zuerst ein Anstieg, der proportional zur Beleuchtungsstärke verläuft, dann ein Plateau ohne weitere Zunahme der Photosyntheserate, da die Chloroplasten ausgelastet sind.
Die Auslastung der Chloroplasten erklärt auch die unterschiedliche Höhe des Sättigungsplateaus von Licht- und Schattenpflanzen. Schattenpflanzen sind darauf eingerichtet, dauerhaft mit relativ wenig Licht auszukommen. Es besteht für sie keine biologische Notwendigkeit, überhöhte Produktionskapazitäten vorrätig zu halten für Extremfälle, wie zum Beispiel den Verlust ihres Schattenbaumes. Daher erreichen die Chloroplasten von Schattenpflanzen relativ früh ihr Produktionslimit, also ihre maximale Photosyntheserate.

Spektrale Zusammensetzung des Lichts

Die grüne Farbe der Blätter ist darauf zurückzuführen, dass sie das Sonnenlicht nicht gleichmäßig über den sichtbaren Spektralbereich absorbieren. Die Gesamtheit der weniger stark absorbierten Wellenlängen erzeugt im menschlichen Auge den Farbeindruck „grün". Diese Zusammenhänge kennen wir schon aus Abschnitt 4.2.1.

Die Vermutung liegt nahe, dass es zwischen der Wellenlängenabhängigkeit der Lichtabsorption in den Blättern und der Photosynthese einen Zusammenhang geben könnte. Die Vermessung der Photosyntheserate in Abhängigkeit von der Wellenlänge bestätigt diese Vermutung: Man erhält so das **Wirkungsspektrum** der Photosynthese (blaue Linie in Abbildung 116) und diese Darstellung zeigt tatsächlich einen Einbruch der Photosyntheserate bei 520 nm, also im Bereich von *grünem* Licht!

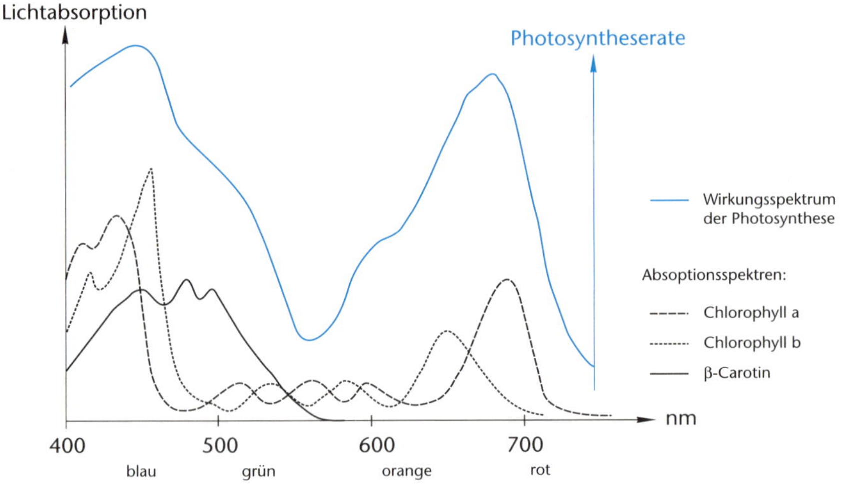

Abb. 116
Wirkungsspektrum der Photosynthese und Absorptionsspektren von Chlorophyll a, Chlorophyll b und β-Carotin

Große Absorption bedeutet große Effizienz beim Einfangen von Photonen

Das Wirkungsspektrum verläuft in weiten Bereichen des sichtbaren Spektrums analog zu den *Absorptionsspektren* der Chlorophylle und der Carotinoide*, vgl. die schwarzen Linien in Abbildung 116: Wo einer oder mehrere dieser Farbstoffe ein Absorptionsmaximum aufweisen, ist auch die Photosyntheserate hoch. Daraus kann man folgern, dass die Photosynthese ihren Ausgang bei der Aufnahme von Lichtenergie durch *diese Farbstoffe* nimmt.

Chlorophylle zeigen in ihrer Struktur alle Eigenschaften organischer Farbstoffe, die wir schon aus Abschnitt 4.2.2 kennen. Die chromophore Gruppe ist das Porphyrinsystem* mit seinen konjugierten Doppelbindungen und dem komplex gebundenen Magnesiumion. Die farbverstärkende Gruppe, die die Unterschiede in den Absorptionsspektren verursacht, sitzt am Pyrrolring B.

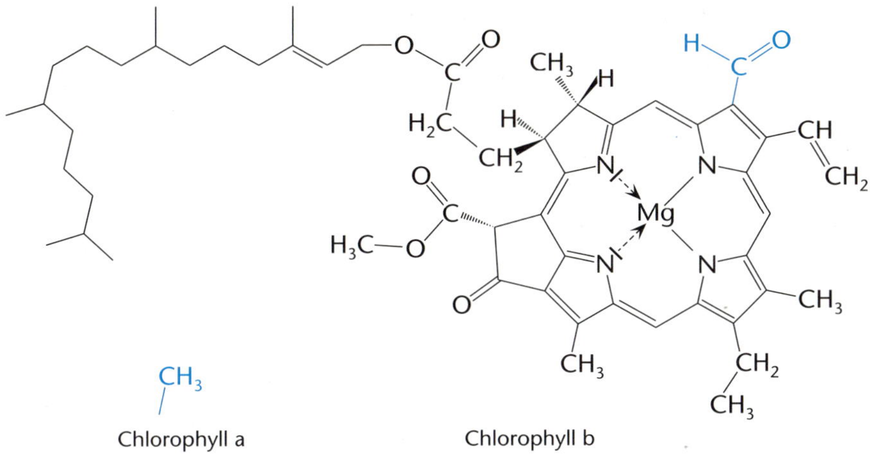

Abb. 117
Chlorophyll a und Chlorophyll b

Da diese Gruppe beim Chlorophyll b das konjugierte π-System *verlängert*, liegt sein Hauptabsorptionsmaximum bei 460 nm und ist damit *länger*wellig als bei Chlorophyll a (430 nm).
Einen typischen Vertreter der Carotinoide, das β-Carotin, kennen wir als Polyenfarbstoff schon aus Abschnitt 4.2.2.

CO_2-Konzentration

Die Bruttogleichung der Photosynthese sagt aus, dass die Bildung von Glukose vom Vorhandensein der drei Edukte Wasser, Kohlenstoffdioxid und Licht abhängt. Nach dem quantitativen und qualitativen Einfluss von Licht auf die Photosyntheserate wäre also noch die Abhängigkeit von der CO_2-Konzentration zu untersuchen.

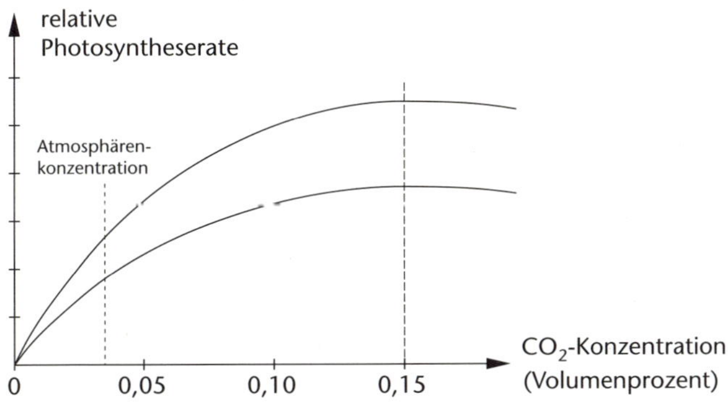

Abb. 118
Photosyntheserate und CO_2-Konzentration

Für die CO_2-Konzentration gibt es ein Optimum der Photosyntheserate bei einem Volumenanteil von 0,15 %. Dies ist mehr als der 4fache Wert der mittleren Atmosphärenkonzentration von 0,035 %. Da diese Konzentration überall nahezu konstant ist, kommt man zu der erstaunlichen Schlussfolgerung, dass

die CO_2-Konzentration auf der Erde ein *limitierender Faktor* für die Photosynthese und damit für das Pflanzenwachstum ist.
In Gewächshäusern werden daher die Pflanzen teilweise mit Kohlenstoffdioxid begast, um eine Ertragssteigerung zu erreichen.

Photosyntheserate und Temperatur

Chemische Reaktionen sind temperaturabhängig, das gilt auch für die Photosynthese. Deren komplexe Reaktionen bilden jedoch ein System von gekoppelten Teilreaktionen, die über Reaktionsgleichgewichte miteinander verbunden sind. In solchen komplexen Systemen treten zahlreiche Rückwirkungen und Querverbindungen auf, die teils aktivierender, teils hemmender Natur sind. Dazu kommen noch die anderen variablen Umgebungseinflüsse, bei der Photosynthese natürlich an erster Stelle die Lichtintensität.
In der Tat findet man, dass die Temperaturabhängigkeit der Photosyntheserate je nach Lichtintensität ganz unterschiedlich verläuft. Der Abbildung 119 kann man entnehmen, dass die Temperaturabhängigkeit bei hoher Lichtintensität der Temperturabhängigkeit enzymatisch katalysierter Reaktionen (vgl. Abb. 102) sehr ähnlich sieht: Ein Anstieg nach der RGT-Regel bis etwa 30 °C, danach Abflachung auf ein Maximum, bei noch höherer Temperatur dominiert der Denaturierungs-Einfluss, bis die Photosynthese schließlich zum Erliegen kommt.
Für geringe Lichtintensität scheint es den Denaturierungs-Einfluss bei hoher Temperatur zwar ebenfalls zu geben, der RGT-gemäße Anstieg auf ein Maximum im niedrigeren Temperaturbereich fehlt aber völlig.

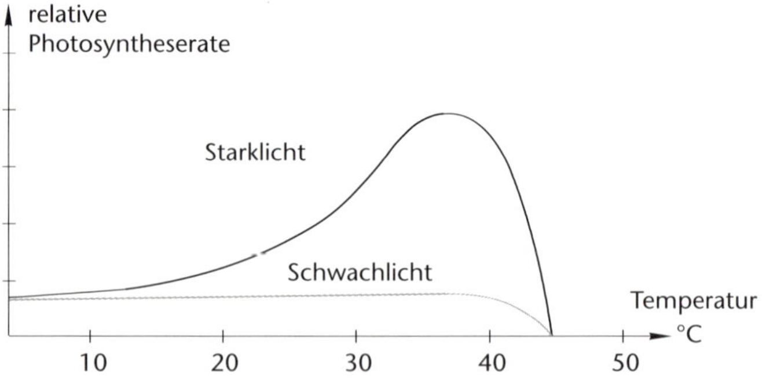

Abb. 119
Photosyntheserate als Funktion der Temperatur bei verschiedenen Beleuchtungsstärken

Um diese Ergebnisse deuten zu können, beschreiben wir die Reaktionsbedingungen unter Heranziehung unseres Vorwissens aus der Betrachtung der CO_2-Abhängigkeit:

- Bei hoher Lichtintensität liegt Licht*überschuss* vor und die CO_2-Konzentration ist der begrenzende Faktor für die Photosyntheserate.
  Unter diesen Bedigungen zeigt die Kurve die typischen Kennzeichen einer *enzymatisch* gesteuerten Reaktion.

- Bei niedriger Lichtintensität ist die Lichtmenge der *begrenzende Faktor* für die Photosyntheserate. Die Photosynthese ist unter diesen Bedingungen temperaturunabhängig.
  Temperaturunabhängigkeit ist das typische Kennzeichen *photochemischer* Prozesse.

Es können also je nach Bedingungen unterschiedliche Prozesse dominieren. Der Photosynthese kann demgemäß kein einheitlicher Reaktionsablauf zugrunde liegen; stattdessen müssen ineinander greifende Teilprozesse ablaufen.

> Die Photosynthese verläuft über zwei unterschiedliche Reaktionsstufen:
>
> - **photochemische Primärpozesse**, meist als „**Lichtreaktionen**" zusammengefasst;
> - **enzymatisch gesteuerte Sekundärprozesse**, die „**Dunkelreaktionen**".

Die beiden Prozesse sind über Zwischenprodukte miteinander gekoppelt. Die Größe ihrer Bildungs- und Abbaugeschwindigkeit und damit ihre Konzentration erklärt die unterschiedlichen Kurvenverläufe aus Abbildung 119:

➡ Bei schwachen Lichtintensitäten wird vom photochemischen Primärprozess wenig Zwischenprodukt gebildet, seine Bildungsgeschwindigkeit ist also niedrig. Sie bleibt auch bei Erhöhung der Temperatur niedrig, da die Temperatur den Primärprozess nicht beeinflusst. Nur die Lichtmenge ist der limitierende Produktionsfaktor.
Die Geschwindigkeit der enzymatischen Abbaureaktion ist unter diesen Bedingungen bereits bei recht niedrigen Temperaturen höher als die Bildungsgeschwindigkeit. Eine Temperaturerhöhung macht die Abbaureaktion noch schneller. Dies bedeutet: Alles, was an Zwischenprodukt gebildet wird, wird sofort zum Endprodukt Kohlenstoffdioxid weiterverarbeitet. Die Bildungsgeschwindigkeit des Zwischenprodukts bestimmt damit die Bildungsgeschwindigkeit des Endprodukts. Erstere ist als photochemischer Prozess temperaturabhängig, also ist es auch die Bildungsgeschwindigkeit des Endprodukts.

Um wieder einmal das Bild von der Autobahnzahlstelle heranzuziehen: Wenn ohnehin mehr Kassenhäuschen geöffnet sind, als Autos kommen, dann kann das Öffnen weiterer Kassenhäuschen (also eine Temperaturerhöhung) den Durchsatz an Autos nicht mehr vergrößern.

➡ Bei hohen Lichtintensitäten kann der Primärprozess alles, was der Sekundärprozess an Zwischenprodukt weiterverarbeitet, *sofort* neu bilden, denn jetzt ist die Bildungsgeschwindigkeit des Zwischenprodukts sehr viel höher als die des enzymatischen Abbauprozesses. Unter diesen Umständen zeigt eine Temperaturerhöhung Wirkung auf die Bildungsgeschwindigkeit des Endprodukts, denn der Abbauprozess kann das Zwischenprodukt nun schneller weiterverarbeiten. Dessen Konzentration wird aber dadurch nicht merklich geringer, denn wegen der hohen Lichtintensität kann der Primärprozess immer „nachliefern".

Man darf bei diesen Betrachtungen nie aus den Augen verlieren, dass das Zwischenprodukt in einer Gleichgewichtsreaktion gebildet wird, also den Auswirkungen des *Massenwirkungsgesetzes* unterworfen ist. Dadurch ist es unmöglich, dass der Primärprozess bei hoher Lichtintensität – aber niedriger Temperatur – so lange ungebremst Zwischenprodukt bildet, bis der Chloroplast „überläuft".

5.2.2 Lichtreaktionen der Photosynthese

Licht ist ein flüchtiger „Stoff"; er lässt sich zwar einfangen (durch Absorption), aber nicht lagern – jedenfalls nicht in Säcken, wie es in Schilda versucht wurde. Auf verschlungenen Wegen ist der Natur genau dieses Kunststück trotzdem gelungen!
Das Einfangen der Photonen erzeugt Moleküle im angeregten Zustand. Damit ist die Energie des Photons bereits in eine andere Energieform umgewandelt, aber die angeregten Moleküle sind extrem kurzlebig, sodass von einer Lagerung „in Säcken" noch nicht die Rede sein kann.

Die Aufgabe der Lichtreaktionen der Photosynthese besteht darin, die Energie der photonisch angeregten Blattfarbstoffe in chemische Energie umzuwandeln, also in energiereiche und gleichzeitig stabile Moleküle.

1. Schritt *Sammeln der Photonenenergie*

Das Einfangen von Photonen wäre kein Kunststück, jedes Farbstoffmolekül kann das. Aber die Umwandlung in chemische Energie erfordert einen hohen „apparativen" Aufwand, der die eigentliche Hürde darstellt.
Die Blattfarbstoffmoleküle sind in der Thylakoidmembran des Chloroplasten zu **Lichtsammelfallen** gebündelt. Die Chlorophyllmoleküle sind dort nebeneinander auf der Oberfläche eines Trichters angeordnet, mit zueinander parallelen π-Systemen (Abb. 120).

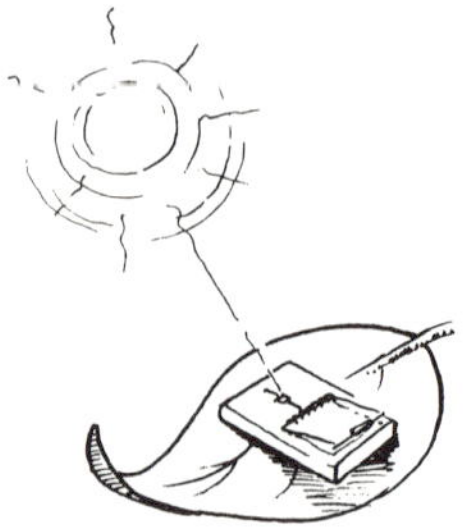

Diese Geometrie des **Antennenkomplexes** bietet zwei Vorteile:

- Die Farbstoffmoleküle schatten sich nicht gegenseitig ab.
- Ein angeregtes Molekül kann seine Energie *strahlungslos*, das heißt durch Resonanzeffekte zwischen den π-Systemen, an ein tiefer im Trichter liegendes Nachbarmolekül weitergeben.
  Damit wandert die Energie der absorbierten Photonen von Molekül zu Molekül auf das **Reaktionszentrum** unter der Lichtsammelfalle zu.

Auf dieser strahlungslosen „Eimerkette" geht zwar Energie verloren, aber die Energiekonzentrierung durch Sammeln macht diesen Verlust wieder

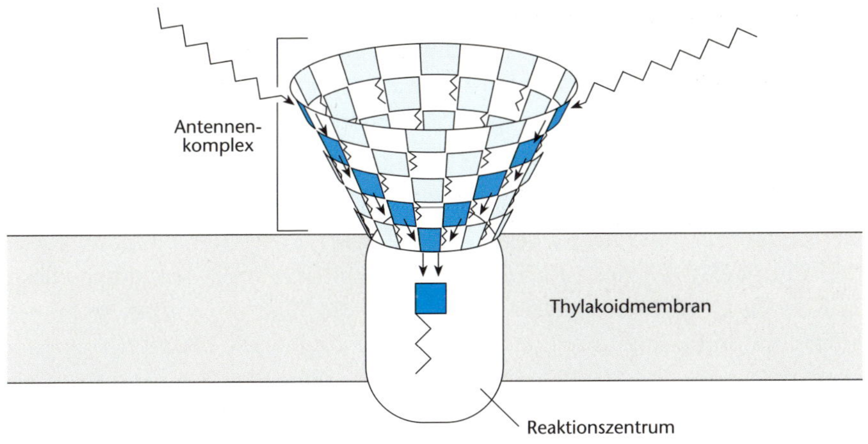

Abb. 120
Schematischer Bau eines Photosystems: Lichtsammelfallen und Reaktionszentrum

wett, denn so kommt der Chloroplast mit relativ wenigen Reaktionszentren aus. Die Energie, die im Reaktionszentrum ankommt, entspricht pro angeregtem Molekül der eines Photons mit einer Wellenlänge zwischen 680 und 700 nm. In diesem Bereich liegen nämlich *Nebenmaxima* der Absorptionskurven der Chlorophylle, vergleiche die Abbildung 116.

Umwandlung der Anregungsenergie in Redoxenergie

2. Schritt

In den Reaktionszentren befinden sich Derivate von Chlorophyll, die wir mit P_{680} und P_{700} bezeichnen. Durch Übertragung der Strahlungsenergie aus dem Antennenkomplex auf diese Farbstoffe entstehen die angeregten Farbstoffmoleküle P^*_{680} bzw. P^*_{700}. Das angeregte, also energiereiche Farbstoffmolekül P^*_{680} bzw. P^*_{700} löst nun einen Redoxvorgang aus: Es gibt ein Elektron an einen Elektronenakzeptor (*Photooxidation*). Dadurch wird es zu P^+_{680} bzw. P^+_{700} oxidiert und fällt gleichzeitig in den Grundzustand zurück. Träger der Energie ist jetzt der Elektronenakzeptor.
Später wird noch ersichtlich werden, wie die verbrauchten (oxidierten) Elektronendonatoren P^+_{680} und P^+_{700} regeneriert und so in den Prozess der Energieumwandlung zurückgeschleust werden.

Die Kombination aus Lichtsammelfalle und Reaktionszentrum bildet ein so genanntes **Photosystem**.
Bei prinzipiell gleichem Aufbau gibt es in der Thylakoidmembran zwei verschiedene Photosysteme: Photosystem I (PS-I) mit dem Farbstoff P_{700} wandelt Energien um, die Photonen von 700 nm Wellenlänge entsprechen, Photosystem II (PS-II) mit P_{680} wandelt bei 680 nm um.

Stabilisierung der Redoxenergie

3. Schritt

Mit der Photooxidation in Schritt 2 wird eine Folge von Reaktionsschritten gestartet, die die Lichtenergie in Form von ATP und $NADPH_2$ stabilisiert. Die

Gesamtheit der von den Photosystemen I bzw. II ausgehenden Teilreaktionen nennt man **Lichtreaktion I** bzw. **Lichtreaktion II**.
Aufgrund der Wechselwirkungen zwischen den beiden Lichtreaktionen werden dabei außerdem die beteiligten Substanzen in den Photosystemen regeneriert.

Die Abbildung 121 fasst die Vorgänge in sehr vereinfachter Form zusammen, auf Kosten der Teilschritte, über die die Energie der Photooxidation bis zu den Endprodukten der Lichtreaktionen kanalisiert wird. An jedem dieser Teilschritte ist ein Redoxsystem beteiligt, das die Elektronen unter Reduktion aufnimmt und dann unter Oxidation wieder abgibt. Die Elektronen werden also durch die Teilschritte „durchgereicht", ohne die Redoxsysteme auf Dauer chemisch zu verändern.
Bei jedem dieser Teilschritte geht etwas Energie verloren (*energetische Bergab-Kette*). Diese Energieverluste sind unvermeidbar, denn nur durch das Aufspalten in Teilschritte können die Verfahrensschritte effektiv gehandhabt und ohne Verlust bringende Nebenreaktionen zum Aufbau der Lichtreaktions-Produkte eingesetzt werden.

Lichtreaktion I

Wir gehen von der Lichtreaktion I aus: Das dort von einem angeregten Molekül P^*_{700} abgegebene Elektron wird schrittweise zum Coenzym NADP weitergegeben, das zu $NADPH_2$ reduziert wird. (Siehe dazu auch den Abschnitt über die Nicotinamid-Nukleotide in 5.1.5.)

$$NADP + H^- + H^+ \xrightarrow{\text{Red.}} NADPH_2$$

In Abbildung 121 wird diese Gleichung in etwas anderer Form verwendet, damit der Weg der Elektronen in den Lichtreaktionen leichter verfolgt werden kann:

$$NADP + 2e^- + 2H^+ \xrightarrow{\text{Red.}} NADPH_2$$

$NADPH_2$ wird in der *Dunkelreaktion* als Reduktionsäquivalent wieder gebraucht.

Für die Produktion von einem Reduktionsäquivalent werden zwei Elektronen benötigt, daher müssen zwei Moleküle P_{700} photooxidiert werden, damit die Bilanz stimmt. Die für die Einhaltung der Stöchiometrie außerdem noch nötigen H^+-Ionen sind ein Nebenprodukt der Spaltung von Wasser. Die Wasserspaltung verläuft am Photosystem II und ist mit der Lichtreaktion II gekoppelt.

Die Lichtreaktion I hat damit ihr Soll erfüllt; allerdings gibt es jetzt ein Elektronendefizit am P^+_{700} im Reaktionszentrum. Die fehlenden Elektronen können auf zwei Wegen wieder ergänzt werden:

- Beim **nichtzyklischen Elektronentransport** werden sie von der Lichtreaktion II zur Verfügung gestellt. Wie die H^+-Ionen kommen diese Elektronen aus der Wasserspaltung.

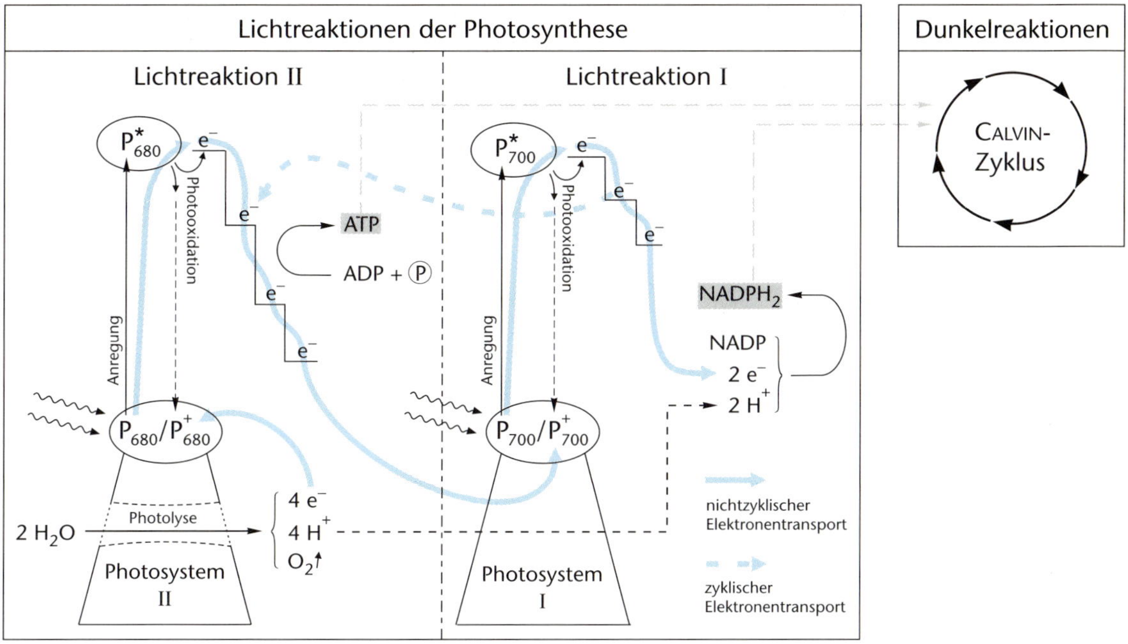

Abb. 121
Schematische Darstellung der Lichtreaktionen der Photosynthese

- Beim **zyklischen Elektronentransport** können sie über die Lichtreaktion II wieder dem Photosystem I zugeführt werden.

Wir werden uns mit diesen Transportwegen später ausführlicher befassen.

Lichtreaktion II

Die Regenerierung des Photosystems I ist nicht die einzige Funktion der Lichtreaktion II; sie stellt im Verlauf der Bergab-Kette auch überschüssige Energie für den Aufbau eines ATP-Moleküls zur Verfügung. Die ATP-Synthese ist allerdings keine Teilreaktion der Lichtreaktion II. Wie wir bald sehen werden, nimmt der Energietransfer einen indirekten Weg.

So wie das PS-I muss auch das Photosystem II regeneriert werden. Dies geschieht durch die Spaltung eines Wassermoleküls unter Elektronenabzug, also durch Oxidation des Sauerstoffs (vgl. Abb. 121 unten). Die Proteine, die die **Photolyse** des Wassers durchführen, gehören zum Photosystem II. Der Begriff Photolyse bedeutet zwar „Spaltung durch Licht“; Licht ist aber nur mittelbar an diesem Spaltungsprozess beteiligt, weil es über die Photooxidation das Oxidationsmittel P^+_{680} erzeugt hat.
Wie die meisten biochemischen Prozesse verläuft auch die PS-II-Regenerierung durch Photolyse über mehrere Teilschritte.

Die Erzeugung von einem Mol Sauerstoff setzt vier Elektronen frei, die das PS-II regenerieren.

$$2\,H_2O \longrightarrow O_2 + 4e^- + 4\,H^+$$

Abb. 122
Bilanzgleichung der Photolyse von Wasser

Vom Photosystem II aus betrachtet bedeutet diese Bilanzgleichung: Vier Photonen erzeugen ein Molekül Sauerstoff, vier Elektronen und vier H^+-Ionen.

Der molekulare Sauerstoff spielt in der Photosynthese weiter keine Rolle mehr. Die Elektronen gehen über Photosystem II und Photosystem I direkt in die $NADPH_2$-Bildung ein.
Auch alle H^+-Ionen werden für $NADPH_2$ benötigt. Es findet aber kein Transport *dieser* H^+-Ionen zum Ort der NADP-Reduktion statt. Ihre Beteiligung an der $NADPH_2$-Bildung erfolgt indirekt in Form einer Ansäuerung des Thylakoidlumens. Der Grund für die Ansäuerung dieses Bereiches ist der räumliche Bau des Photosystems II: Die Photolyseproteine des PS-II befinden sich im Innern des Lumens und können ihre Reaktionsprodukte nur dorthin abgeben (Abb. 123).

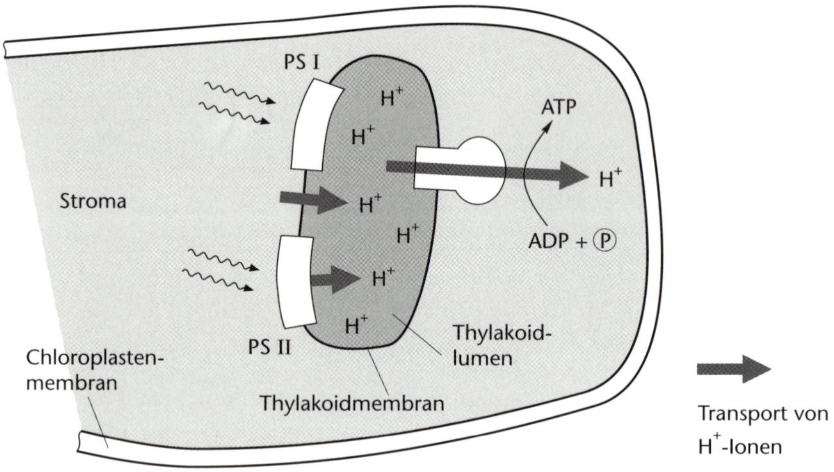

Abb. 123
H^+-Ionen-Gradient und ATP-Bildung an der Thylakoidmembran des Chloroplasten

Es ist also die Absenkung des pH-Wertes innerhalb des Thylakoidlumens, die parallel zur NADP-Reduktion über das MWG die Protonierung zum $NADPH_2$ bewirkt.

Betrachtet man die beiden Lichtreaktionen gemeinsam, so kann man drei chemische Prozesse voneinander abgrenzen:

- den *nichtzyklischen Elektronentransport*, bei dem die Elektronen den durchgezogenen blauen Linien in Abbildung 121 folgen: Mit einem Elektron aus der Photolyse des Wassers wird ein oxidiertes P^+_{680}-Farbstoffmolekül, das noch aus einer früheren Lichtreaktion II stammt, zu P_{680} reduziert. Mit der nächsten Anregung durch Licht unterliegt P_{680} wieder einer Photooxidation und gibt ein Elektron an die Bergab-Kette der Lichtreaktion II ab. Im Verlauf der Bergab-Kette wird Energie für die ATP-Synthese abgezweigt, danach reduziert das Elektron ein P^+_{700}-Farbstoffmolekül aus dem Photosystem I. P_{700} gibt bei der nächsten Photooxidation ein Elektron an die Bergab-Kette der Lichtreaktion I ab. An deren Ende steht die Bildung von $NADPH_2$.

Bilanz des nichtzyklischen Elektronentransports: Sauerstoff wird freigesetzt, $NADPH_2$ wird gebildet, Energieabgabe für die ATP-Synthese.

- den *zyklischen Elektronentransport*, bei dem die Elektronen aus der Photooxidation von P_{700} aus der Lichtreaktion I ausscheren und der gestrichelten blauen Linie in Abbildung 121 folgen:
  Infolge des Überwechselns der Elektronen auf ein Redoxsystem der Lichtreaktion II kann kein $NADPH_2$ gebildet werden. Stattdessen wird im Verlauf der Lichtreaktion II Energie für die ATP-Synthese abgezweigt und am Ende der Bergab-Kette werden P^+_{700}-Farbstoffmoleküle reduziert. Der Kreis hat sich geschlossen.

  Bilanz des zyklischen Elektronentransports: Regenerierung des Photosystems I, Energieabgabe für die ATP-Synthese. Diese Transport-Alternative ist also weniger leistungsfähig als der nichtzyklische Elektronentransport, sie ist dafür aber nicht auf das Photosystem II angewiesen.

- Der Grundstein zum Aufbau von ATP wird gelegt.

Den Aufbau von ATP müssen wir jetzt noch etwas genauer unter die Lupe nehmen.

Da die ATP-Synthese als Phosphorylierung von ADP nach der Gleichung

$$ADP + Ⓟ \longrightarrow ATP$$

verläuft, hat man den ATP-Aufbau in der Thylakoidmembran als **Photophosphorylierung** bezeichnet. Die Bezeichnung ist allerdings etwas irreführend, weil ATP keinesfalls *direkt* durch Lichteinwirkung entsteht.
Ein indirekter Zusammenhang besteht aber durchaus: Einer der bei der Lichtreaktion II beteiligten Redoxkomplexe wirkt nämlich als **H^+-Ionen-Pumpe**. Er transportiert H^+-Ionen vom Stroma ins Lumen.

Diese H^+-Ionen-Pumpe und die Photolysereaktion (Abb. 122) tragen gemeinsam zur Entstehung eines **H^+-Ionen-Gradienten*** zwischen Thylakoidinnenraum und Stroma des Chloroplasten bei. Der pilzförmige ATP-Syntase-Komplex in der Thylakoidmembran rechts (vgl. Abb. 123) nutzt diesen Konzentrationsunterschied zur Produktion von ATP.
Den Mechanismus der ATP-Bildung über eine H^+-Ionen-Pumpe bezeichnet man als **chemiosmotische Theorie**. Sie beschreibt allgemein die ATP-Erzeugung als Folge von H^+-Ionen-Gradienten über Membranen hinweg. Da die Verhältnisse bei der Atmungskette ähnlich sind, werden wir dieser Theorie in Abschnitt 5.3.3 wieder begegnen.
(Eine ausführlichere Beschreibung des Zusammenhangs zwischen H^+-Ionen-Gradient und ATP-Bildung finden Sie in ML 691 im Abschnitt „Atmungskette/ATP-Synthese".)

Mit jedem Mol Sauerstoff entstehen in den Lichtreaktionen auch drei Mol ATP. Somit liegen nun alle Informationen vor, die für eine Bruttogleichung der Lichtreaktionen benötigt werden:

$$12\,H_2O + 12\,NADP + 18\,ADP + 18\,Ⓟ \xrightarrow{h \cdot \nu} 6\,O_2 + 12\,NADPH_2 + 18\,ATP$$

Bilanzgleichung der Lichtreaktionen der Photosynthese

Die Stöchiometrie dieser Gleichung ist analog zur Bruttogleichung der Gesamtreaktion (erste Seite von Abschnitt 5.2) auf die Bildung von einem Mol Glukose bezogen.

Zum Eingang dieses Abschnittes war als Aufgabe der Lichtreaktionen angegeben worden, Lichtenergie in die chemische Energie energiereicher Moleküle zu überführen. Diese Moleküle sind ATP und $NADPH_2$.

5.2.3 Dunkelreaktionen der Photosynthese

Die Dunkelreaktionen laufen im Stroma des Chloroplasten ab. Sie bilden einen Kreisprozess, der nach seinem Entdecker auch CALVIN*-Zyklus genannt wird. Beim Vergleich der Bilanzgleichung der Lichtreaktionen der Photosynthese mit der Bruttoreaktion der Photosynthese erkennt man sofort, dass die *Umwandlung von Kohlenstoffdioxid in Kohlenhydrat* ein zentraler Bestandteil der Dunkelreaktionen sein muss. Endprodukte aus dem Kreisprozess sind Hexosen* wie Glukose, die dann in Stärke umgewandelt wird.

Die Kohlenstoffkette des C_6-Körpers* Glukose wird im CALVIN-Zyklus nicht von Grund auf aus dem C_1-Körper CO_2 neu aufgebaut. Stattdessen wird ein CO_2-Molekül an einen C_5-Körper addiert. Es entsteht ein C_6-Körper mit verzweigter Kette, der rasch in zwei identische C_3-Körper zerfällt (siehe unten). Diese werden reduziert und dann teilweise aus dem CALVIN-Zyklus ausgegliedert (zur Glukosebildung), zum größeren Teil bilden sie aber das Ausgangsmaterial für die Rückbildung der C_5-Körper, mit denen der Zyklus begonnen hat.
Eine zusammenfassende Darstellung der Dunkelreaktionen, in der bereits die Stöchiometrie berücksichtigt ist, gibt die gegenüberliegende Abbildung 124.

CALVIN-Zyklus, Schritt 1

Im ersten Schritt wird CO_2 an einen **Kohlenstoffdioxidakzeptor** gebunden, den C_5-Körper Ribulose-1,5-diphosphat. Das instabile Zwischenprodukt zerfällt unter Wasserverbrauch in zwei Moleküle Glycerinsäure-3-phosphat.

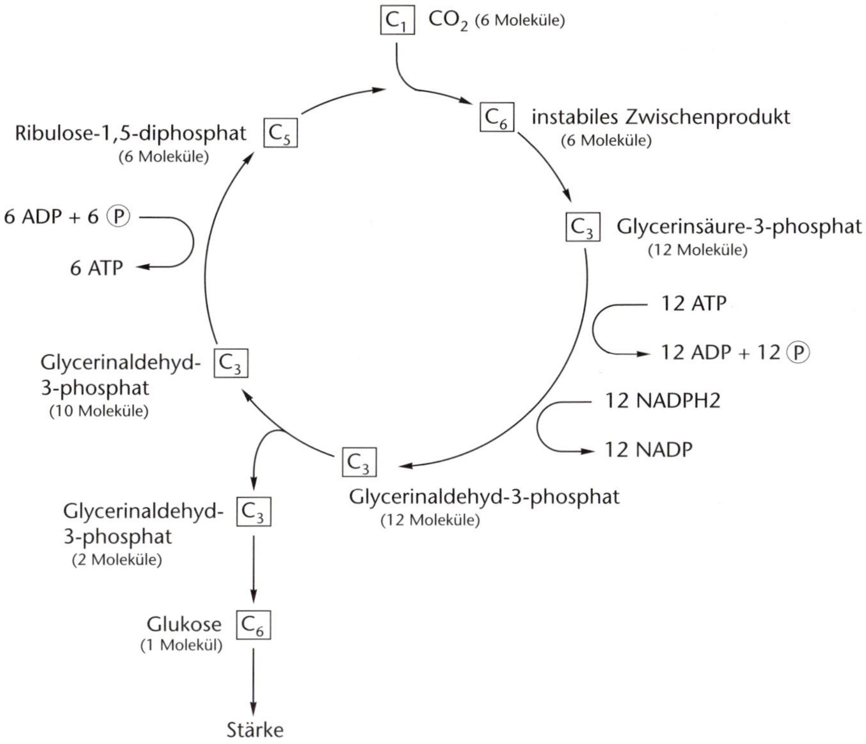

Abb. 124
Vereinfachte Darstellung des CALVIN-Zyklus

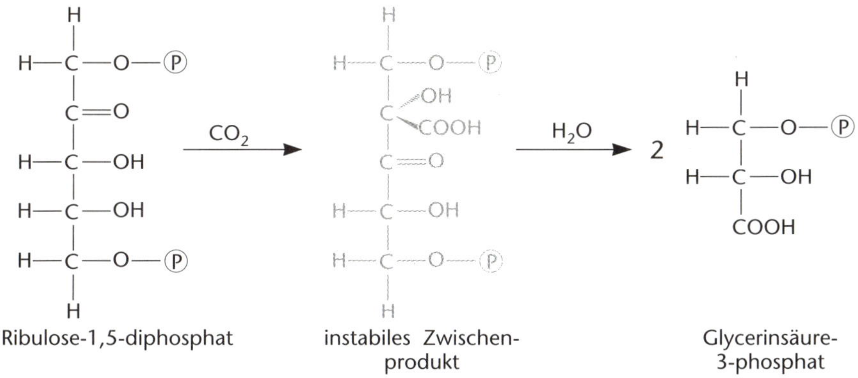

Abb. 125
Bildung von Glycerinsäure-3-phosphat im CALVIN-Zyklus aus Kohlenstoffdioxid und Ribulose-1,5-diphosphat

CALVIN-Zyklus, Schritt 2

Im zweiten Schritt wird Glycerinsäure-3-phosphat zu Glycerinaldehyd-3-phosphat reduziert (Abb. 126). Dieser C_3-Körper ist ein Triosephosphat; der Prozess der Photosynthese hat sich also in dieser Stufe dem Aufbau von energiereichen Kohlenhydraten bereits weitgehend angenähert.
Für die Reduktion wird das in den Lichtreaktionen aufgebaute $NADPH_2$ benötigt. Die für den Vorgang nötige Energie liefert ATP.

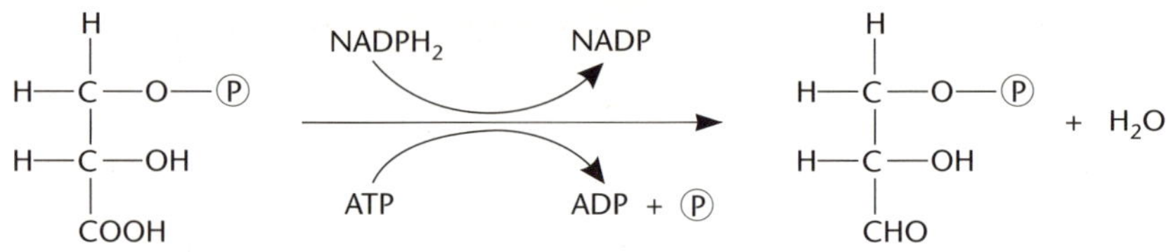

Glycerinsäure-3-phosphat

Glycerinaldehyd-3-phosphat

Abb. 126
Reduktion von Glycerinsäure-3-phosphat im CALVIN-Zyklus

CALVIN-Zyklus, Schritt 3

Ein Sechstel der gebildeten C_3-Körper wird nun für die Stärkesynthese aus dem CALVIN-Zyklus ausgegliedert, der Rest wird zu Ribulose-1,5-diphosphat recycelt. Details zu diesem Vorgang finden Sie in ML 691 unter „Sekundärprozesse der Photosynthese“.

Die Bilanzgleichung der Dunkelreaktionen der Photosynthese lässt sich anhand von Abbildung 124 formulieren:

$$6\,CO_2 + 12\,NADPH_2 + 18\,ATP \longrightarrow C_6H_{12}O_6 + 6\,H_2O + 12\,NADP + 18\,ADP + 18\,Ⓟ$$

Bilanzgleichung des CALVIN-Zyklus in der Photosynthese

In den Dunkelreaktionen wird die in ATP und $NADPH_2$ zwischengespeicherte Lichtenergie zum Aufbau von Glukose aus Kohlenstoffdioxid eingesetzt.

5.2.4 Gesamtbilanz der Photosynthese

Die Addition der Bilanzgleichungen von Licht- und Dunkelreaktionen sollte zur schon bekannten Bruttogleichung der Photosynthese führen. Tatsächlich erhält man aber auf der Eduktseite die doppelte Menge an Wasser, von der allerdings die Hälfte auf der Produktseite wieder auftaucht.

Die reale Bruttogleichung der Photosynthese lautet:

$$6\,CO_2 + 12\,H_2O \xrightarrow{h \cdot \nu} C_6H_{12}O_6 + 6\,H_2O + 6\,O_2 \qquad \Delta H = 2880\ kJ \cdot mol^{-1}$$

Beide Formulierungen der Bruttogleichung stimmen also in der Massenbilanz überein! Die reale Bruttogleichung berücksichtigt aber, dass der frei werdende molekulare Sauerstoff *ausschließlich* aus dem Wasser entsteht. Kohlenstoffdioxid trägt dazu nichts bei.

Diese Aussage hat sich ganz von selbst aus der Zusammenführung der Analyseergebnisse für die Licht- und die Dunkelreaktionen ergeben; sie lässt sich aber auch unabhängig davon mit der **Tracer-Methode** belegen. Dabei wurde das „normale" Isotop* $^{16}_{8}O$ des Sauerstoffs das eine Mal im Kohlenstoffdioxid, das andere Mal im Wasser vollständig durch das schwerere Isotop $^{18}_{8}O$ ersetzt. Markiert man auf diese Weise CO_2, dann findet man das Isotop $^{18}_{8}O$ fast ausschließlich in der Glukose. Wird H_2O markiert, gelangt $^{18}_{8}O$ praktisch nur in den frei gewordenen molekularen Sauerstoff. Dies beweist, dass das aufgenommene CO_2 an der Sauerstoffbildung nicht beteiligt ist.
Man braucht daher für die sechs Sauerstoffmoleküle (= zwölf Sauerstoffatome), die bei der Synthese eines Glukosemoleküls entstehen, zwölf Moleküle H_2O.

Die Gesamtbilanz der Photosynthese formuliert man also am besten folgendermaßen:

> Zur Synthese eines Moleküls Glukose $C_6H_{12}O_6$ werden sechs Moleküle Kohlenstoffdioxid und zwölf Moleküle Wasser verbraucht. Man erhält neben Glukose sechs Moleküle Sauerstoff und sechs Moleküle Wasser.
> Als Wasserstoffüberträger und Überträger der Lichtenergie dienen dabei 12 Moleküle NADP/$NADPH_2$ und 18 Moleküle ADP/ATP.

Aufgaben 5.8 – 5.14

5.8 Formulieren Sie die reale Bruttogleichung der Photosynthese.

5.9 Der bei der Photosynthese gebildete Sauerstoff stammt aus dem verbrauchten Wasser. Erläutern Sie, wie man dies nachweisen kann.

5.10 Welche Außenfaktoren beeinflussen die Photosyntheseleistung einer Pflanze?

5.11 Beschreiben Sie kurz den Ablauf der Lichtreaktionen der Photosynthese.

5.12 An welchen Orten laufen Licht- und Dunkelreaktionen in der Zelle ab?

5.13 Bei welchen Reaktionsschritten der Dunkelreaktion werden die Reduktionsäquivalente und die ATP-Moleküle benötigt, die in der Lichtreaktion gebildet werden?

5.14 Bei der Photolyse werden dem Sauerstoff des Wassers Elektronen entzogen. Welcher Stoff ist letztendlich der stabile Akzeptor, der die Elektronen aufnimmt, und auf welchem Weg gelangen sie dorthin?

5.3 Energiegewinnung beim Abbau von Kohlenhydraten

Kohlenhydrat abbauende Stoffwechselvorgänge, mit denen der Organismus chemische Energie für sich nutzbar macht, können auf recht unterschiedlichen Reaktionspfaden ablaufen, die sich auch in ihrer Energieausbeute unterscheiden:

- Die **Atmung** ist der **aerobe Abbau**, sie verbraucht gasförmigen Sauerstoff. In der ersten Phase der Atmung wird unter Energiegewinn *Glukose zu Kohlenstoffdioxid oxidiert*. Dabei entsteht Wasserstoff in Form von Reduktionsäquivalenten. In der zweiten Phase der Atmung wird der *Wasserstoff zu Wasser verbrannt*, ebenfalls eine exotherme* Reaktion.
  Die Atmung führt also zu einfachen anorganischen Endprodukten wie Kohlenstoffdioxid und Wasser.

- Der **anaerobe Abbau** findet ohne die Beteiligung von *gasförmigem* Sauerstoff statt. Man muss zwei ganz unterschiedliche anaerobe Abbauprinzipien sorgfältig voneinander unterscheiden:

  - Die **anaerobe Atmung** einiger Bakterienarten verläuft im Prinzip genauso wie die aerobe Atmung. Zur Verbrennung von Wasserstoff werden anstelle von Sauerstoffmolekülen aber sauerstoffreiche Anionen wie Nitrate (NO_3^-) oder Sulfate (SO_4^{2-}) verwendet.
    Der Energiegewinn entspricht dem des aeroben Abbaus; daher wird die anaerobe Atmung im Weiteren nicht näher betrachtet.

  - Die **Gärung** kommt ganz ohne Sauerstoff und damit ohne Wasserstoffverbrennung aus, dafür ist aber auch der Energiegewinn wesentlich geringer. Es entstehen organische Verbindungen wie Milchsäure oder Ethanol als Endprodukte, manchmal auch Kohlenstoffdioxid oder molekularer Wasserstoff. Es wird aber niemals Wasser gebildet.

Viele niedere Organismen wie zum Beispiel Milchsäurebakterien sind *obligate Anaerobier*, weil sie nur zum anaeroben Abbau in der Lage sind. Sie scheiden die Gärungsprodukte als *Endprodukte* aus.
Hefepilze und höhere Lebewesen können beide Abbauverfahren nutzen (*fakultative Anaerobier*). Sie können die Produkte von Gärungsprozessen unter nochmaligem Energiegewinn aerob weiter abbauen.

5.3.1 Die Glykolyse

Ein Stück weit, nämlich bis zur 2-Ketopropansäure (**Brenztraubensäure**), verlaufen aerober und anaerober Abbau der Glukose nach dem gleichen Prinzip, der **Glykolyse**.
Die Glykolyse ist die erste Stufe des abbauenden Stoffwechsels, die im *Zell-*

inneren abläuft, genauer: im Cytoplasma*. Zuvor wurden bei der extrazellulären *Verdauung* die langkettigen Kohlenhydrate (ebenso auch Proteine und Lipide*) enzymatisch in Zuckermoleküle (bzw. Aminosäuren bzw. Fettsäuren/Glycerin) zerlegt.

Die Glykolyse und alle anderen abbauenden Stoffwechselprozesse verlaufen selbstverständlich unter enzymatischer Kontrolle. Auf besondere Hinweise darauf im Text oder in den Reaktionsgleichungen wird im Folgenden verzichtet.

Die Glykolyse beginnt mit Reaktionsschritten, die ATP und damit Energie *verbrauchen*:

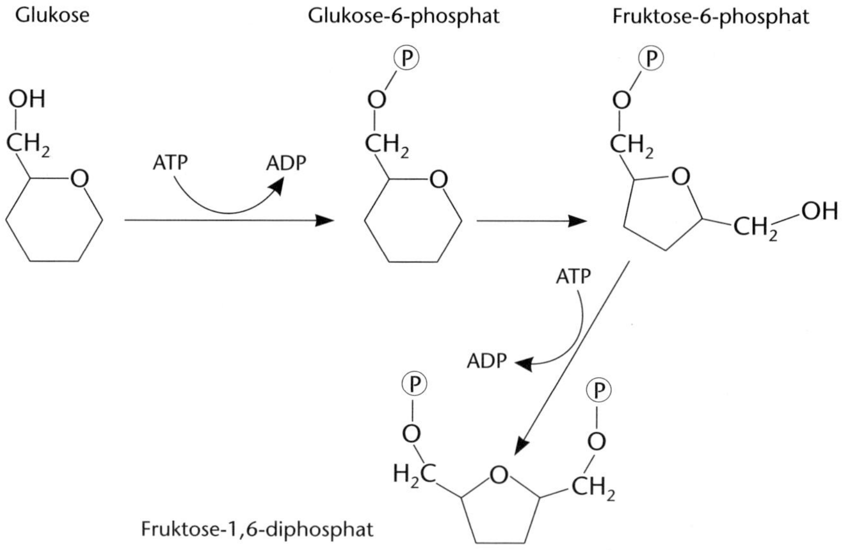

Abb. 127
Energie verbrauchende Reaktionsschritte zu Beginn der Glykolyse

Glukose wird mit ATP phosphoryliert, was ihre Reaktivität erhöht. Es entsteht Glukose-6-phosphat, das sich sofort zu Fruktose-6-phosphat isomerisiert. Dies reagiert unter erneutem Energieverbrauch weiter zu Fruktose-1,6-diphosphat. Das Diphosphat wird in Dihydroxyacetonphosphat und Glycerinaldehyd-3-phosphat gespalten.

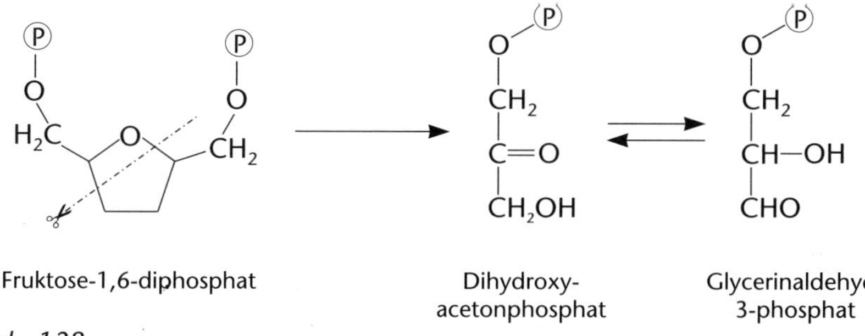

Abb. 128
Spaltung von Fruktose-1,6-diphosphat bei der Glykolyse

Nur das Glycerinaldehyd-3-phosphat kann durch Oxidation zu Glycerinsäure-3-phosphat weiter abgebaut werden (Abb. 129). Dennoch wird die Fruktose *vollständig* zu Glycerinsäure abgebaut, da Dihydroxyacetonphosphat und Glycerinaldehyd-3-phosphat miteinander im Gleichgewicht stehen; bereits verbrauchter Aldehyd wird also ständig aus Dihydroxyacetonphosphat nachgebildet (vgl. Abb. 128).

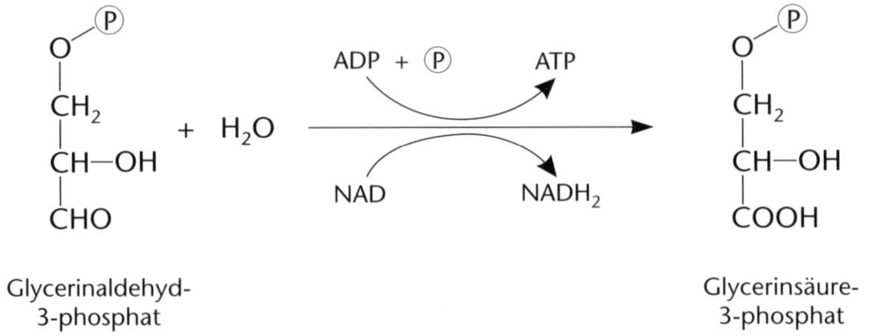

Abb. 129
Oxidation von Glycerinaldehyd-3-phosphat zu Glycerinsäure-3-phosphat bei der Glykolyse (Substratketten-Phosphorylierung)

Die Oxidation von Glycerinaldehyd-3-phosphat zu Glycerinsäure-3-phosphat verläuft über eine mehrstufige Reaktion, auf deren Details wir hier verzichten. Im Zuge dieser Reaktion wird aus ADP und anorganischem Phosphat ATP gebildet. Solche Reaktionsfolgen bezeichnet man als **Substratketten-Phosphorylierung**.

Da die Substratketten-Phosphorylierung für jedes Glukosemolekül zweimal stattfindet, werden aus einem Molekül Glukose zwei Moleküle ATP und zwei Reduktionsäquivalente gebildet.

Der Weiterreaktion zur Brenztraubensäure unter nochmaligem Energiegewinn geht eine Eliminierung am Glycerinsäure-3-phosphat zu einem Enol als Zwischenprodukt voraus:

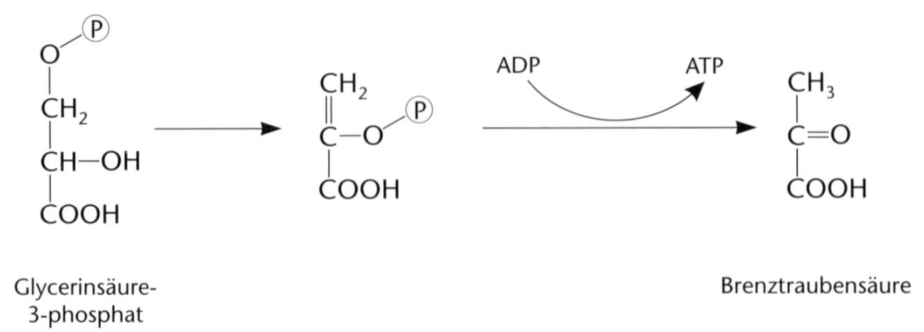

Abb. 130
Entstehung von Brenztraubensäure aus Glycerinsäure-3-phosphat bei der Glykolyse

Die Bilanz der Glykolyse ergibt einen relativ geringfügigen Energiegewinn pro Mol Glukose:

Verbrauch:	-2 mol ATP	Glukose $\rightarrow$ Fruktose-1,6-diphoshat
Gewinn:	$+2$ mol ATP $+2$ mol $NADH_2$	2 Glycerinaldehyd-3-phosphat $\rightarrow$ $\rightarrow$ 2 Glycerinsäure-3-phosphat
	$+2$ mol ATP	$\rightarrow$ 2 Brenztraubensäure
Saldo:	$+2$ mol ATP $+2$ mol $NADH_2$	

Energiebilanz der Glykolyse

Dazu gehört die formale Umsatzgleichung:

$$C_6H_{12}O_6 \longrightarrow 2\,C_3H_4O_3 + 4\,[H] \quad \text{(2 Reduktionsäquivalente)}$$

Die beiden Reduktionsäquivalente werden beim weiteren Abbau der Brenztraubensäure sowohl auf dem Weg über die Atmung als auch über die Gärung regeneriert.

Die Oxidation von Glycerinaldehyd-3-phosphat benötigt keinen Sauerstoff! Diese Unabhängigkeit vom reichlich verfügbaren Oxidationsmittel Sauerstoff kann man durchaus als Hinweis auf das entwicklungsgeschichtliche Alter der Glykolyse deuten, denn in der Frühzeit der Evolution gab es noch keinen freien Sauerstoff auf der Erde. Der Glykolyseprozess hat sich im Lauf der Evolution nicht mehr verändert: Er verläuft auch heute noch bei allen Lebewesen in gleicher Weise.

Anaerober Abbau (Gärung) 5.3.2

Alle aerob Glukose abbauenden Organismen können bei Bedarf den Abbau durch Gärung benutzen.

Gärungen sind ATP liefernde Energiestoffwechsel, die ohne Sauerstoff als Oxidationsmittel ablaufen.

Ein Grund zur Nutzung der Gärung kann ein plötzlich entstehender Bedarf an *rasch* verfügbarer Energie sein, zum Beispiel in den Muskeln bei intensiver körperlicher Betätigung.
Gärungsprozesse können schneller auf hohe Reaktionsumsätze beschleunigt werden, weil für sie kein externer Sauerstoff herangeholt und für die Verfügbarkeit in der Zelle präpariert werden muss. Alle für die Gärung benötigten Stoffe stehen in der Zelle zur Verfügung.

Freier Sauerstoff ist ein Zellgift!

Bis zur Stufe der Brenztraubensäure (Glykolyse) verlaufen alle Gärungen einheitlich. Für den darüber hinausgehenden Abbau der Brenztraubensäure ohne Sauerstoffbeteiligung hat die Natur viele Varianten entwickelt. Die beiden für den Menschen wichtigsten sind die *Milchsäuregärung* und die *Alkoholgärung*, benannt nach den Endprodukten.
Wir werden bei beiden Prozessen sehen, dass mit der Weiterverarbeitung der Brenztraubensäure kein Energiegewinn mehr verbunden ist. Dennoch ist diese Weiterverarbeitung sinnvoll, denn sie regeneriert das bei der Glykolyse entstandene $NADH_2$. Andernfalls träte schnell ein NAD-Mangel in der Zelle ein und die Energie liefernde Glykolyse käme zum Stillstand.

Milchsäuregärung

Die NAD-Regenerierung erfolgt bei der Milchsäuregärung sehr direkt: Die Ketogruppe der Brenztraubensäure wird von einem Reduktionsäquivalent zur Alkoholgruppe reduziert.

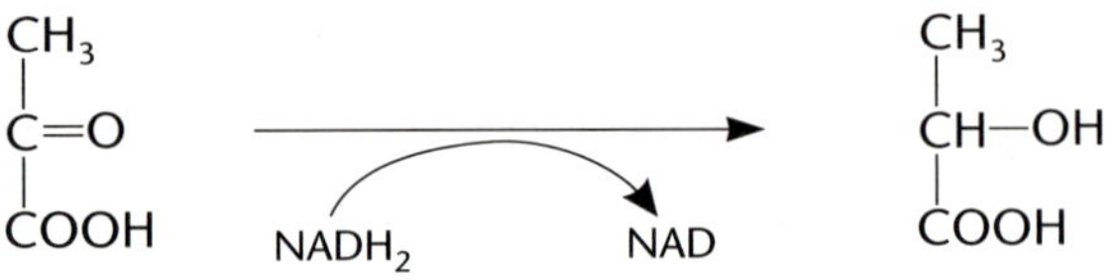

Brenztraubensäure — Milchsäure

Abb. 131
Brenztraubensäure-Reduzierung bei der Milchsäuregärung

Die *Skelettmuskulatur* verwendet diesen Stoffwechselweg zur Energieproduktion, wenn die Muskeln nicht ausreichend mit Sauerstoff versorgt werden können. Durch die gebildete Milchsäure droht eine Übersäuerung von Blut und Muskulatur. Daher wird die Milchsäure teilweise in der Leber in Glukose umgewandelt – obwohl dieser Vorgang Energie verbraucht. Teilweise wird die Milchsäure auch in den von jeder körperlichen Anstrengung mitbetroffenen Herzmuskelzellen zur Brenztraubensäure oxidiert und in dieser Form zur aeroben Verbrennung genutzt.
Wenn der Abbau der Milchsäure bei längerer Anstrengung mit ihrem Aufbau nicht mithalten konnte, dann gibt es Muskelkater.

Bei *Milchsäurebakterien* ist die Milchsäure das Endprodukt ihres Stoffwechsels. Wir nutzen die Bakterien zum Beispiel in der Lebensmittelindustrie oder in der Landwirtschaft zur Herstellung von Joghurt, Käse und Buttermilch oder auch zur Herstellung von Sauerkraut, sauren Gurken und Silage (Gärfutter aus grünem Pflanzenmaterial). Das Sauerwerden der Produkte trägt dabei gleichzeitig zu ihrer Konservierung bei, denn es verhindert die Fäulnis.

Alkoholgärung

Bei dieser Gärungsvariante wird vor der NAD-Regenerierung die Kettenlänge der Brenztraubensäure durch Decarboxylierung verkürzt. Als Zwischenprodukt entsteht so Ethanal (Acetaldehyd).

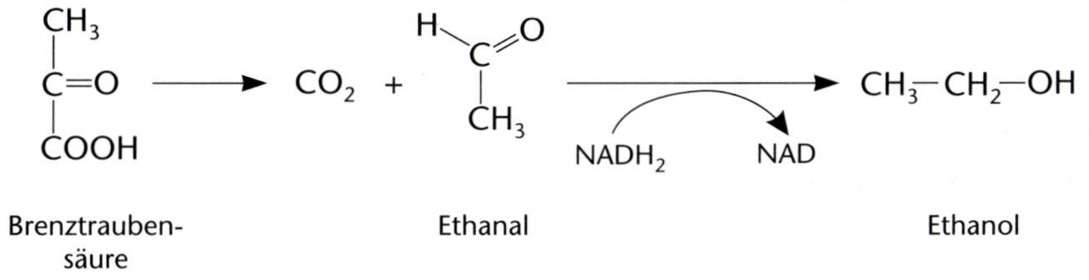

Abb. 132
Brenztraubensäure-Abbau bei der Alkoholgärung

Bei Mikroorganismen ist die Alkoholgärung ein häufig vorkommender Weg zum Energiegewinn bei Luftabschluss. An erster Stelle wären hier die Hefepilze zu nennen, bei deren Ausscheidungsprodukten der Mensch nichts verkommen lässt (Kohlenstoffdioxid beim Backen, Ethanol bei jeder Art von Trinkalkoholherstellung).
Nicht nur für den Menschen, auch für die Hefezellen ist Ethanol, wie jedes Ausscheidungsprodukt, ein Gift. Deswegen kommt die alkoholische Fassgärung bei einer Anreicherung der Alkoholkonzentration auf ca. 16% zum Stillstand.

Aerober Abbau (Atmung)

5.3.3

Mitochondrien sind die Zellorganellen, in denen unter Sauerstoffverbrauch Energie gewonnen wird.

Beim aeroben Abbau laufen die Folgereaktionen der Glykolyse in den Mitochondrien ab.

- Die erste Stufe der Verbrennung in den Mitochondrien ist die oxidative Decarboxylierung der Brenztraubensäure. Es wird **aktivierte Essigsäure** (Acetyl-CoA) gebildet.
- Acetyl-CoA wird in den **Zitronensäure-Zyklus** eingespeist und unter Wasserstoff-Abspaltung (als Reduktionsäquivalente) zu Kohlenstoffdioxid oxidiert.
- Der letzte Schritt ist die **Atmungskette**. Dort wird der Wasserstoff aus den Reduktionsäquivalenten zu Wasser verbrannt.

Zitronensäure-Zyklus (Krebs*-Zyklus)

Die komplexe Reaktionsfolge des Zitronensäure-Zyklus läuft im *Innenraum* der Mitochondrien ab (Abb. 133).

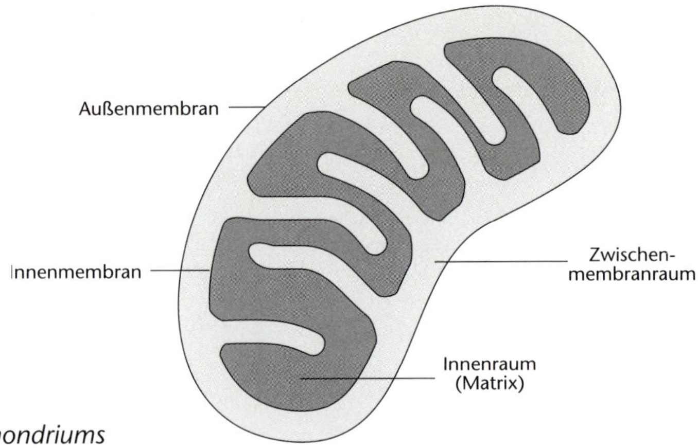

Abb. 133
Bau eines Mitochondriums

In einer *Vorstufe* zum eigentlichen Zyklus wird aus Brenztraubensäure ein Molekül CO_2 abgespalten, anschließend wird durch Wasserstoffabspaltung oxidiert. Diese Vorstufe zum Zitronensäure-Zyklus heißt **oxidative Decarboxylierung**. Neben mehreren Enzymen sind daran auch das Coenzym NAD und das Coenzym A beteiligt.

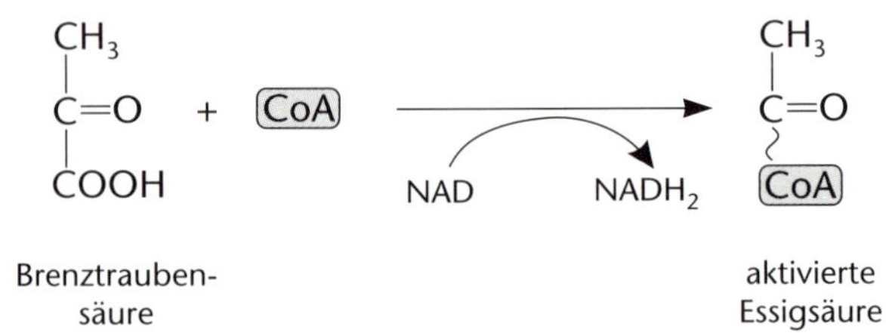

Abb. 134
Oxidative Decarboxylierung der Brenztraubensäure zur aktivierten Essigsäure

Coenzym A wird über eine Schwefelbrücke an den Acetylrest gebunden.

Neben Kohlenstoffdioxid und einem Reduktionsäquivalent ($NADH_2$) entsteht die aktivierte Essigsäure, ein an CoA gebundener Ethansäurerest (Acetylrest). Die aktivierte Essigsäure wird vom Akzeptormolekül Oxalessigsäure* in den Zitronensäure-Zyklus eingeschleust. Bei diesem Vorgang spaltet sich CoA wieder vom C_2-Körper Acetyl ab. Der Acetylrest verbindet sich unter Wasserverbrauch mit dem C_4-Körper Oxalessigsäure zum namensgebenden C_6-Körper Zitronensäure.
Das stark vereinfachte Schema des Zitronensäure-Zyklus in Abbildung 135 beginnt mit dieser Eingliederungssequenz.

Details des Zitronensäure-Zyklus finden Sie in jedem Lehrbuch, auch in der Mentor Abiturhilfe ML 691 „Stoffwechselbiologie". Wir begnügen uns in Abbildung 135 mit den grundlegenden Betrachtungen zu Kettenabbau, Energie- und Umsatzbilanz:

- Nach Isomerisierung zur Isozitronensäure wird decarboxyliert und Wasserstoff auf NAD übertragen. Es entsteht der C_5-Körper α-Ketoglutarsäure*.
- Die nächste Decarboxylierung führt zum C_4-Körper Bernsteinsäure*. Bei diesem mehrstufigen Abbauschritt wird ATP gewonnen und Wasser ver-

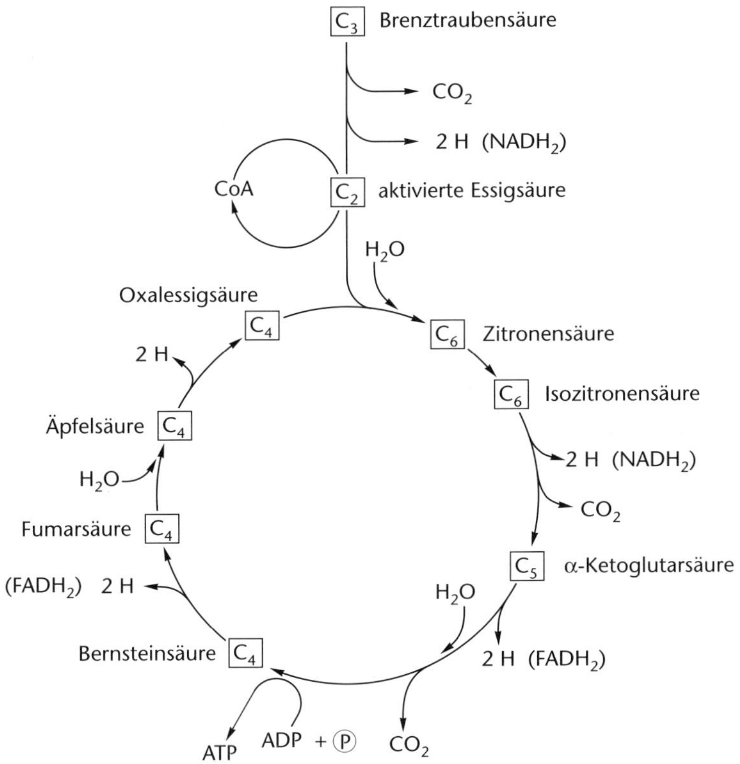

Abb. 135
Prinzip des Zitronensäure-Zyklus

braucht. Als Reduktionsäquivalent entsteht nicht $NADH_2$, sondern $FADH_2$. Der prinzipielle Unterschied ist gering, er wirkt sich aber später auf die Energiebilanz aus.

- Die Oxidation der Bernsteinsäure zur Fumarsäure liefert ein weiteres Reduktionsäquivalent.
- Die Fumarsäure wird unter Wasseraddition in Äpfelsäure umgewandelt.
- Aus Äpfelsäure entsteht wieder der Acetyl-CoA-Akzeptor Oxalessigsäure; ein Reduktionsäquivalent wird dabei freigesetzt.

Die formale Umsatzgleichung des kompletten Zitronensäure-Zyklus einschließlich Vorstufe ergibt für ein Molekül Brenztraubensäure:

$$C_3H_4O_3 + 3\,H_2O \longrightarrow 3\,CO_2 + 10\,[H] \quad \text{(5 Reduktionsäquivalente)}$$

Der direkte Energiegewinn ist mit einem Mol ATP auch hier gering. Der *indirekte* Energiegewinn ist aber beträchtlich, denn mit den Redoxäquivalenten wurde ein Wasserstoff-Energiereservoir aufgebaut, das in der Atmungskette abgerufen wird.

Gemeinsam mit der Glykolyse kommt man auf einen Energiegewinn von 4 mol ATP pro Mol Glukose. Die zugehörige formale Umsatzgleichung zeigt allerdings, dass die Hälfte des in Glykolyse und Zitronensäure-Zyklus erzeugten Wasserstoffs aus den verbrauchten Wassermolekülen stammen muss:

$$C_6H_{12}O_6 + 6\,H_2O \longrightarrow 6\,CO_2 + 24\,[H] \qquad \text{(12 Reduktionsäquivalente)}$$

Abb. 136
Umsatzbilanz der Glukosezerlegung für Glykolyse und Zitronensäure-Zyklus

Der Zitronensäure-Zyklus wandelt die in der aktivierten Essigsäure gebundene chemische Energie in die leichter abrufbare Energie der Reduktionsäquivalente um. Außerdem wird noch etwas ATP gewonnen. Es steckt also ein großes Potenzial in diesem Kreislauf, das der Organismus in mehrfacher Weise nutzt: Im Abschnitt 5.4 werden wir sehen, dass auch der Abbau von Proteinen und Fetten aktivierte Essigsäure, also Futter für den Zitronensäure-Zyklus, erzeugt.

Atmungskette

Der Wasserstoff, der bei Glykolyse und Zitronensäure-Zyklus in Form von Reduktionsäquivalenten gewonnen wurde, wird in der Atmungskette zu Wasser oxidiert. Es ist im übertragenen Sinn durchaus korrekt, hier von „Verbrennung" des Wasserstoffs zu sprechen, denn er wird letztlich auf den beim Atmen aufgenommenen molekularen Sauerstoff übertragen.

Auch die Atmungskette läuft in den Mitochondrien ab; sie ist aber im Gegensatz zum Zitronensäure-Zyklus an die *Innenmembran* der Mitochondrien gebunden (vgl. Abb. 133).

Die Folgen einer direkten Oxidation von Wasserstoff durch Sauerstoff wären für die Zelle fatal (Knallgasreaktion!). Es ist die Aufgabe der Mitochondrien-Innenmembran, den Oxidationsvorgang in beherrschbare Teilschritte zu zerlegen. In der Abbildung 137 sind diese Vorgänge schematisch zusammengefasst.

Der Wasserstoff wird nach der Abtrennung von $NADH_2$ (bzw $FADH_2$) oxidiert, das heißt, in H^+-Ionen und Elektronen zerlegt.
Die Elektronen durchlaufen eine mehrstufige **Transportkette** in der inneren Mitochondrienmembran. Die Transportkette wird wie bei der Photosynthese mithilfe verschiedener Redoxsysteme realisiert. Am Ende der Transportkette entstehen komplex gebundene O^{2-}-Ionen, die dann von Wasserstoffionen zu Wassermolekülen neutralisiert werden.

Diese H^+-Ionen gehen auf die oben erwähnte Oxidation des Wasserstoffs der Reduktionsäquivalente zurück. Die Wasserstoffionen wurden zunächst in den Innenraum der Mitochondrien abgegeben, dann aber unter Mitwirkung der verschiedenen Transportkettenstufen in den *Membranzwischenraum* der

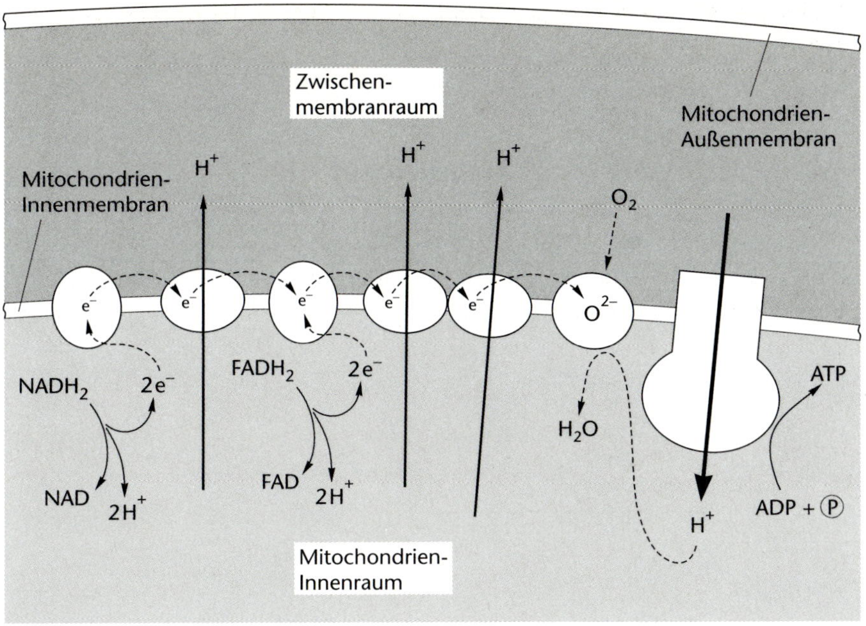

Abb. 137
Schematische Darstellung der Atmungskette

Mitochondrien überführt. So konnte sich ein H^+-Ionen-Gradient quer über die Mitochondrien-Innenmembran hinweg ausbilden.

Diese Vorgänge ähneln verblüffend denen an der Thylakoidmembran bei den Photosynthese-Lichtreaktionen (Abschnitt 5.2.2). Es passiert dann auch in beiden Fällen dasselbe: Der H^+-Ionen-Gradient wird zum Motor der ATP-Synthese!

In der Atmungskette wird die Energie aus der Oxidation des Wasserstoffs zum Aufbau eines H^+-Ionen-Gradienten quer zur Mitochondrien-Innenmembran genutzt. Dieser Gradient treibt die ATP-Produktion voran.

Im Unterschied zur Photophosphorylierung bei der Photosynthese spricht man hier von der **Atmungsphosphorylierung**. Ihre gemeinsame Grundlage ist die *chemiosmotische Theorie*.

Pro Mol $NADH_2$ entstehen 3 Mol ATP, pro Mol $FADH_2$ entstehen 2 Mol ATP. Die formale Umsatzgleichung der Atmungskette, bezogen auf ein Mol Glukose, lautet:

$$24\,[H] + 6\,O_2 \longrightarrow 12\,H_2O$$

Abb. 138
Umsatzbilanz der Atmungskette für ein Molekül Glukose

Gesamtbilanz des aeroben Abbaus

Stoffbilanz und Energiebilanz für Glykolyse, Zitronensäure-Zyklus und Atmungskette sind in Abbildung 139 zusammengefasst.

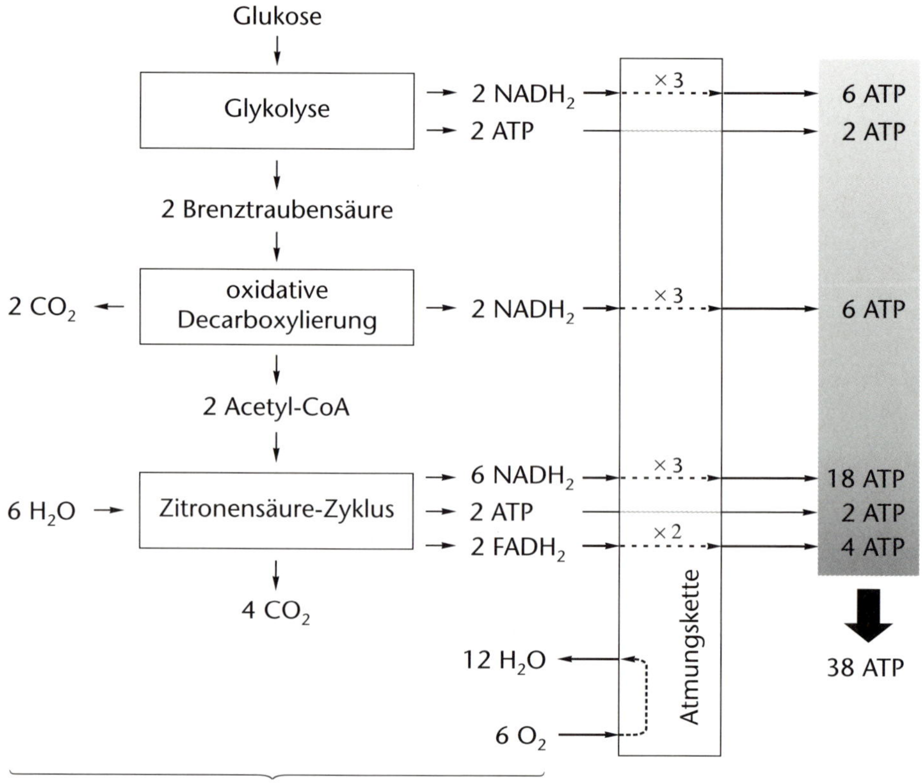

$$C_6H_{12}O_6 + 6\ H_2O + 6\ O_2 \longrightarrow 6\ CO_2 + 12\ H_2O$$

Abb. 139
Gesamtbilanz des aeroben Abbaus von Glukose

Der aerobe Glukoseabbau entsprechend der Umsatzgleichung

$$C_6H_{12}O_6 + 6\ H_2O + 6\ O_2 \longrightarrow 6\ CO_2 + 12\ H_2O$$

ergibt einen Energiegewinn von 38 mol ATP pro 1 mol Glukose.

Aufgaben 5.15 – 5.21

5.15 Formulieren Sie die Summengleichungen für die Alkoholgärung und für die Milchsäuregärung, ausgehend von der Glukose.

5.16 Welche Funktion hat die Reduktion der Brenztraubensäure bei der Milchsäuregärung?

5.17 Beschreiben Sie die Merkmale und Auswirkungen des Zitronensäure-Zyklus und seiner Vorstufe (oxidative Decarboxylierung) in Stichworten.

5.18 Bei Milchsäuregärung, Alkoholgärung und Atmung wird dem Substrat Glukose Wasserstoff entzogen. Geben Sie jeweils die Verbindungen an (mit Formel), die bei diesen Prozessen als Endakzeptoren für die Wasserstoffatome auftreten.

5.19 Erstellen Sie die Bruttogleichungen (einschließlich Coenzyme) für die drei Teilschritte des aeroben Glukoseabbaus. Gehen Sie dabei jeweils von einem Mol Glukose aus.

5.20 Skelettmuskelzellen können fakultativ anaerob Energie gewinnen. Welche Bedeutung hat diese Fähigkeit, unter Sauerstoffmangel auf Milchsäuregärung umschalten zu können?

5.21 In welchen Bereichen der Zelle laufen die Reaktionen des aeroben Kohlenhydratabbaus ab?

Abbau von Fetten und Proteinen 5.4

Fette (Glyceride) sind Ester aus langkettigen Carbonsäuren (Fettsäuren) und Propantriol (Glycerin). Die Mentor Lernhilfe ML 676 „Organische Chemie, Grundwissen" befasst sich in Abschnitt D 1 mit der Chemie der Fette.
Fette aus der Nahrung oder aus dem Depotfett körpereigener Fettzellen werden durch Lipasen hydrolytisch gespalten:

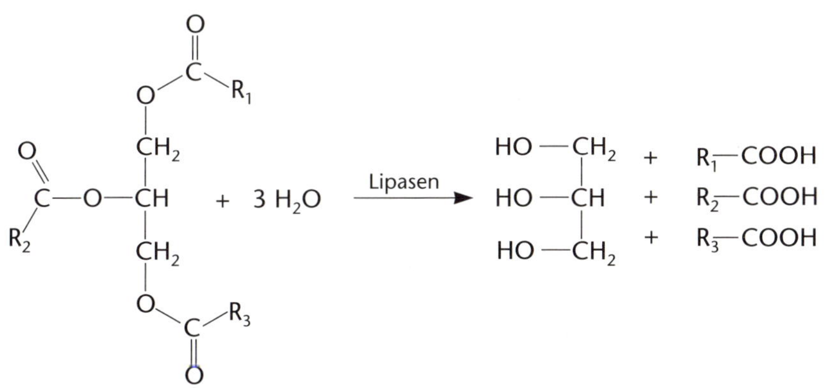

Abb. 140
Fetthydrolyse zu Fettsäuren und Glycerin

In den Zellen werden die Spaltprodukte teils zum Aufbau körpereigener Lipide* verwendet, teils werden sie in den Energiestoffwechsel eingeführt.

Glycerin ist ein C_3-Körper, der für den Abbau in Brenztraubensäure überführt wird und dann dem gleichen Abbaumechanismus wie der aerobe Kohlenhydratabbau (Abschnitt 5.3.3) unterliegt. Mit Details der Überführung in die Brenztraubensäure brauchen wir uns nicht zu beschäftigen.

5.4.1 Fettsäureabbau

Der Abbau einer Fettsäure geht abschnittsweise entlang der Kohlenstoffkette voran: Von der Carboxylseite her werden unter Mitwirkung von Coenzym A jeweils C_2-Körper abgespalten. Das neue Ende der verkürzten Fettsäurekette besteht dann wieder aus einer Carboxylfunktion. Der Abbildung 141 kann man entnehmen, warum man diesen Vorgang als **β-Oxidation** bezeichnet.

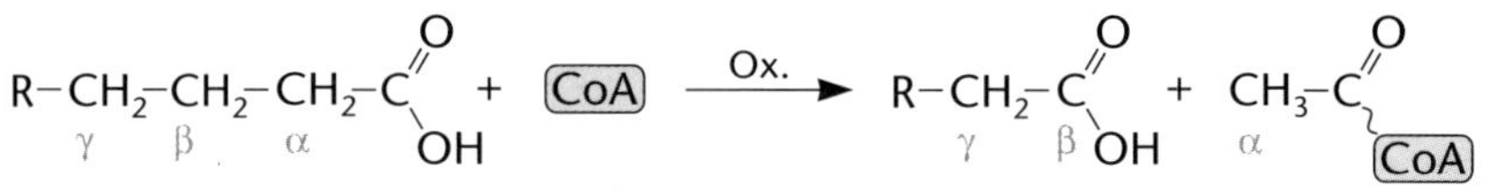

Abb. 141
Grundprinzip der β-Oxidation von Fettsäuren

Der abgespaltene C_2-Körper ist *aktivierte Essigsäure;* sie wird im Zitronensäure-Zyklus weiter abgebaut.

Die gekürzte Fettsäurekette ist allerdings keine *freie* Fettsäure, sondern ebenfalls an CoA gebunden. Sie liegt als so genannte **aktivierte Fettsäure** vor. Dies ist ein wichtiger Vorteil für den weiteren Abbau der Kette, denn bei genauerer Betrachtung des Abbaumechanismus der Fettsäuren sieht man, dass der allererste Schritt zur β-Oxidation viel Energie kostet:

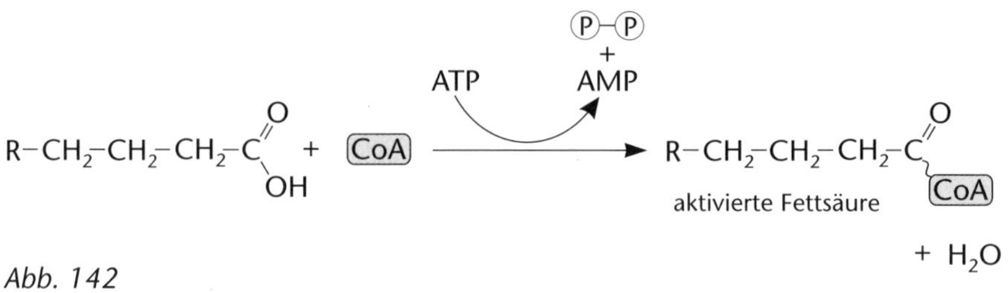

Abb. 142
Fettsäureabbau I: Aktivierung der Fettsäure mit CoA

Den Verbrauch von ATP kann man als Vorschießen von Aktivierungsenergie betrachten, danach erst ist die reaktionsträge Fettsäure zur Abgabe von Wasserstoff bereit: Sie wird zur α,β-ungesättigten Fettsäure oxidiert.

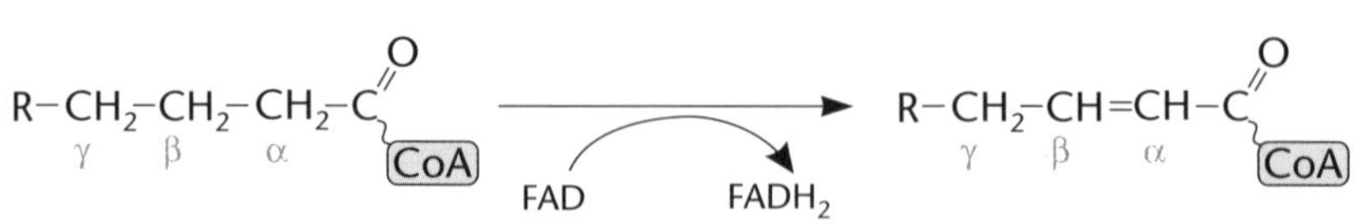

Abb. 143
Fettsäureabbau II: Oxidation der aktivierten Fettsäure zur ungesättigten Fettsäure

Durch Wasseraddition entsteht aus der ungesättigten Fettsäure eine β-Hydroxyfettsäure, die durch NAD zur β-Ketofettsäure oxidiert wird (Abb. 144).

Die Ketofettsäure kann unter Einwirkung von weiterem Coenzym A gespalten werden. Es entstehen aktivierte Essigsäure und eine aktivierte Fettsäure, die um zwei Kohlenstoffatome kürzer ist als die Ausgangsfettsäure.

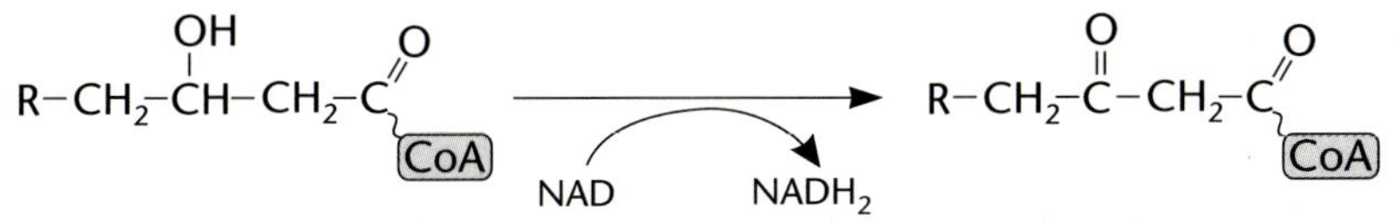

Abb. 144
Fettsäureabbau III: Oxidation zur β-Ketofettsäure

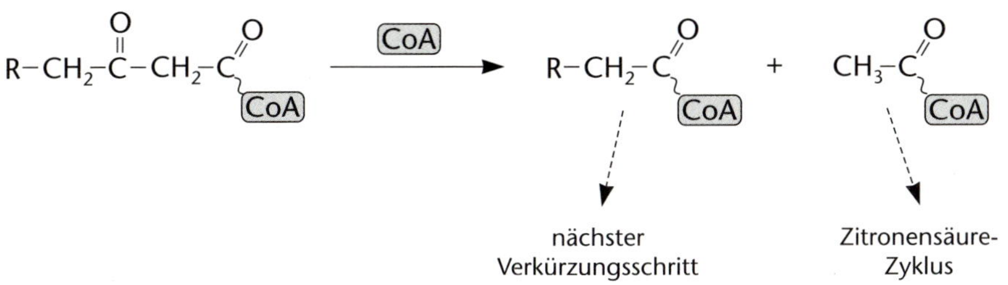

Abb. 145
Fettsäureabbau IV: Abspaltung von Acetyl-CoA

Abbildung 146 fasst den Fettsäureabbau schematisch zusammen:

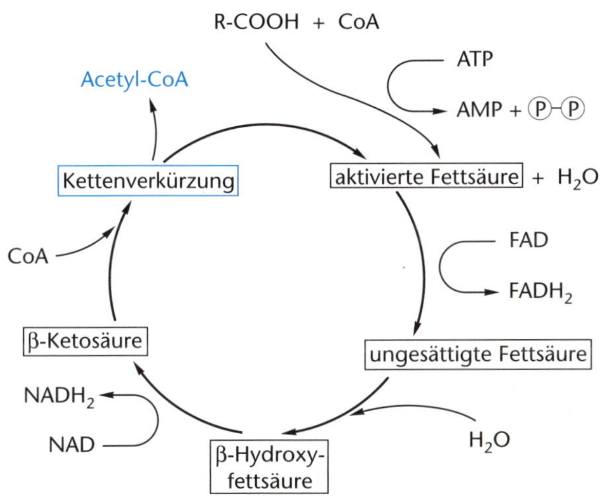

Abb. 146
Schema des Fettsäureabbaus

Fettsäuren werden ebenso wie Glukose zu aktivierter Essigsäure abgebaut, die dann über Zitronensäure-Zyklus und Atmungskette zur ATP-Bildung genutzt wird.

Abbildung 139 und das Schema aus Abbildung 146 kombinieren wir nun zu einer Energiebilanz für den Abbau *eines* C_2-Bruchstücks einer Fettsäure:

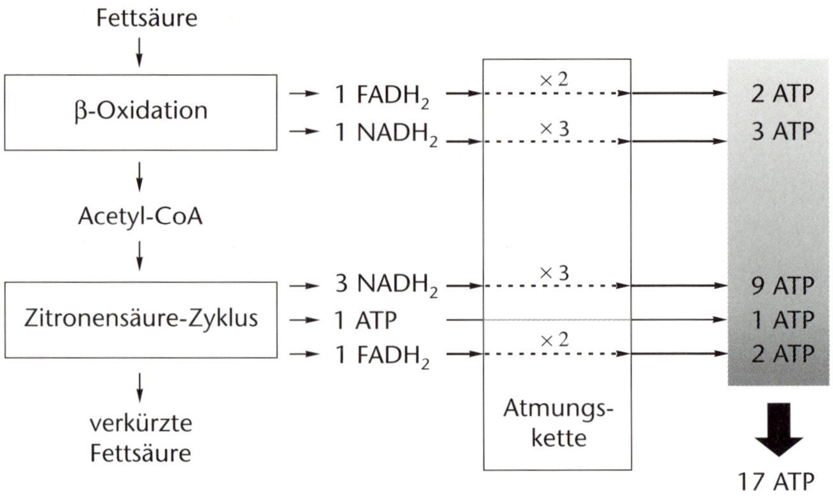

Abb. 147
Energiebilanz für ein C_2-Bruchstück einer gesättigten Fettsäure

Der anfängliche ATP-Verbrauch geht als Aktivierungsenergie nicht in die Bilanz ein. Betrachtet man drei Fettsäure-Bruchstücke gemeinsam, kommt man für diesen „C_6-Körper*" auf einen Gewinn von 51 ATP-Einheiten – deutlich mehr als die 38 ATP-Einheiten, die aus Glukose zu gewinnen sind.
Überraschen darf dieser Vergleich allerdings nicht, schließlich sind Fettsäuren im Wesentlichen langkettige gesättigte Kohlenstoffverbindungen und damit wesentlich weniger oxidiert als Kohlenhydrate!

5.4.2 Proteinabbau

Im Gegensatz zum Umgang mit den Fetten betreibt der Organismus bei Proteinen bzw. Aminosäuren keine Vorratswirtschaft; körperfremde Proteine werden im Verdauungstrakt zu ihren Aminosäuren hydrolysiert. Diese Aminosäuren dienen entweder als Bausteine für den Aufbau von körpereigenem Eiweiß oder aber sie werden zur Gewinnung von Energie oxidativ abgebaut.

Das primäre Problem bei der Verbrennung von Aminosäuren ist die Abspaltung der Aminogruppe vom Kohlenstoffkörper. Es gibt keinen für alle Aminosäuren geeigneten einheitlichen Abspaltungsmechanismus. Ein direkter Weg ist die so genannte **Desaminierung**, eine Oxidation zur Iminosäure* mit anschließender Ammoniakabspaltung durch Hydrolyse:

Desaminierung

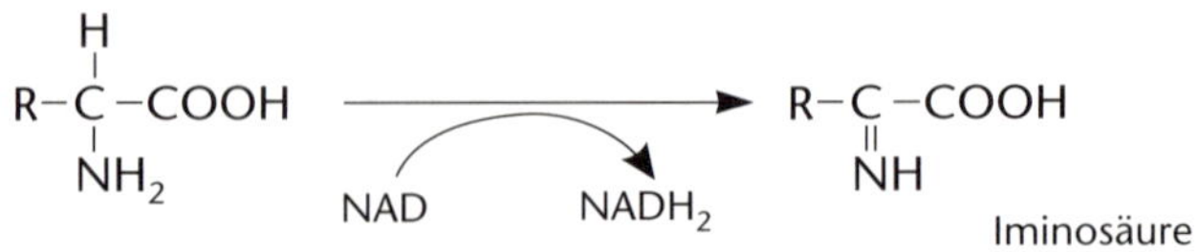

Abb. 148 a
Desaminierung, 1. Schritt: Oxidation der Aminosäure zur Iminosäure

Abb. 148 b
Desaminierung, 2. Schritt: Hydrolyse zu Ammoniak und α-Ketosäure

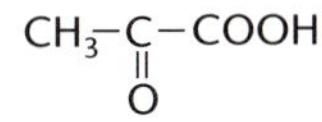

Brenztraubensäure

Als Produkt der Wasseraddition an die C=N-Doppelbindung entsteht eine α-Ketosäure bzw. 2-Oxosäure. Damit ist man schon fast am Ziel angelangt, den Kohlenstoffkörper abzubauen. Schließlich ist die Brenztraubensäure ja auch eine α-Ketosäure.
Der weitere Abbau führt daher, eventuell nach einigen „Überarbeitungsschritten“, zur Eingliederung in den Glukoseabbau oder in den Zitronensäure-Zyklus. Die Stufe, in die eingegliedert wird, kann je nach Kohlenstoffkörper unterschiedlich sein.

Transaminierung

Anstelle der direkten Desaminierung kann es auch zu einer **Transaminierung** kommen.
Die Aminosäure wird dabei ebenfalls zur Ketosäure oxidiert, die Aminogruppe wird aber nicht freigesetzt, sondern enzymatisch auf einen NH_2-Akzeptor *übertragen*. Bei der Beispielreaktion mit 2-Oxoglutarsäure als Akzeptor entstehen so aus Alanin Brenztraubensäure und Glutaminsäure.

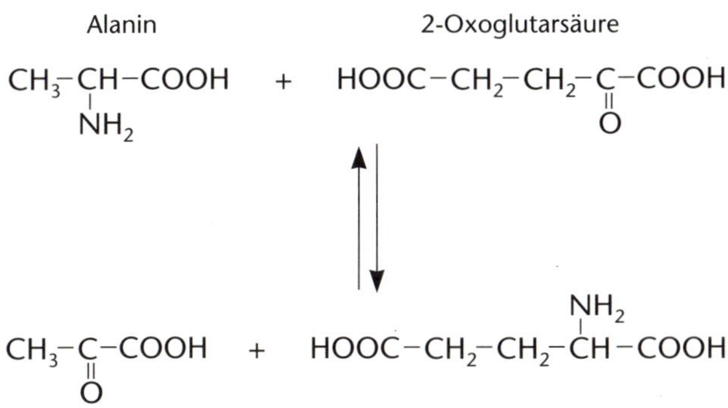

Abb. 149
Transaminierungsreaktion zwischen Alanin und 2-Oxoglutarsäure

Die durch die Übertragung der Aminogruppe entstandene Aminosäure Glutaminsäure kann durch Desaminierung abgebaut werden.

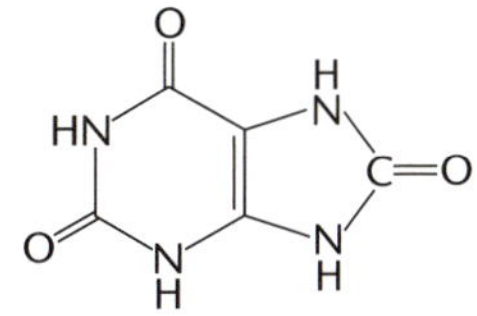

Harnsäure

Der Aminosäuren-Stickstoff wird vom Organismus nicht oxidiert, sondern letztlich immer in Ammoniak umgewandelt. Ammoniak ist ein starkes Zellgift und muss ausgeschieden werden.
Reptilien, Vögel und Insekten scheiden ihn als Harnsäure aus. Amphibien und Säugetiere bilden aus zwei Molekülen Ammoniak und dem Abfallpro-

dukt Kohlenstoffdioxid Harnstoff, selbstverständlich in einer enzymkontrollierten Reaktion:

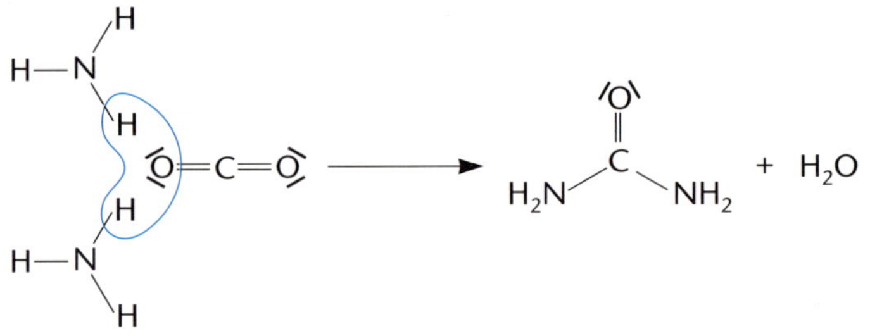

Abb. 150
Umsatzgleichung für die Harnstoffbildung aus Ammoniak

Im Wasser lebende Organismen haben es da einfacher: Einige von ihnen geben Ammoniak direkt an die Umgebung ab.

Aufgaben 5.22 – 5.24

5.22 Warum entstehen beim Fettabbau Bruchstücke aus C_2-Körpern?

5.23 Was sind die Endprodukte des Eiweißabbaus?

5.24 Geben Sie unter Einbeziehung der C=C-Doppelbindung eine mesomere Grenzstruktur für eine α,β-ungesättigte Fettsäure an und erklären Sie mithilfe der Ladungsverteilung in dieser Grenzstruktur, warum die Addition eines Wassermoleküls an die C=C-Doppelbindung zu β-Hydroxyfettsäure und nicht zu α-Hydroxyfettsäure führen muss.

Auf die Perspektive kommt es an!

Der Prüfungsangst

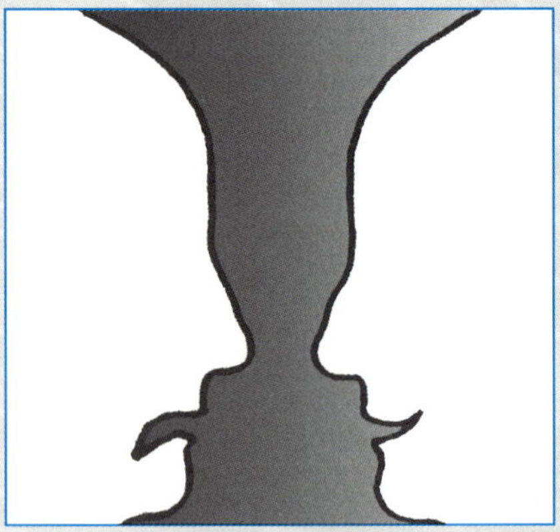

durch eine andere Sicht der Dinge begegnen

Wenn Sie sich einen Horrorfilm anschauen und es wird Ihnen zu viel, dann schalten Sie ab.

Für den Horror der Prüfungsangst gibt es leider keinen solchen Schalter.

Aber Sie sind auch nicht machtlos.

Denn: Wissen ist Macht. Es geht hier nicht um das Wissen für die Prüfung.
Sie müssen etwas über das Wesen der Prüfungsangst wissen, um sie zu besiegen!

Wie entsteht Angst?

Angst entsteht dann, wenn ein Mensch sich einer Situation gegenüber sieht, die er als bedrohlich empfindet und von der er annimmt, dass er sie nicht vermeiden bzw. beherrschen kann.

Schüler mit Prüfungsangst denken (teils bewusst, teils unbewusst), sie könnten die Prüfung nicht bewältigen – unabhängig davon, ob das nun der Wahrheit entspricht oder nicht. Die Prüfungsangst entsteht also im eigenen Kopf.

Typische Gedanken prüfungsängstlicher Menschen sind:

„Ich kann das ja eh nicht",
„Ich kann überhaupt nichts",
„Die Prüfung bestehe ich nur mit Glück!"
(ich misstraue meinen Fähigkeiten),

„Ob ich die Prüfung wohl bestehe?",
„Ich muss die Prüfung bestehen!"
(aber eigentlich zweifle ich daran).

Ändern Sie Ihre Einstellung zu sich selbst und die Prüfungsangst vergeht!

Wie geht das – seine Einstellung zu sich ändern?
Auf den nächsten Seiten finden Sie dazu ein paar Möglichkeiten.

Methode I: Von wegen „Selbstlob stinkt" – Selbstlob hilft!

Pluspunkte suchen

Überlegen Sie sich einmal, was Sie alles können, was positiv an Ihnen ist. Beziehen Sie dabei Ihr ganzes Leben ein – nicht nur die Schule. Jeder Mensch findet bei genauem Hinsehen mindestens 15 Pluspunkte an sich – manchmal braucht man nur länger dazu, weil man blind ist gegenüber seinen eigenen Vorzügen bzw. weil man vielleicht dazu erzogen worden ist, nicht zu positiv über sich selbst zu denken. Freuen Sie sich in aller Stille über Ihre Stärken und fühlen Sie die eigene Kraft.

Die Methode kann man dann weiterführen, z.B. in dem Fach, in dem man schon einige Misserfolge hat einstecken müssen. Auch hier findet man Dinge, die man beherrscht, neben denen, die man tatsächlich nicht kann. Denken Sie an all das, was Sie können! Mit der Stärke, die man aus dem Wissen um die eigenen Fähigkeiten zieht, kann man viel besser die vorhandenen Schwächen angehen und beseitigen.

Langfristige Möglichkeiten auftun

Schwächen zu beseitigen mag Ihnen recht schwierig erscheinen. Aber wenn man dieses Problem längerfristig angeht, wird es beherrschbar:

Sie könnten für die nächsten längeren Ferien einen Paukkurs buchen oder jemanden auftreiben, der Ihnen mal etwas erklären kann. Sie könnten sich Gleichgesinnte für eine „Taskforce-Group" suchen, in der Sie sich gemeinsam vorbereiten, miteinander lernen und vielleicht sich gegenseitig auch etwas erklären können. Ein Buch wie dieses arbeitet sich vielleicht zu zweit oder dritt leichter durch. Und wenn wirklich alle Stricke reißen: Wär's denn so schlimm, wenn Sie die Klasse wiederholen müssten? Sicher wäre es furchtbar ärgerlich und im Prinzip eine doofe Zeitverschwendung – aber die Welt ginge doch nicht unter, oder?

Methode II: Wisse, was du tust!

Führen Sie eine Zeit lang ein Tagebuch über alles, was Sie für die Schule getan haben. Vor einer Klassenarbeit können Sie dann die Stunden zusammenzählen. Nicht selten ist die Zahl viel höher, als Sie sich vorgestellt haben. Wenn ein Schwall von Angst kommt, können Sie sich dann selbstbewusst sagen: *„Ich habe ... Stunden gelernt. Ich habe jedes Kapitel gründlich durchgearbeitet. Ich habe alles getan, was ich tun kann."*

Vorsicht: Einmal ist keinmal!

Für beide Methoden gilt, und das ist ganz, ganz wichtig: Sie dürfen sie nicht nur einmal durchführen, sondern müssen es regelmäßig tun – bis Sie von innen heraus Ihre Art verändert haben, die schulischen Herausforderungen zu betrachten.

Methode III: Den Teufel an die Wand malen, um ihn zu vertreiben

Prüfungen sind deshalb oft so angstbesetzt, weil man sich Katastrophen ausmalt, die – nüchtern betrachtet – gar nicht eintreten werden. *„Wenn ich diese Arbeit verhaue, falle ich durch!"* – Das gilt wirklich nur nach einer langen Reihe von Fünfern und Sechsern und am Jahresende, aber sicher nicht bei einer Klassenarbeit am Jahresanfang oder in der Mitte. *„Wenn ich durchfalle, liebt mich keiner mehr, lachen mich alle aus, bringen mich meine Eltern um, habe ich keinerlei Berufsaussichten ..."* –
Ist das tatsächlich so?

Nehmen Sie sich einmal in einer ruhigen Stunde (also ja nicht vor der Klassenarbeit!) die Zeit, den Teufel an die Wand zu malen, d.h. Ihre Katastrophenvorstellungen aufzuschreiben. Schreiben Sie wirklich alle Gedanken auf – das ist besser, als nur Ihre Vorstellungskraft zu nutzen. Sie werden feststellen, dass manches schon an Schrecken verliert, wenn man es geschrieben vor sich sieht: Manchmal fällt dann überdeutlich auf, dass einiges schon ein wenig absurd klingt.

Sicher – Ihre Eltern werden nicht gerade glücklich über eine schlechte (Zeugnis-)Note sein, aber umbringen werden sie Sie sicher nicht.

Und Ihre besten Freunde werden Sie auch nicht auslachen oder weniger lieben – tun sie es doch, entpuppen sie sich als schlechte Freunde, und das ist vielleicht eine schmerzlichere Erfahrung.

Die realistische Betrachtung der Katastrophenängste hilft Ihnen, die innere Spannung abzubauen, weil Sie merken, dass Ihnen gar keine wirklichen Katastrophen drohen!

Expertenrat einholen

Und wenn Sie wirklich feststellen, dass Sie mit den möglichen Konsequenzen nicht fertig werden können – suchen Sie den Rat von Experten. Oft gibt es Wege, die Sie nicht kennen oder die Ihnen nicht bewusst sind. Sprechen Sie mit dem Beratungslehrer, dem Schulpsychologen, dem Berufsberater ...

Ein Hilfsmittel gegen die Prüfungsangst sind übrigens auch noch Entspannungsübungen. Eine Möglichkeit ist zum Beispiel diese:

Sich aus dem Stress hinwegträumen ...

Der Kern der Übungen besteht darin, dass man sich auf den Schwingen der Phantasie an einen Ort begibt, der mit Entspannung und Wohlgefühl verbunden ist. Das ist für jeden ein anderer Ort, eine Sommerwiese, ein Garten, am Fluss, auf einem Berg, am Strand, auf einem Boot dahintreibend. Wählen Sie Ihre persönlichen „Wohlfühl-Orte"! Möglich sind im Übrigen auch Wanderungen durch eine Landschaft; man sollte aber nicht zu viel auf einmal in eine Übung hineinpacken.

Während dieser Phasen der Entspannung richtet man positive Botschaften an sich selbst. Im Zustand der Entspannung sind wir besonders aufnahmebereit, und die positiven Botschaften können dann umso besser auf das Selbstbewusstsein einwirken. Beispiele für solche positiven Sätze sind: *Ich bin ganz ruhig. – Ich atme gleichmäßig und ruhig. – Mir ist warm. – Ich spüre meine Stärke. – Ich schaffe es. – Klarheit ist da. – Ich stehe da wie ein starker Baum, tief verwurzelt in der Erde.*

Die Sätze dürfen nicht in verneinter Form gebildet werden (z.B. *Ich bin nicht verspannt*), weil dadurch eine negative Situation wieder in Erinnerung gerufen wird.

Gehen Sie folgendermaßen vor:

- **Hinlegen** (aber nicht, wenn man ohnehin schon müde ist!) oder vernünftig sitzen.
- **Augen schließen** (wenn Sie die Augen lieber offen lassen, auf eine Umgebung achten, in der Sie möglichst wenig Ablenkendes sehen können.)
- **Auf den Atem konzentrieren**; gleichmäßig und ruhig atmen; den Atem kommen und gehen lassen wie die Wellen am Meer ...
- Nun in Gedanken den vorher ausgesuchten **Entspannungsort aufsuchen** und diesen der Reihe nach **mit allen Sinnen wahrnehmen**:
  - Schauen Sie herum und betrachten Sie alles, was Sie sehen können!
  - Hören Sie, was Sie an dem Ort alles hören können!
  - Riechen Sie, was hier zu riechen ist!
  - Schmecken Sie auch, wenn Sie an dem Ort etwas zu sich nehmen können.
  - Spüren Sie alles, was Sie fühlen können!
- Jetzt, im Zustand tiefster Entspannung, sagen Sie sich Ihre **positiven Botschaften**. Beschränken Sie sich aber auf eine oder zwei pro Übung!
- **Langsame Rückkehr**: mehrfach kräftig durchatmen, auf die tatsächliche Umgebung hören und die Geräusche wahrnehmen, langsam die Augen öffnen, sehr langsam aufstehen (v.a. wenn man einen niedrigen Blutdruck hat).

Für diese Technik gilt wie für alle Entspannungsübungen:

- Man muss sie einige Zeit regelmäßig trainieren (am besten zwei bis drei Monate lang ein- bis zweimal täglich ca. 5 Minuten), denn nur dann kommt man in einen gewissen dauerhaften Ruhezustand.
- Sie hilft nur die Symptome der Angst zu verringern, beseitigt jedoch die eigentlichen Ursachen von Nervosität bzw. Angst nicht.
- Ob Ihnen diese Form von Entspannungsübung liegt, können Sie nur feststellen, wenn Sie sie ein oder zwei Wochen lang regelmäßig ausprobieren. Wenn die Technik Ihnen nichts bringt, sollten Sie eine andere suchen. Es gibt nicht **die** Technik, die allen hilft! Wem die Übung aber liegt und wer sie regelmäßig trainiert, der hat damit ein sehr wirksames Mittel gegen Prüfungsängste in der Hand.

Wenn man die Übungen oft durchgeführt hat, kann man eine **Kurzform** auch in **Prüfungen** (Klausuren) einsetzen; sie dauert höchstens eine Minute – eine Minute, die vielleicht hilft, aus einer Gedankenblockade herauszukommen, die man sicher durch krampfhaftes Grübeln nicht verlassen kann:

Augen schließen – auf den Atem konzentrieren – einen Entspannungsort aufsuchen, der für einen der absolute Inbegriff von Entspannung ist, und bewusst z.B. alles hören oder sehen oder fühlen (hier aber nur einen Sinn einschalten, nicht das ganze Programm durchführen!!) – kräftig durchatmen – Augen öffnen – da sein und erfolgreich weiterarbeiten!

Schöne Beispiele für Phantasiereisen sind in dem folgenden Buch zu finden:
Else Müller: Du spürst unter deinen Füßen das Gras. Autogenes Training in Phantasie- und Märchenreisen. Fischer Taschenbuch 3325.

Fundstelle	Abbildung
Verändert nach Flörke/Wolff (1992)	**31, 35**
Verändert nach Löwe/Riedl/Schallies (1984)	**96, 98**

Literaturverzeichnis

Atkins B.W., Beran J.A.	Chemie einfach alles, Weinheim 1998
Beyer H., Walter W.	Lehrbuch der organischen Chemie, Stuttgart 1991
Flörke U., Wolff R.	Chemie für die Sekundarstufe II, Bonn 1992
Karlson P.	Biochemie, Stuttgart 1974
Löwe B., Riedl A., Schallies M.	Grundlagen der Organischen Chemie, Bamberg 1984
Peter K., Vollhardt C.	Organische Chemie, Weinheim 1990
Römpp	Chemielexikon, Stuttgart 1989–1992
Scholz G., Vogelsang K.	Einheiten, Formelzeichen, Größen, Leipzig 1991

mentor Abiturhilfe

Chemie

Organische Chemie:
Aufbauwissen

Heribert Rampf
Sandra Schaumann-Eckel

Lösungsteil

mentor
Eine Klasse besser.

1,4 Benzoldicarbonsäure + Ethandiol

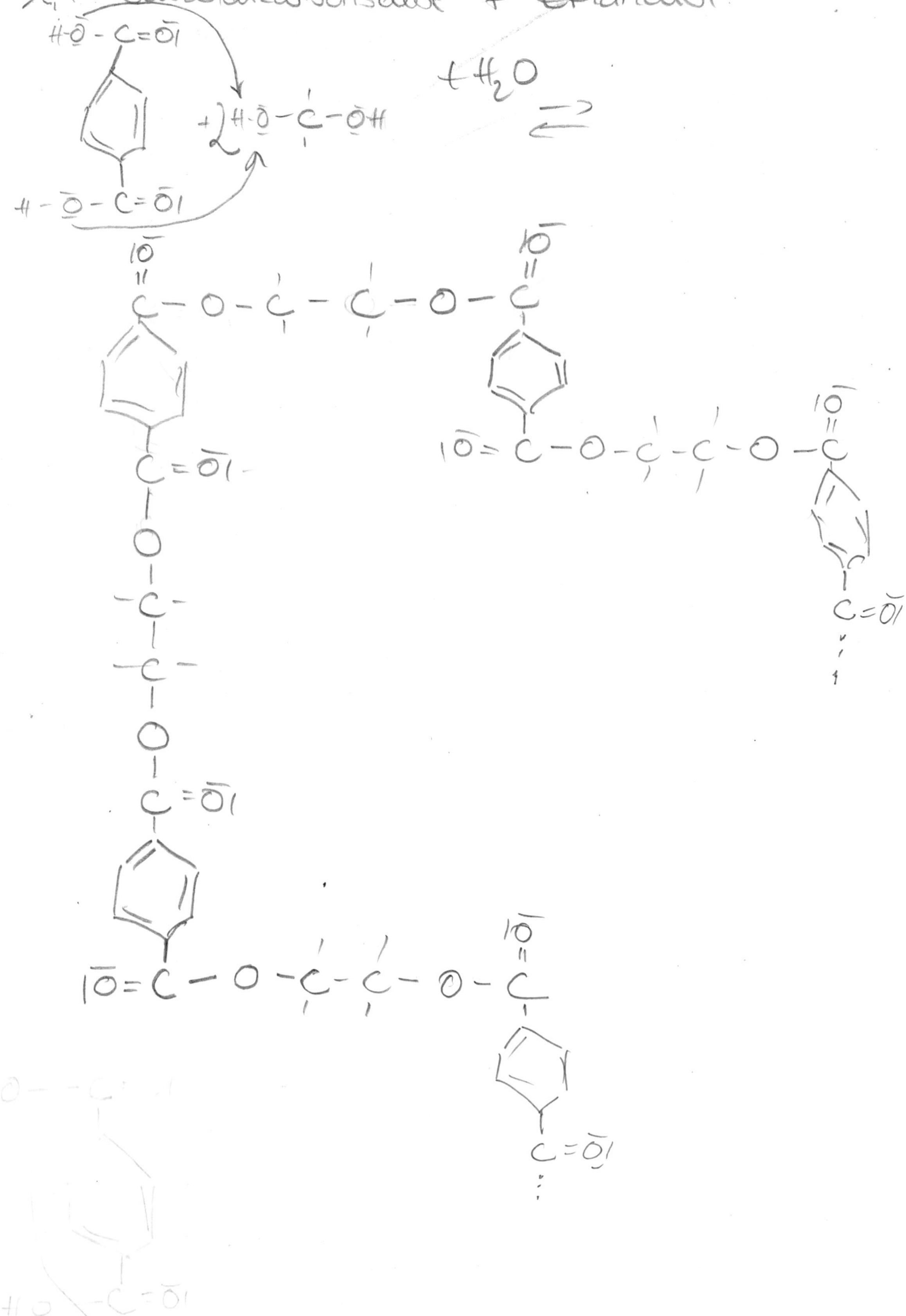

Ein Orbital ist der Raum, in dem ein Elektron mit großer Wahrscheinlichkeit anzutreffen ist. **1.1** **S. 13**

Das Kohlenstoffatom besitzt im Grundzustand auf seiner äußersten Schale ein doppelt besetztes s-Orbital und zwei einfach besetzte p-Orbitale: **1.2** **S. 13**

Zellenschreibweise: [↑↓] (2s) [↑|↑|] (2p)

Auf der Außenschale sind nur zwei ungepaarte Elektronen, daher wäre zu erwarten, dass der Kohlenstoff zweibindig ist. Die Vierbindigkeit des Kohlenstoffatoms könnte damit erklärt werden, dass ein Elektron des 2s-Orbitals das leere 2p-Orbital besetzt. Dadurch besitzt das Kohlenstoffatom vier ungepaarte Elektronen.

In Zellenschreibweise: [↑] (2s) [↑|↑|↑] (2p)

Im Methanmolekül liegen aber vier gleichwertige C–H-Bindungen in tetraedrischer Anordnung um das Kohlenstoffatom vor, was mit den geometrischen Eigenschaften der Orbitale in dieser Zellenschreibweise nicht übereinstimmt. Man geht daher davon aus, dass das Kohlenstoffatom bei der Bildung der vier C–H-Bindungen in einen hybridisierten Zustand übergeht. Dadurch erhält man aus 2s- und 2p-Orbitalen vier gleichwertige sp^3-Hybridorbitale: Diese sind in die Ecken eines Teraeders gerichtet und überlappen mit den vier einfach besetzten 1s-Orbitalen der Wasserstoffatome. Somit entstehen vier σ-Bindungen.

In allen Alkanen ist das Kohlenstoffatom sp^3-hybridisiert. Aus den unterschiedlichen 2s- und 2p-Orbitalen haben sich durch Hybridisierung vier völlig gleichartige sp^3-Hybridorbitale gebildet. **1.3** **S. 13**
Alle C–H-Bindungen sind daher σ-Bindungen zwischen dem 1s-Orbital des Wasserstoffs und einem sp^3-Hybridorbital des Kohlenstoffs. Also müssen alle C–H-Bindungen energetisch gleichwertig sein.

Die Bildung von vier sp^3-Hybridorbitalen aus einem 2s- und drei 2p-Orbitalen: **1.4** **S. 13**

[↑↓] (2s) [↑|↑|] (2p) ⟶ [↑] [↑|↑|↑] ⟶ [↑|↑|↑|↑] (sp^3)

Die Bildung von drei sp^2-Hybridorbitalen aus einem 2s- und zwei 2p-Orbitalen: **1.5** **S. 15**

[↑↓] (2s) [↑|↑|] (2p) ⟶ [↑] [↑|↑|↑] ⟶ [↑|↑|↑] (sp^2) [↑] (2p)

Unter einer π-Bindung versteht man die Überlappung von zwei parallel nebeneinander liegenden, nicht an einer Hybridisierung beteiligten 2p-Orbitalen zweier Atome. Das dabei entstehende π-Molekülorbital gehört beiden Atomen an. **1.6** **S. 15**

1.7
S. 15

Im Ethenmolekül sind die Kohlenstoffatome sp^2-hybridisiert. Die drei sp^2-Hybridorbitale liegen in einer Ebene, auf der senkrecht das nichthybridisierte 2p-Orbital steht. Eine Überlappung der 2p-Orbitale der beiden Kohlenstoffatome und damit die Ausbildung einer π-Bindung ist nur dann möglich, wenn alle sp^2-Orbitale in einer Ebene liegen.

1.8
S. 15

a) $605 \text{ kJ} \cdot \text{mol}^{-1} - 352 \text{ kJ} \cdot \text{mol}^{-1} = 253 \text{ kJ} \cdot \text{mol}^{-1}$

Die Bindungsenergie der π-Bindung beträgt $253 \text{ kJ} \cdot \text{mol}^{-1}$.

b) Die Bindungsenergie der π-Bindung ist geringer als die der σ-Bindung. Aus der Sicht des Orbitalmodells ist dies so zu erklären, dass die Überlappung der p-Orbitale der π-Bindung geringer ist als die Überlappung der an der σ-Bindung beteiligten Orbitale.

1

1.9
S. 17

Bei einer sp-Hybridisierung des Kohlenstoffatoms bildet das 2s-Orbital mit nur einem 2p-Orbital zwei gleichwertige sp-Hybridorbitale, die auf einer gemeinsamen Achse liegen, aber in entgegengesetzte Richtungen zeigen. Die zwei übrigen 2p-Orbitale, deren Achsen sowohl senkrecht aufeinander als auch senkrecht auf den beiden sp-Orbitalen stehen, bleiben unverändert.

1.10
S. 17

Die Bildung von zwei sp-Hybridorbitalen aus einem 2s- und einem 2p-Orbital:

Zellenschreibweise:

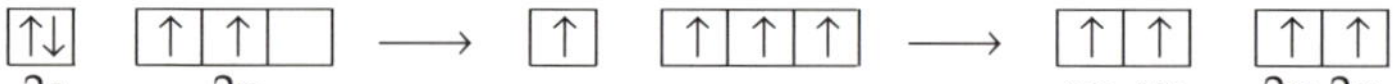

1.11
S. 17

Die beiden Kohlenstoffatome im Ethinmolekül sind sp-hybridisiert. Je ein sp-Hybridorbital und zwei nichthybridisierte 2p-Orbitale pro Kohlenstoffatom bilden die C≡C-Dreifachbindung. Das verbliebene sp-Hybridorbital geht eine σ-Bindung mit dem Wasserstoffatom ein. Da dieses sp-Hybridorbital einen Winkel von 180° mit dem sp-Hybridorbital in der C≡C-Bindung bildet, liegt die C–H-Bindung auf derselben Achse wie die C≡C-Bindung. Dies gilt natürlich für beide C–H-Bindungen im Ethin. Daraus folgt der insgesamt lineare Bau.

1.12
S. 19

Polare Atombindungen treten dann auf, wenn Atome mit unterschiedlicher Elektronegativität Bindungen über gemeinsame Elektronenpaare eingehen.

1.13
S. 19

Im Monofluormethanmolekül besitzen Kohlenstoff und Fluor ein gemeinsames bindendes Elektronenpaar. Dieses wird vom elektronegativeren Fluor stärker angezogen, denn Fluor ist das Element mit der stärksten Elektronegatvität. (EN-Werte finden Sie zum Beispiel in vielen Periodensystemen.)
Wegen der daraus resultierenden höheren Elektronendichte am Fluoratom ergibt sich ein elektrischer Dipol. Das Fluoratom trägt eine negative Partialladung (δ^-), während das Kohlenstoffatom eine positive Partialladung (δ^+) besitzt.

Bromatome bewirken einen negativen induktiven Effekt, denn sie ziehen aufgrund der höheren Elektronegativität das bindende Elektronenpaar stärker an. Andererseits hingegen verursachen Alkylgruppen wie die Ethylgruppen einen positiven induktiven Effekt, da deren Elektronegativität kleiner als die des Wasserstoffatoms (= Bezugsatom) ist. **1.14 S. 19**

Die sechs Kohlenstoffatome bilden ein planares (ebenes) regelmäßiges Sechseck. Jedes Kohlenstoffatom ist mit seinen Nachbarkohlenstoffatomen mit jeweils einer σ-Bindung verbunden. Mit einer weiteren σ-Bindung ist an jedes Kohlenstoffatom ein Wasserstoffatom geknüpft. Auch diese sechs Wasserstoffatome liegen in der gleichen Ebene wie die sechs Kohlenstoffatome. **1.15 S. 23**

Alle sechs Kohlenstoffatome des Benzols sind sp^2-hybrdisiert. Jedes Kohlenstoffatom bildet drei σ-Bindungen aus. Dabei überlappen je zwei sp^2-Hybridorbitale benachbarter Kohlenstoffatome. Die Bindung zum Wasserstoffatom kommt durch Überlappung des dritten sp^2-Hybridorbitals mit dem s-Orbital des Wasserstoffatoms zustande. **1.16 S. 23**
Jedes Kohlenstoffatom hat noch ein nicht hybridisiertes, einfach besetztes p-Orbital, das senkrecht zur Molekülebene steht. Weil jedes p-Orbital mit den beiden benachbarten p-Orbitalen überlappt, bilden sich ober- und unterhalb der Ringebene zwei ringförmige π-Elektronenwolken. Die sechs π-Elektronen sind somit völlig symmetrisch über das Molekül verteilt.

Die Strukturformel von Pyrrol ist: **1.17 S. 23**

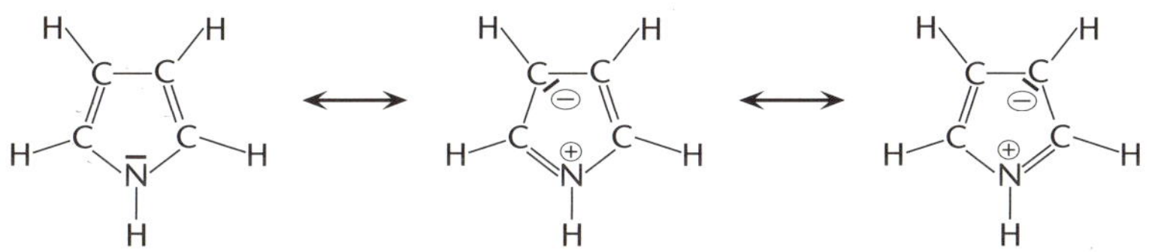

Pyrrol bildet einen ebenen Fünfring und hat aromatischen Charakter, denn das freie Elektronenpaar des Stickstoffs kann mit den vier π-Elektronen der Kohlenstoffatome ein mesomeres 6π-Elektronensystem ausbilden ($6 = 4n + 2$ für $n = 1$).

Lösungen Kap. 2

Nukleophile Teilchen sind Reaktionspartner mit Elektronenüberschuss, wie zum Beispiel die Anionen **2.1 S. 28**

Br^-, OH^-, CN^-, 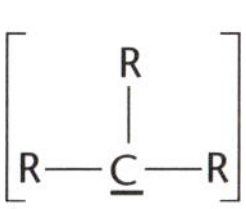 (Carbanion), oder andere Moleküle mit freien Elektronenpaaren, wie NH_3.
Zu den Nukleophilen zählen aber auch Moleküle mit Stellen hoher Elektronendichte wie Verbindungen mit C–C-Mehrfachbindungen oder aromatische Systeme. Nukleophile Teilchen sind Elektronendonatoren.

2

2.2
S. 28 Unter Substitution versteht man das Lösen einer Bindung zu einem Atom oder einer Atomgruppe in einem Molekül. Genau diese Bindung wird dann mit einem anderen Atom oder einer anderen Atomgruppe neu geknüpft.

2.3
S. 28 Eine S_N1-Reaktion ist eine nukleophile Substitutionsreaktion, bei der die Reaktionsgeschwindigkeit nur von der Konzentration des Substrats abhängt.
Bei einer S_N2-Reaktion ist die Reaktionsgeschwindigkeit sowohl von der Konzentration des Substrats als auch von der Konzentration des angreifenden Nukleophils abhängig.

2.4
S. 28 Da 2-Methyl-2-chlorpropan ein tertiäres C-Atom aufweist, handelt es sich um eine nukleophile Substitutionsreaktion nach dem S_N1-Mechanismus.

1. Reaktionsschritt: In einem langsamen Reaktionsablauf bildet sich in einer Gleichgewichtsreaktion zunächst ein Carbokation:

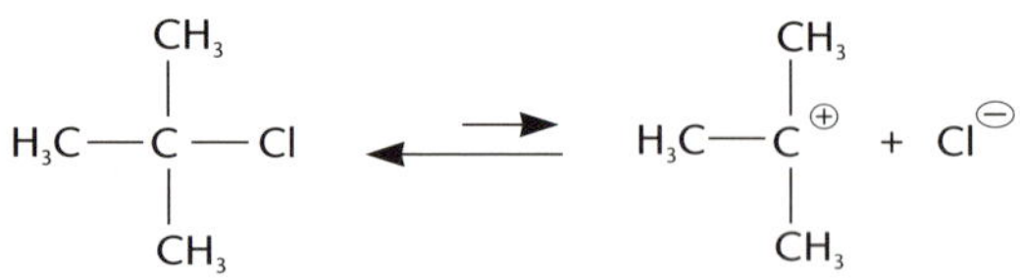

2. Reaktionsschritt: Das Carbokation wird von dem Nukleophil OH^- angegriffen. In einem schnellen Reaktionsablauf bildet sich tertiäres Butanol:

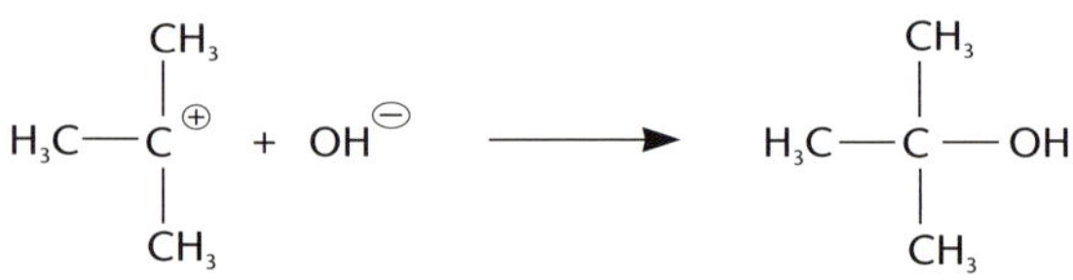

2.5
S. 28 Um 2-Methyl-2-butanol herzustellen, kann man beispielsweise 2-Chlor-2-methylbutan mit Kalilauge umsetzen:

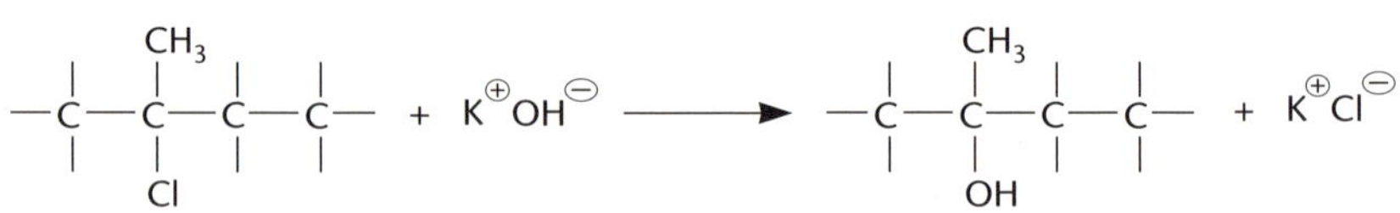

Zur Herstellung von 2,3-Pentandiol geht man zum Beispiel von 2,3-Dibrompentan aus, wobei man die beiden Br-Atome durch Hydroxidionen (aus Natronlauge) substituiert:

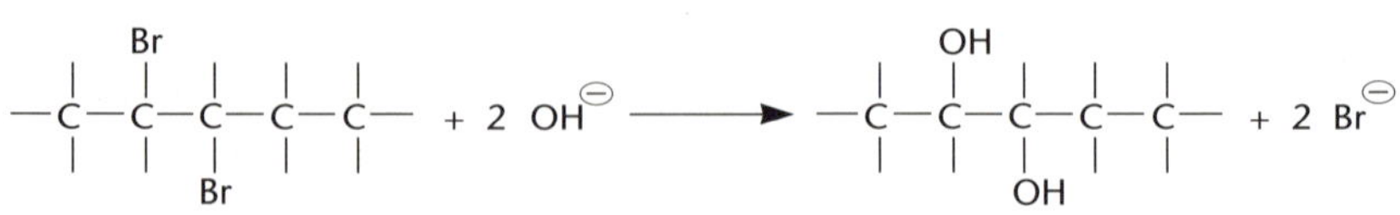

2.6
S. 37 Ein Elektrophil ist ein Reaktionspartner mit Elektronenmangel, der Elektronen sucht. Es handelt sich dabei meist um positiv geladene Teilchen wie zum Beispiel H^+, Br^+ oder

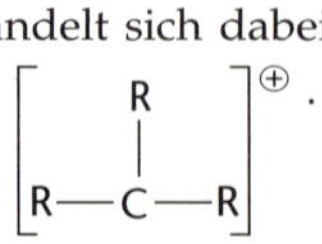

Elektrophile Teilchen sind Elektronenakzeptoren.

Der stabile aromatische Zustand des Benzols wird durch eine elektrophile Substitutionsreaktion nicht zerstört, das Reaktionsprodukt hat wieder aromatischen Charakter. Lediglich im Übergangszustand (σ-Komplex) wird der aromatische Zustand aufgehoben. 2.7 S. 37

Ein elektrophiles Teilchen (hier allgemein als X^+ bezeichnet) nähert sich dem π-Elektronensystem des Benzols und bildet ein lockeres Anlagerungsgebilde (π-Komplex). Aus dem π-Komplex bildet sich ein Carbokation, dabei wird der aromatische Zustand aufgehoben (σ-Komplex). Unter Abspaltung eines Kations (hier bei Benzol: Proton) geht der σ-Komplex in das Endprodukt über, wobei der aromatische Bindungszustand zurückgewonnen wird (Rearomatisierung). 2.8 S. 37

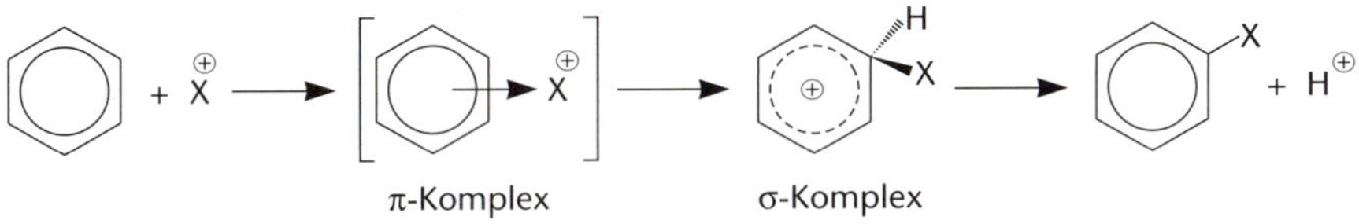

Ein Substituent am aromatischen Ring tritt mit dessen π-Elektronensystem in Wechselwirkung und beeinflusst die Elektronendichte sowie die Elektronenverteilung im aromatischen System, je nachdem ob er eine Elektronen ziehende oder Elektronen schiebende Wirkung hat. 2.9 S. 37

Ein Erstsubstituent am aromatischen Kern ist dann Elektronen schiebend, wenn die Überlagerung seines induktiven Effekts und seines mesomeren Effekts insgesamt eine Elektronen schiebende Wirkung ergibt. Es kommt zu einer Erhöhung der Elektronendichte im aromatischen System. 2.10 S. 37

Zur Herstellung von ortho-Nitrobrombenzol und meta-Nitrobrombenzol sind neben Benzol die Chemikalien Brom, konzentrierte Salpetersäure, konzentrierte Schwefelsäure und $FeBr_3$ nötig. 2.11 S. 37

Herstellung von ortho-Nitrobrombenzol:
Es muss erst Monobrombenzol hergestellt werden, denn Brom dirigiert einen weiteren Substituenten in ortho- oder para-Stellung. Erst nach der Bromierung kann nitriert werden.

$$Br_2 + FeBr_3 \longrightarrow Br^{\oplus} + FeBr_4^{\ominus}$$

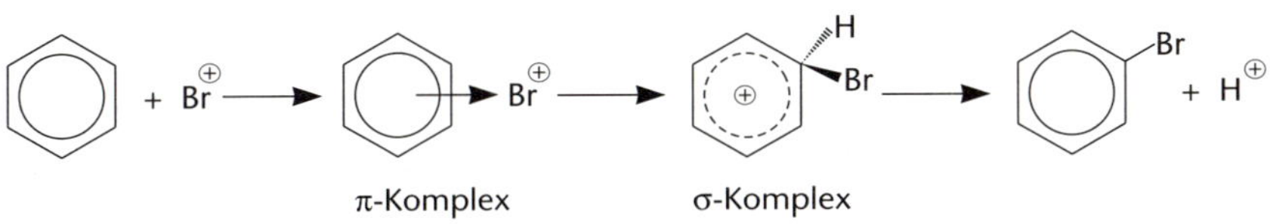

2

2

Das so gewonnenen Monobrombenzol wird nun nitrier. Das dazu notwendige elektrophile Kation NO_2^+ bildet sich in Nitriersäure, einem Gemisch aus konzentrierter Salpetersäure und konzentrierter Schwefelsäure:

$$HNO_3 + 2\ H_2SO_4 \rightleftharpoons 2\ HSO_4^{\ominus} + H_3O^{\oplus} + NO_2^{\oplus}$$

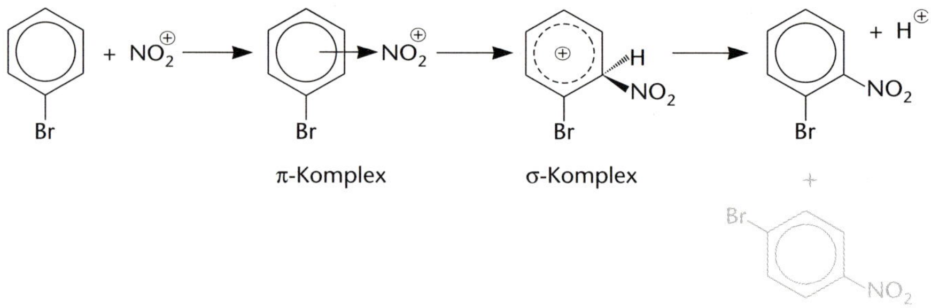

Sowohl die Bromierung als auch die Nitrierung erfolgen nach dem Mechanismus der elektrophilen Substitution an Aromaten.

Herstellung von meta-Nitrobrombenzol:
Benzol muss erst mit Nitriersäure zu Nitrobenzol nitriert werden, denn die Nitrogruppe lenkt einen weiteren Substituenten in meta-Stellung. Erst nach der Nitrierung kann also hier bromiert werden. Die Reaktionsmechanismen verlaufen hier analog wie oben beschrieben.

2.12
S. 37
Die Aminogruppen des Anilins (Aminobenzol) dirigiert einen weiteren Substituenten, in diesem Fall die Nitrogruppe, in ortho- oder para-Stellung. Somit entstehen die Produkte o-Aminonitrobenzol und p-Aminonitrobenzol.

o-Stellung:

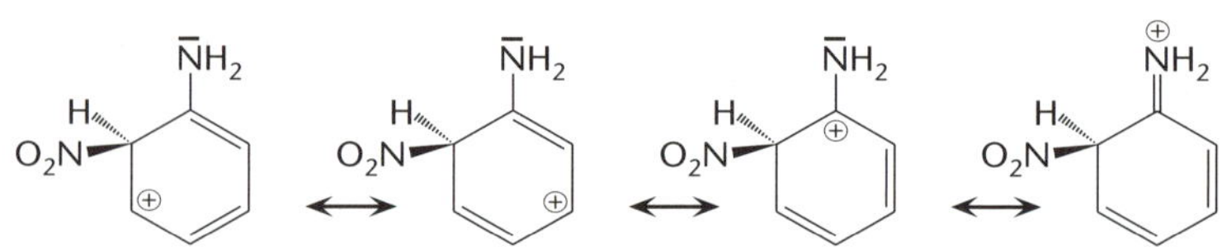

p-Stellung:

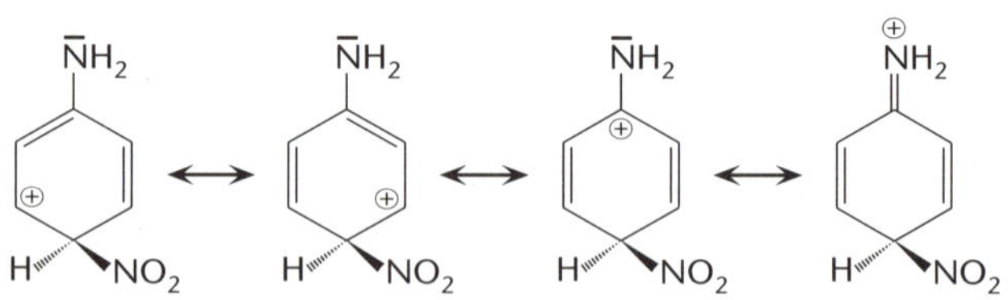

m-Stellung:

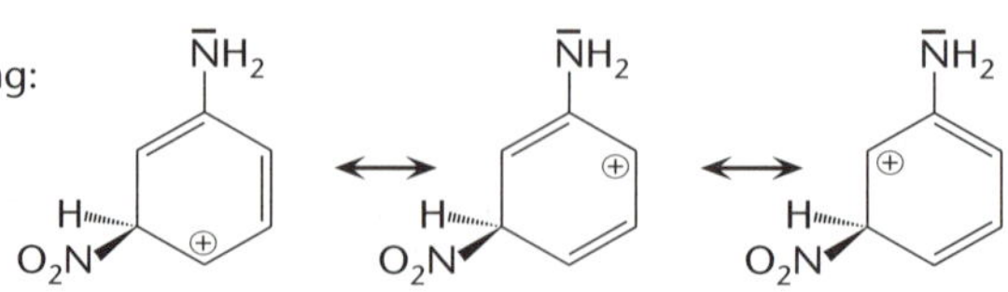

(Nur drei Grenzstrukturen in m-Stellung!)

2.13
S. 41
Radikalische Reaktionspartner sind Teilchen mit einsamen Elektronen wie zum Beispiel $CH_3\bullet$. Radikale sind unbeständige, kurzlebige und äußerst reaktionsfähige Teilchen. Durch das freie, einsame Elektron werden rasch ablaufende Kettenreaktionen in Gang gesetzt.

Die Reaktion von Ethan mit Chlor läuft nach einem Radikalkettenmechanismus ab. 2.14
Zunächst werden Chlormoleküle durch Energiezufuhr in Chlorradikale gespalten. S. 41

$$Cl_2 \xrightarrow{h \cdot \nu} 2\,Cl\bullet$$

Diese Chlorradikale greifen Ethanmoleküle an und entreißen diesen ein Wasserstoffatom, dabei bilden sich Chlorwasserstoff und Ethylradikale.

$$Cl\bullet + C_2H_6 \longrightarrow HCl + C_2H_5\bullet$$

Diese Ethylradikale greifen nun weitere Chlormoleküle an und entreißen diesen jeweils ein Chloratom. So entsteht Monochlorethan, wobei wieder jeweils ein Chlorradikal zurückbleibt.

$$C_2H_5\bullet + Cl_2 \longrightarrow C_2H_5Cl + Cl\bullet$$

Die Reaktion verläuft nach diesem Schema weiter, wobei auch schon chlorierte Ethanmoleküle weiter von Chlorradikalen angegriffen werden können. So können auch Dichlorethan, Trichlorethan usw. bis hin zum vollständig substituierten Hexachlorethan entstehen. Die Reaktion kommt erst dann zum Stillstand, wenn alle Ausgangsstoffe aufgebraucht sind oder zwei Radikale aufeinander treffen:

$$C_2H_5\bullet + \bullet C_2H_5 \longrightarrow C_4H_{10}$$

$$C_2H_5\bullet + \bullet Cl \longrightarrow C_2H_5Cl$$

$$Cl\bullet + \bullet Cl \longrightarrow Cl_2$$

Als Nebenprodukte sind neben den verschieden stark chlorierten Ethanen auch längerkettige Kohlenstoffstoffe wie Butan C_4H_{10} oder Hexan C_6H_{14} zu erwarten.

Um bei Toluol (Methylbenzol) die Wasserstoffatome im Methylrest durch Chloratome 2.15
zu ersetzen, muss man nach der SSS-Regel vorgehen. Das heißt, ein Gemisch aus Chlor S. 41
und Toluol muss durch hohe Energiezufuhr zur Reaktion gebracht werden. Die SSS-Regel besagt, dass dabei eine Substitution in der Seitenkette erfolgt.
Die Reaktion läuft nach einem Radikalkettenmechanismus ab.

Die KKK-Regel besagt, dass bei alkylierten Benzolen wie zum Beispiel Toluol eine Sub- 2.16
stitution am aromatischen Kern erfolgt, wenn in der Kälte, also ohne hohe Energiezu- S. 41
fuhr, und mit einem Katalysator gearbeitet wird.
Die Reaktion verläuft nach dem Schema einer elektrophilen aromatischen Substitution.

Das Chlormolekül wird bei einer Annäherung an die π-Elektronenwolke des Propens 2.17
polarisiert. In polaren Lösungsmitteln wird diese Polarisierung erleichtert. Das polari- S. 43
sierte Chlormolekül lagert sich zunächst in einer lockeren Verbindung an die π-Elektronenwolke des Propens an (π-Komplex).

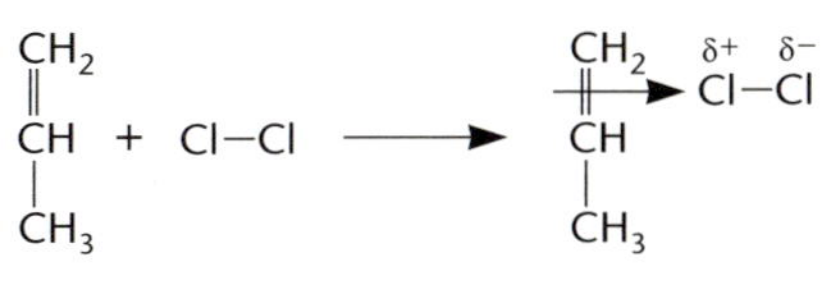

Das polarisierte Chlormolekül spaltet dann unter Ausbildung einer σ-Bindung zu einem Kohlenstoffatom auf, wobei ein Carbokation und ein Chloridion entstehen.

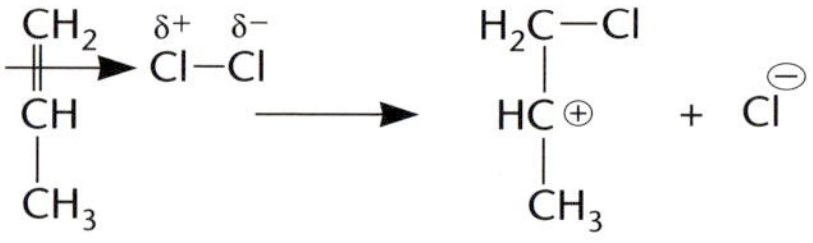

Das Chloridion lagert sich nun nukleophil an das Carbokation an und beendet damit die Additionsreaktion. Als Additionsprodukt ist 1,2-Dichlorpropan entstanden.

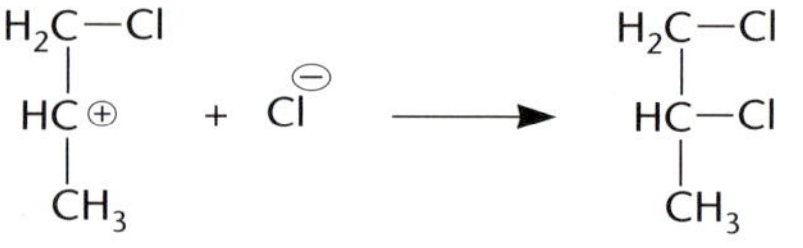

2

2.18
S. 43

2-Propanol wird durch die elektrophile Addition von Wasser an Propen gewonnen. Dies gelingt nur mithilfe einer Säurekatalyse, wobei zunächst ein Proton elektrophil so an das Propenmolekül addiert wird, dass der +I-Effekt die positive Ladung von *beiden* Seiten stabilisiert.

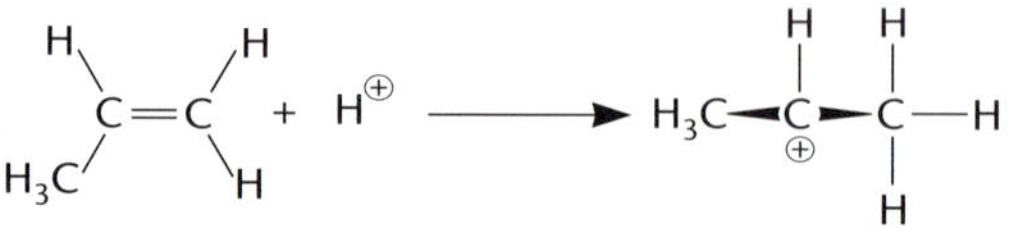

Es entsteht ein Carbokation, an das sich das Wassermolekül nukleophil anlagert. Am Ende der Reaktion bildet sich der Säurekatalysator zurück, indem ein Proton abgespalten wird.

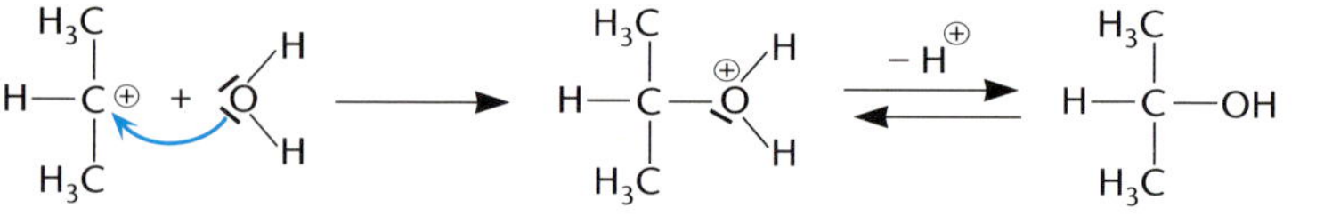

2.19
S. 47

In der Carbonylgruppe werden die Bindungselektronen zwischen Kohlenstoff und Sauerstoff stärker zum Sauerstoff hingezogen. Grund dafür ist die höhere Elektronegativität des Sauerstoffs. Das hat eine Polarisierung der Carbonylgruppe zur Folge. Nukleophile Teilchen können am positivierten Kohlenstoffatom leicht angreifen.

2.20
S. 47

Alkylgruppen am Kohlenstoffatom einer Carbonylgruppe üben einen +I-Effekt aus. Mit ihrer Elektronen schiebenden Wirkung veringern sie den positiven Charakter des Carbonylkohlenstoffs:

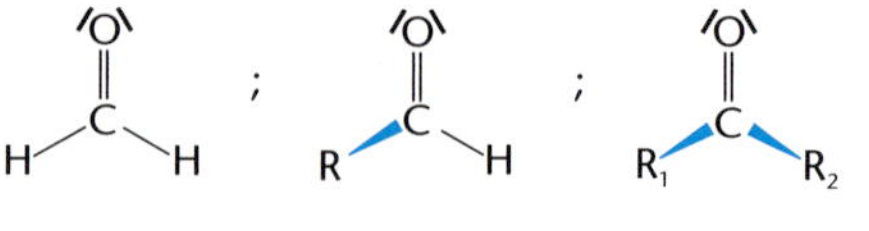

Die Additionsbereitschaft ist deshalb beim Methanal größer als beim Propanal. Propanon trägt sogar zwei Alkylreste am Carbonylkohlenstoff. Ein nukleophiler Angriff ist deshalb hier noch weniger begünstigt als beim Propanal.

Ethanal reagiert mit Wasser, das ein freies Elektronenpaar aufweist. Durch intramolekulare Protonenwanderung entsteht das Hydrat. **2.21** **S. 47**

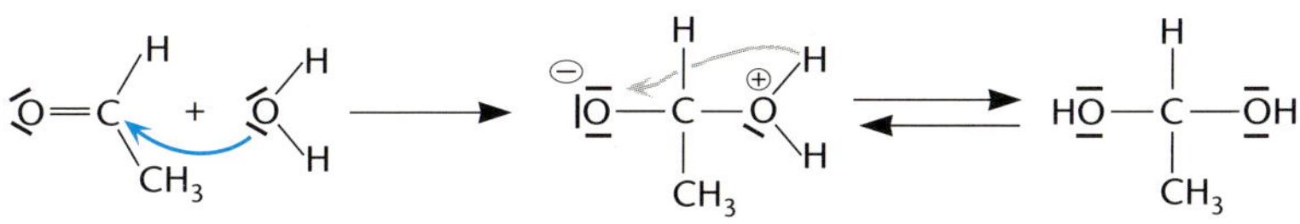

Durch die Säurezugabe wird die positive Partialladung am Kohlenstoffatom erhöht: **2.22** **S. 47**

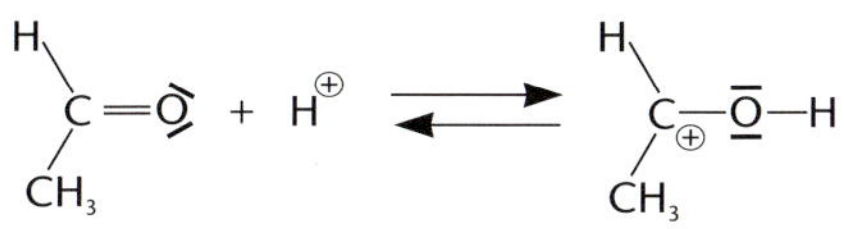

Methanol addiert sich an die Carbonylgruppe des Ethanals, es bildet sich zunächst das Halbacetal.

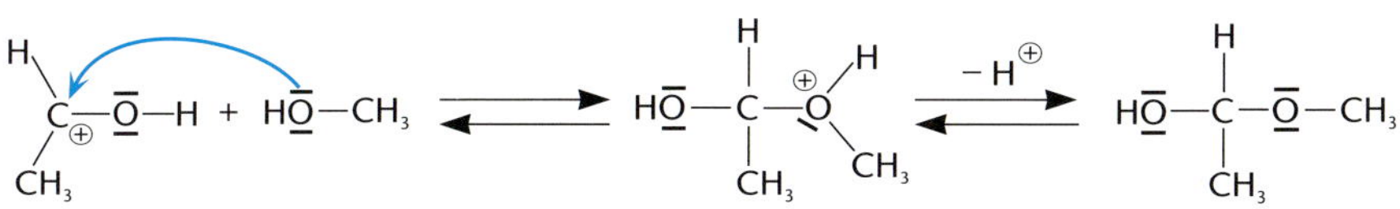

Dieses reagiert in saurem Milieu mit einem weiteren Methanolmolekül zu einem Vollacetal.

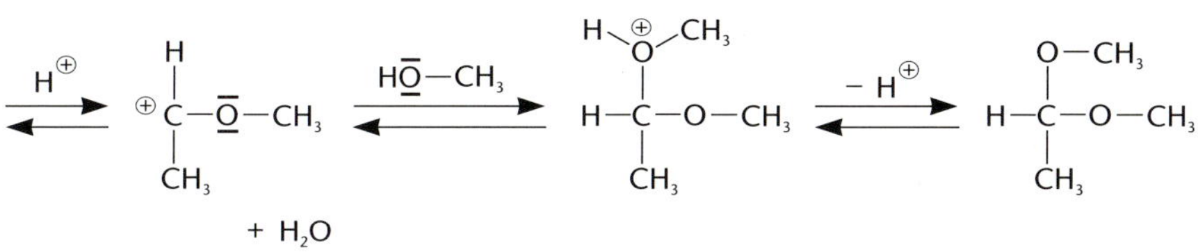

Unter einer Eliminierung versteht man die Abspaltung von zwei Atomen oder Atomgruppen aus einem Molekül, ohne dass diese durch andere ersetzt werden. **2.23** **S. 51**

Werden bei einer Eliminierung zwei Atome oder Atomgruppen von benachbarten Kohlenstoffatomen abgespalten, so spricht man von einer 1,2-Eliminierung. **2.24** **S. 51**
C-Atome in einer Kette („C_1", „C_2", ...) werden häufig auch mit „C_α", „C_β", ... indiziert. Daraus ergibt sich die Bezeichnung „β-Eliminierung".

Der E1-Mechanismus ist ein monomolekularer Mechanismus, denn seine Reaktionsgeschwindigkeit hängt nur von der Konzentration des Substrats ab. Beim E2-Mechanismus hängt die Reaktionsgeschwindigkeit sowohl von der Konzentration des Substrats als auch von der Konzentration des angreifenden Stoffs ab. Es liegt also ein bimolekularer Mechanismus vor. **2.25** **S. 51**

2.26
S. 51 Sowohl bei der Eliminierung (nach E1) als auch bei der Substitution (nach S_N1) tritt dasselbe Zwischenprodukt auf (ein Carbokation). Dieses kann in einem schnellen Reaktionsschritt entweder zum Eliminierungs- oder zum Substitutionsprodukt weiterreagieren.

2.27
S. 60 Kunststoffe sind Makromoleküle, die durch die Verknüpfung vieler kleiner Moleküle, der Monomere, entstanden sind.

2.28
S. 60 Je nach dem Typ der Verknüpfungsreaktion unterscheidet man bei Kunststoffen und Biopolymeren Polymerisate, Polykondensate und Polyaddukte.

2

2.29
S. 60 Die Polymerisation von Ethen und seinen Abkömmlingen erfolgt häufig nach dem Radikalkettenmechanismus. Dabei wird zu den Monomeren ein Stoff gegeben, der schon bei geringer Zufuhr von Energie in Radikale zerfällt (Radikalbildner). Ein solches Radikal lagert sich an einem Monomer an und entreißt diesem aus der Doppelbindung ein Elektron. Auf diese Weise entsteht ein neues Radikal, das sich nun wieder an einem Monomer anlagert und ihm aus der Doppelbindung ein Elektron entreißt.
Der Vorgang wiederholt sich immer wieder, sodass allmählich immer längere Moleküle (Makromoleküle) entstehen. Die Reaktion kommt zum Abbruch, wenn zwei Radikale aufeinander treffen oder wenn alle Monomere verbraucht sind.

Beispiel: Polymerisation von Vinylchlorid

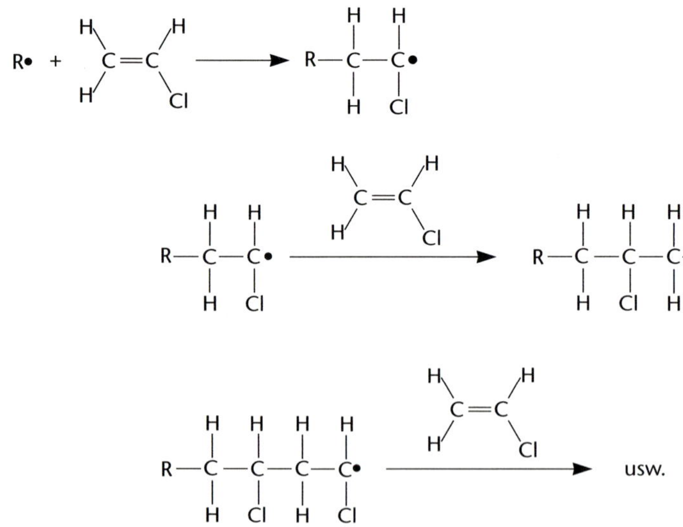

2.30
S. 60 Der kationische Mechanismus bei Polymerisationen wird dann bevorzugt, wenn die Monomere Substituenten mit +I-Effekt (Elektronen schiebend) tragen. Vorübergehend auftretende Carbokationen werden dadurch stabilisiert.
Tragen die Monomere Substituenten mit –I-Effekt (Elektronen ziehend), dann läuft bevorzugt ein anionischer Polymerisationsmechanismus ab, denn dann werden die vorübergehend auftretenden Carbanionen stabilisiert.

Polykondensate sind Makromoleküle aus vielen Monomeren, wobei bei jeder Verknüpfungsreaktion ein einfaches Nebenprodukt (häufig H_2O oder NH_3) abgespalten wird. 2.31 S. 60

Damit eine Polykondensation möglich ist, muss jedes Monomer mindestens bifunktionell sein, das heißt, es muss mindestens zwei funktionelle Gruppen tragen. 2.32 S. 60

Polyamide sind Polykondensate, in denen die einzelnen Bausteine miteinander durch Peptidbindungen verknüpft sind. In den Eiweißstoffen sind die zugrunde liegenden Aminosäuren ebenfalls über Peptidbindungen zu Makromolekülen verknüpft. 2.33 S. 60

Ist bei der Bildung von Makromolekülen wenigstens eines der eingesetzten Monomere tri- oder höherfunktionell, so entstehen räumlich vernetzte Makromoleküle. 2.34 S. 60

Unter Polyaddition versteht man die Verknüpfung zwei- oder höherfunktioneller Monomere zu Makromolekülen. Dabei wird kein Nebenprodukt abgespalten. Typisch für die Polyaddition ist ein Platzwechsel von Wasserstoffatomen bei jeder Verknüpfung. 2.35 S. 60

Polyurethanschaumstoffe entstehen durch Addition von Di- oder Triisocyanaten mit bi- oder mehrfunktionellen Alkoholen. 2.36 S. 60

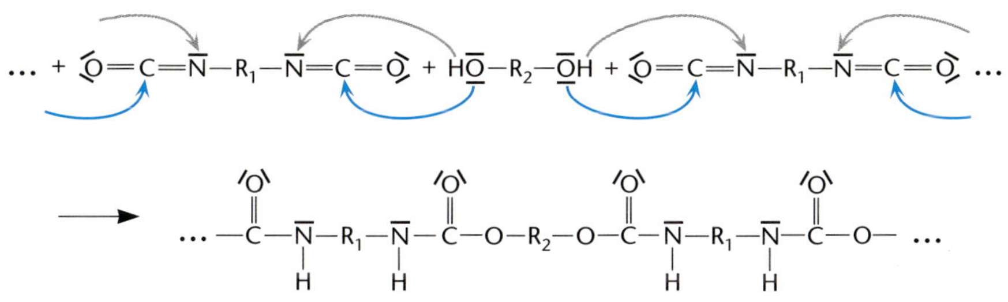

In diesem Beispiel reagieren bifunktionelle Monomere miteinander, deshalb entsteht ein lineares Produkt.
Führt man die Polyaddition mit mehrfunktionellen Gruppen in der Weise durch, das gleichzeitig eine Reaktion eines Teiles der Isocyanatgruppen mit Wasser möglich ist, so schäumt der Kunststoff auf, da bei der Reaktion Kohlenstoffdioxid entsteht.

$$-R-\overline{N}=C=O\rangle + H_2O \longrightarrow R-NH_2 + CO_2\uparrow$$

Polymere ist der Oberbegriff für biologische und synthetische Makromoleküle. 2.37 S. 60
Polymerisate bilden eine Untermenge der Polymere. Ihr gemeinsames Kennzeichen ist die Klasse der Verknüpfungsreaktionen, über die sie entstehen (meistens eine radikalische Polymerisation).

Lösungen Kap. 3

3.1
S. 63
Man spricht von Strukturisomerie, wenn sich Stoffe mit gleicher Summenformel in der Reihenfolge der Anordnung ihrer Atome und Bindungen im Molekül unterscheiden.

3.2
S. 63
Von Buten gibt es zwei isomere Formen:

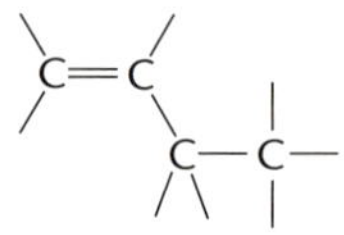

1-Buten

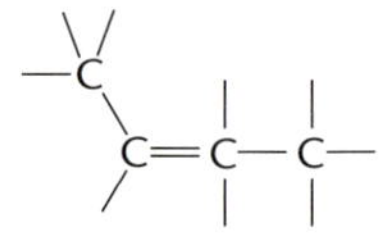

2-Buten

3.3
S. 63
Es gibt zwei isomere Propanole:

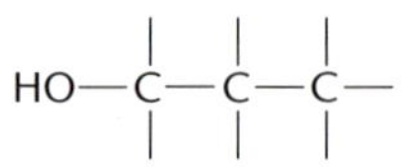

1-Propanol

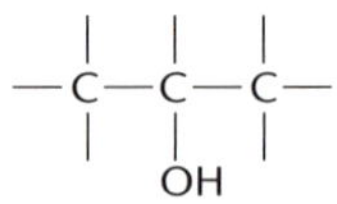

2-Propanol

Diese Propanole sind mit dem Ethylmethylether isomer:

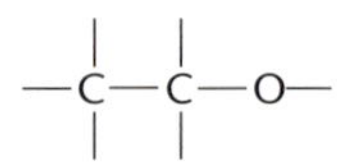

3.4
S. 63
Mögliche Isomere des Trichlorethans:

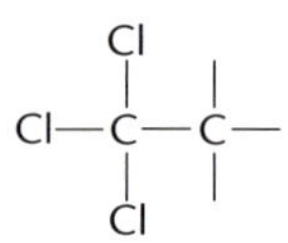

1,1,1-Trichlorethan

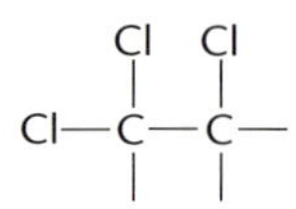

1,1,2-Trichlorethan

Isomere des Tetrachlorethans:

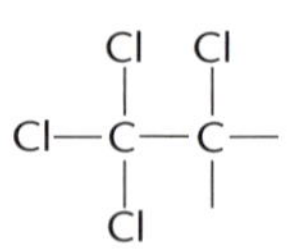

1,1,1,2-Tetrachlorethan

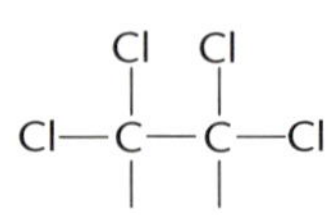

1,1,2,2-Tetrachlorethan

3.5
S. 63
Alle drei Verbindungen haben die gleiche Summenformel $C_4H_{10}O$. Sie unterscheiden sich durch andersartige funktionelle Gruppen; sie sind also Funktionsisomere.

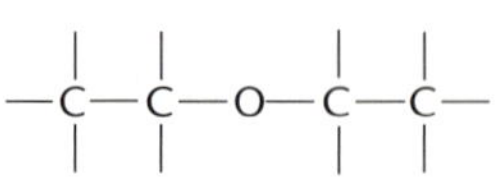

Diethylether

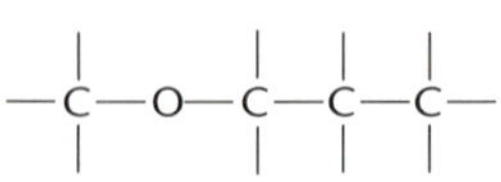

Methylpropylether

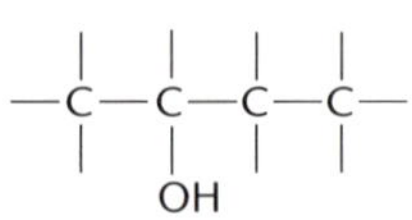

2-Butanol

Konformationsisomerie tritt dann auf, wenn in einem Molekül durch Drehung um eine Einfachbindungsachse unterschiedliche räumliche Anordnungen von Teilen des Moleküls entstehen. 3.6 S. 66

Konformationsisomerie tritt zum Beispiel beim Ethanmolekül auf (s. Abb. 70 und 71). Ethan liegt hauptsächlich in der gestaffelten Form vor (die Wasserstoffatome stehen auf Lücke). Die ekliptische Konformation, in der sich die Wasserstoffatome sehr nahe kommen, ist energiereicher und deshalb unter Normalbedingungen weniger häufig. 3.7 S. 66

Die Konformationsisomere sind umso energiereicher, je stärker sich die relativ großen Chloratome nähern und damit sterisch behindern. Daher ist die energiereichste Konformation die ekliptische, in der Abb. 72 mit (a) bezeichnet. Absteigend nach Energieinhalt folgen (b) und (c), danach (d) und (e). Die energieärmste Konformation ist die anti-Stellung (f). 3.8 S. 66

3

Mögliche Konformationsisomere des Butans: 3.9 S. 67

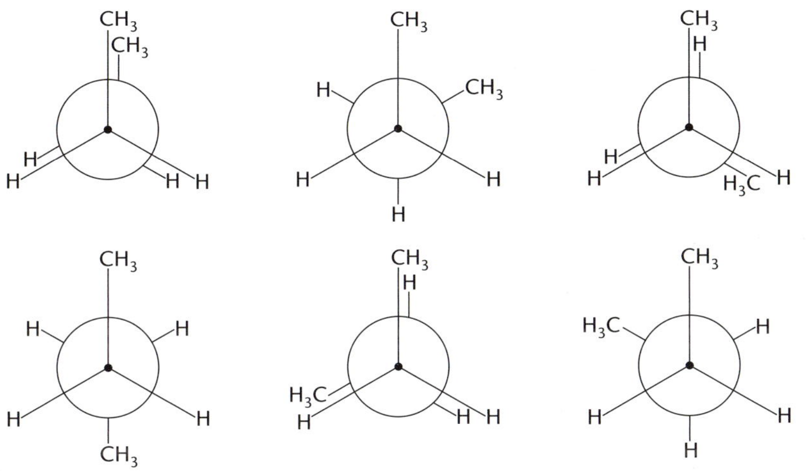

Der Bindungswinkel beträgt in einem ebenen Sechsring 120°. Im Cyclohexan ist der Kohlenstoff sp^3-hybridisiert, seine Bindungen weisen in die Ecken eines Tetraeders, in dem alle Winkel 109,5° betragen. Ein ebener Sechsring würde deshalb unter einer starken Winkelspannung stehen, außerdem würden alle Wasserstoffatome ekliptisch aufeinander stehen, wodurch die Instabilität noch erhöht würde. Es bilden sich deshalb zwei winkelspannungsfreie, nicht ebene Konformationen aus, die Sessel- und die Wannenform. 3.10 S. 67

Die stabilste Konformation des Cyclohexanmoleküls ist die Sesselform. Bei der Wannenkonformation wird die Stabilität etwas verringert, weil die Wasserstoffatome an den Spitzen der Wanne auf Deckung stehen und sich dadurch etwas behindern. 3.11 S. 67

3.12 Cis-trans-Isomerie tritt dann auf, wenn die freie Drehbarkeit um eine Bindungsachse zwischen zwei Atomen nicht gegeben ist (zum Beispiel bei Doppelbindungen) und diese Atome jeweils Substituenten tragen.
S. 68 Cis-trans-Isomerie beim 1,2-Dichlorethen:

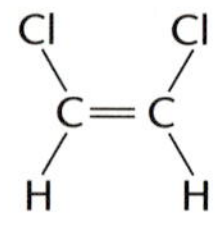

cis-Form

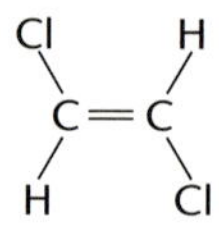

trans-Form

Cis-trans-Isomerie kann aber auch in Ringverbindungen auftreten, denn auch hier ist die freie Drehbarkeit zwischen zwei benachbarten Kohlenstoffatomen aufgehoben. Cis-trans-Isomerie beim 1,4-Dichlorcyclohexan:

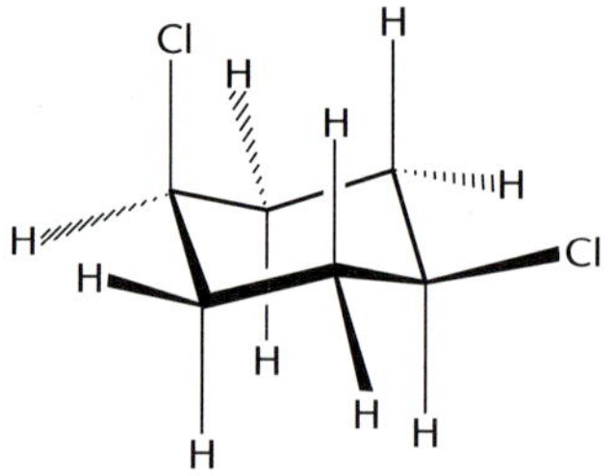

cis-Form

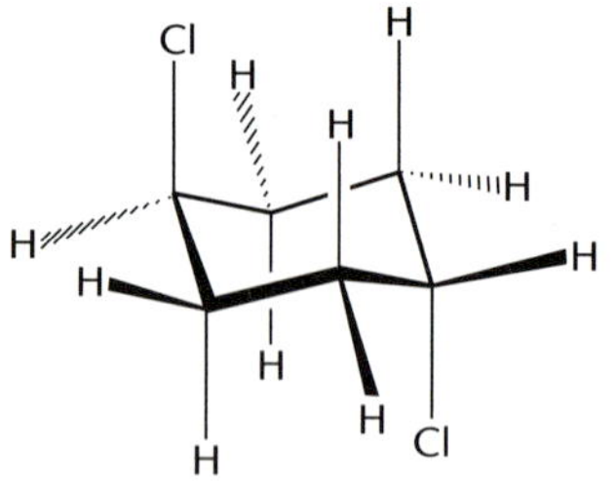

trans-Form

3.13 Es existieren cis-trans-Isomere von 2-Buten und 1-Chlorpropen:
S. 68

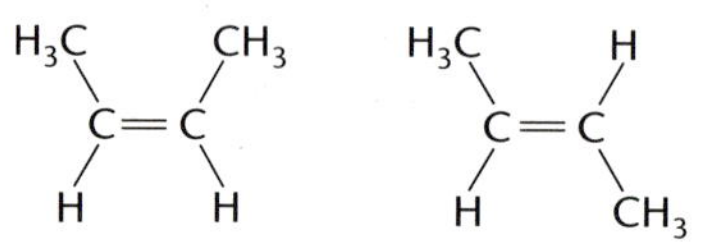

cis- trans-

2-Buten

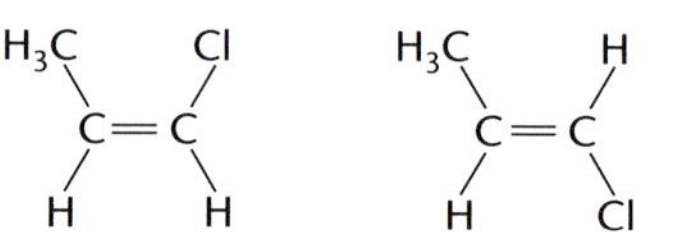

cis- trans-

1-Chlorpropen

Keine cis-trans-Isomere gibt es vom Butan, da freie Drehbarkeit um alle C–C-Bindungsachsen besteht:

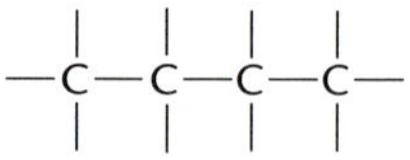

Beim 1-Buten sind nur an einem der durch die Doppelbindung verbundenen C-Atome zwei verschiedene Substituenten gebunden:

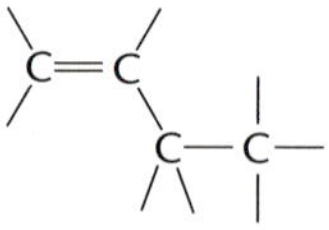

Das 1,2-Dichlorethin besitzt auch keine cis-trans-Isomere, da an jedes der Kohlenstoffatome nur ein Substituent gebunden ist:

Cl—C≡C—Cl

3.14 Ein asymmetrisches Kohlenstoffatom liegt dann vor, wenn es mit vier verschiedenen
S. 74 Bindungspartnern (Liganden) verbunden ist.

Verhalten sich zwei optisch isomere Moleküle in ihrem räumlichen Bau wie Bild und Spiegelbild, so liegt Spiegelbildisomerie vor (siehe Abb. 77). 3.15 S. 74

Unter optischer Aktivität versteht man die Fähigkeit mancher gelöster Substanzen, die Schwingungsebene von linear polarisiertem Licht zu drehen. 3.16 S. 74

Optische Antipoden (= Enantiomere) haben genau den gleichen spezifischen Drehwinkel. Sie unterscheiden sich lediglich darin, dass sie die Ebene des linear polarisierten Lichts in entgegengesetzte Richtungen drehen. 3.17 S. 74

3

Ein Racemat ist ein äquimolares Gemisch (1:1) aus Enantiomeren. Enantiomere drehen zwar die Ebene des polarisierten Lichts um den gleichen Betrag, jedoch in entgegengesetzte Richtung. Dadurch wird die Drehwirkung aufgehoben: Racemate sind optisch inaktiv. 3.18 S. 74

Ausgehend von einer Lichtquelle wird Licht durch ein Polarisationsfilter geschickt, das nur Licht einer Schwingungsebene durchlässt. Dieses linear polarisierte Licht durchquert einen lichtdurchlässigen Behälter (Küvette) mit der zu untersuchenden Lösung und tritt dann durch einen zweiten Polarisator, den Analysator. 3.19 S. 74

Für die Darstellung in der FISCHER-Projektion wird die Kohlenstoffkette senkrecht angeordnet, wobei das Kohlenstoffatom mit der höchsten Oxidationsstufe nach oben zeigt. Bei 2,3-Dihydroxypropanal ist dies die Aldehydgruppe. Die beiden Bindungen, die vor die Papierebene gerichtet sind, werden durch waagerechte, die Bindungen, die dahinter gerichtet sind, durch senkrechte Bindungsstücke angegeben. Projektionsformeln, in denen der Heteroatom-Ligand (hier die OH-Gruppe) rechts steht, werden als D-Form, solche mit links angeordneter OH-Gruppen als L-Form bezeichnet. 3.20 S. 74

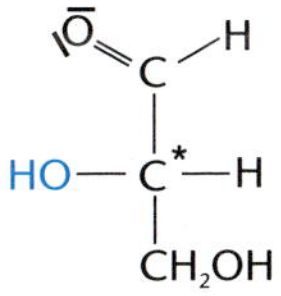

L-2,3-Dihydroxypropanal

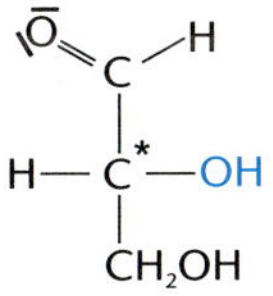

D-2,3-Dihydroxypropanal

3.21 S. 74

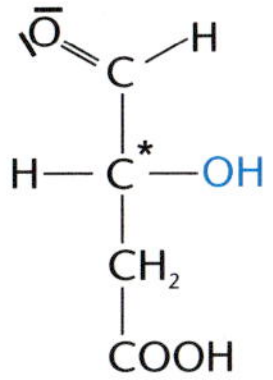

D-Äpfelsäure

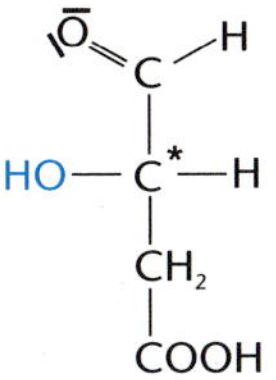

L-Äpfelsäure

3.22
S. 74

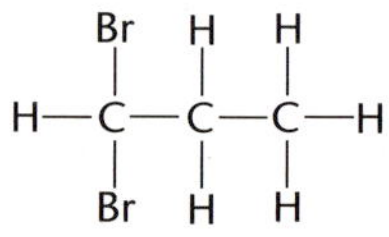

1,1-Dibrompropan

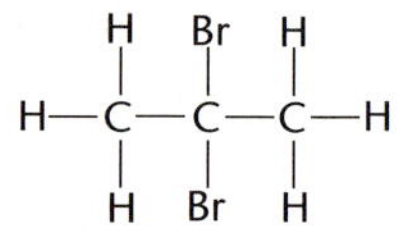

2,2-Dibrompropan

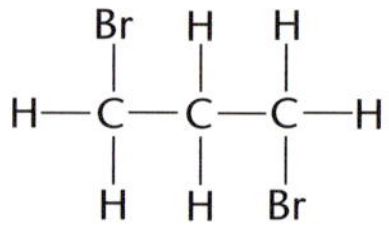

1,3-Dibrompropan

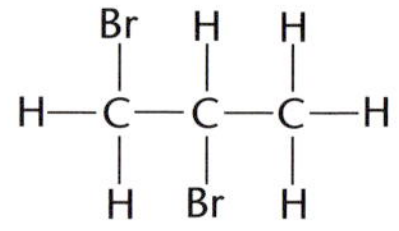

1,2-Dibrompropan

Das 1,2-Dibrompropan besitzt ein asymmetrisches C-Atom, daher gibt es auch zwei Spiegelbildisomere:

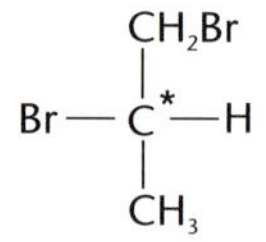

L-1,2-Dibrompropan

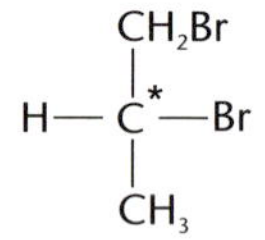

D-1,2-Dibrompropan

Die Spiegelbildisomere kann man nur aufgrund ihres unterschiedlichem Verhaltens gegenüber linear polarisiertem Licht mit dem Polarimeter auseinander halten. Die anderen Isomere lassen sich durch ihre verschiedenen physikalischen Eigenschaften unterscheiden, zum Beispiel ihre Siedetemperatur.

3.23
S. 74

Diastereomere sind Stereoisomere, die sich nicht wie Bild und Spiegelbild verhalten. Beispiele für Diastereomere sind D(–)-Weinsäure und Mesoweinsäure.

Lösungen Kap. 4

4.1
S. 82

Die Farbigkeit von Stoffen beruht auf ihrer Fähigkeit, aus dem sichtbaren Bereich des Lichtspektrums einen bestimmten Wellenlängenbereich zu absorbieren. Das menschliche Auge nimmt die farbige Substanz in der Farbe wahr, die sich aus den nicht absorbierten Bereichen, also dem durchgelassenen Licht, ergibt.

4.2
S. 82

Eine organische Verbindung kann nur dann Farbe zeigen, wenn sie in der Lage ist, einen Teil des sichtbaren Spektrums zu absorbieren.
Die wichtigste Voraussetzung dafür ist, dass diese Verbindung π-Elektronenwolken besitzt, wie sie bei konjugierten Doppelbindungen ungesättigter organischer Verbindungen oder in aromatischen Ringsystemen auftreten. Die π-Elektronwolken erscheinen farbig, weil sie einzelne Wellenlängenbereiche aus dem sichtbaren Spektrum herausfiltern und den Rest des Lichts durchlassen.

Chromogene sind die Grundkörper der Farbstoffe. Sie besitzten ein System aus konjugierten C=C-Doppelbindungen. 4.3 S. 83
Chromogene können bereits farbig sein, häufig werden sie aber erst durch die Einführung auxochromer oder antiauxochromer Gruppen (wie $-NH_2$, $-OH$ oder $-NO_2$) zu Farbstoffen. Diese Gruppen bewirken meistens eine Verschiebung der Absorption ins Längerwellige.

Auxochrome sind funktionelle Gruppen am chromophoren System (zum Beispiel $-NH_2$), die als Elektronendonatoren am mesomeren System teilnehmen und dadurch ein Ausdehnen der π-Elektronenwolke ermöglichen. 4.4 S. 83
Antiauxochrome sind Elektronenakzeptoren. Sie verlängern ebenfalls das mesomere π-System. Beispiel dafür ist die $-NO_2$-Gruppe.

4

Lycopin ist ein Molekül mit vielen konjugierten Doppelbindungen. Bei Zugabe der Bromlösung kommt es zu einer *schrittweisen* Addition der Brommoleküle an diese Doppelbindungen von den Enden der C-Kette aus. Dadurch wird das π-Elektronensystem kürzer und dies ändert die Lichtabsorption. 4.5 S. 83

Triphenylmethanfarbstoffe sind organische Farbstoffe mit einem π-Elektronensystem, das sich über die Benzolringe des Triphenylmethan-Grundgerüsts erstreckt. 4.6 S. 91
Bei den eigentlichen Farbstoffen ist das zentrale C-Atom oxidiert, sodass die π-Elektronen ein zusammenhängendes konjugiertes System bilden können.

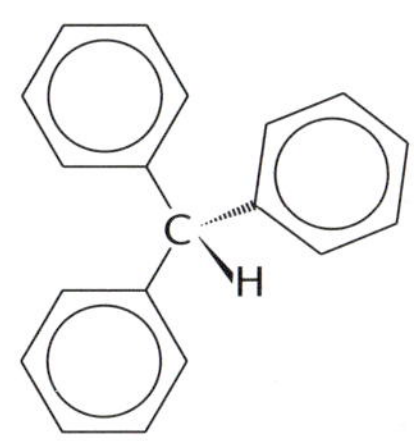

Chrysoidin ist ein Azofarbstoff. Die Synthesereaktion läuft in zwei Schritten ab: 4.7 S. 91
1. Diazotierung von Anilin:

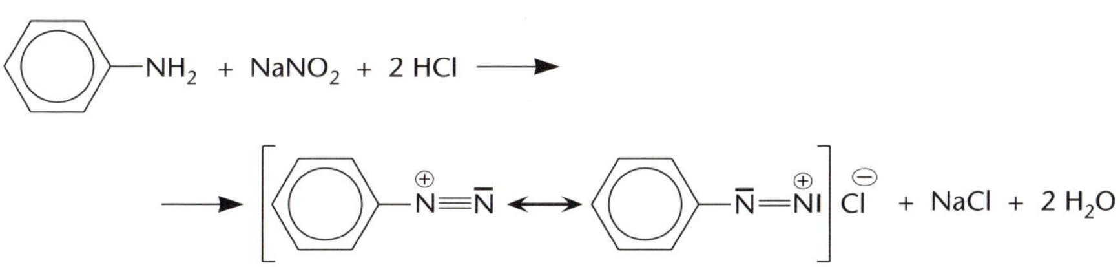

Diazoniumion

2. Kupplungsreaktion: Verknüpfung des Diazoniumions mit der Kupplungskomponente 1,3-Diaminobenzol.

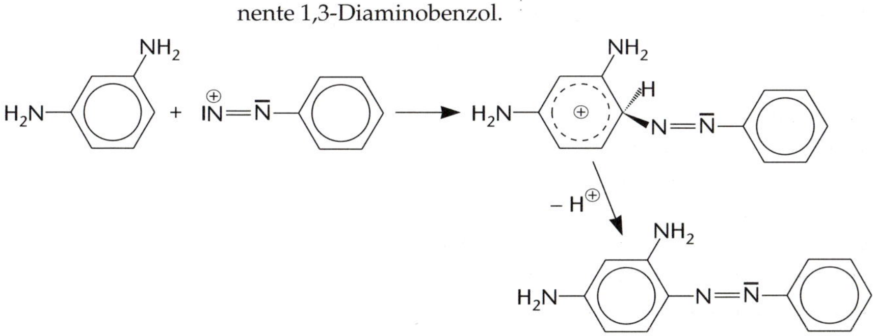

4.8
S. 95 Das Haftvermögen eines Farbstoffs hängt sowohl von den funktionellen Gruppen des Farbstoffs als auch von der chemischen Struktur der verschiedenen Fasern ab.

Mögliche Haftwirkungen sind zum Beispiel: Unlöslichkeit in Wasser, Ausbildung von Wasserstoffbrückenbindungen, Ausbildung kovalenter Bindungen, Einschluss der Farbstoffmoleküle in das Innere der Faserbündel.

Bei Wolle und Seide handelt es sich um tierische Fasern, d.h. um Eiweißstoffe. Da Polypeptide amphoteres Verhalten zeigen, lassen sich tierische Fasern gut mit sauren und basischen Farbstoffen färben.

4.9
S. 95 Entwicklungsfarbstoffe sind *wasserunlösliche* Farbstoffe, die direkt „auf der Faser" erzeugt werden. Meist handelt es sich dabei um Azofarbstoffe.

4.10
S. 95 Küpenfarbstoffe sind wasserunlöslich. Zum Färbevorgang muss der Farbstoff erst in eine wasser*lösliche* Form überführt werden: Indigo wird mit Natriumdithionit reduziert, es entsteht das farblose bis gelbliche wasserlösliche Indigweiß, die so genannte Küpe. Das Färbegut wird mit der Küpe getränkt und anschließend an der Luft ge-
4.11
S. 95 trocknet. Die Küpe wird durch den Luftsauerstoff zum ursprünglichen unlöslichen blauen Farbstoff zurückoxidiert, der nun fest auf der Faser haftet.

4.12
S. 95 Beizenfarbstoffe haften sehr schlecht. Ein geeignetes Beizmittel (Gerbstoffe oder Metallsalze) bindet als Vermittlersubstanz den Farbstoff an die Faser. Dazu wird die Faser zunächst gebeizt und dann in einem Farbbad mit dem Farbstoff behandelt. Dieser bleibt nun fest auf der Faser haften.

Lösungen Kap. 5

5.1
S. 113 Enzyme sind hochmolekulare Proteine. Sie beschleunigen als Katalysatoren die Einstellung von Gleichgewichten biochemischer Reaktionen oder ermöglichen diese Reaktionen erst.

5.2
S. 113 Unter der *Wirkungsspezifität* von Enzymen versteht man ihre Fähigkeit, nur ganz bestimmte Reaktionsschritte in komplexen biochemischen Prozessen zu katalysieren. *Substratspezifität* bedeutet, dass sie ihre Wirkung nur an ganz bestimmten Substanzen entfalten.

5.3
S. 113 Man spricht vom Schlüssel-Schloss-Prinzip, weil Substrat und aktives Zentrum des Enzyms räumlich und chemisch genau zueinander passen.

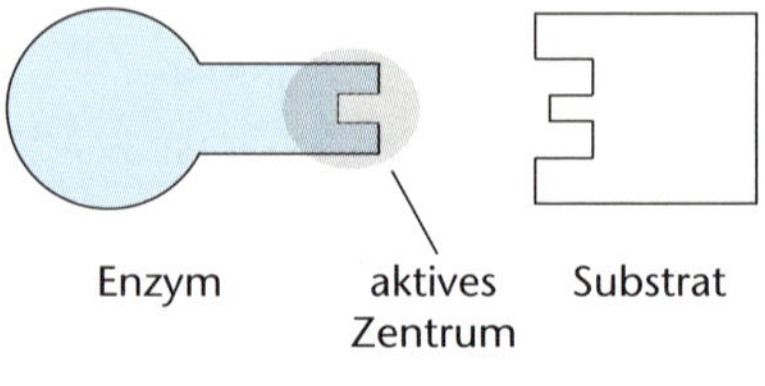

Saccharase ist ein Enzym, das auf Rohrzucker (*Saccharose*) einwirkt. 5.4
Lipase wirkt auf Fette (*Lipide*) ein. S. 113

Nur eines der Enantiomere passt räumlich genau zum aktiven Zentrum des Enzyms. Das andere Enantiomer kann sich wegen seines spiegelbildlichen Baus nicht ins aktive Zentrum einpassen und daher keinen Enzym-Substrat-Komplex bilden. Deshalb kann es auch nicht abgebaut werden. 5.5 S. 113

Durch den allosterischen Hemmstoff, der sich *nicht* am aktiven Zentrum des Enzyms anlagert, wird die Struktur des aktiven Zentrums so verändert, dass sich Substrat und Enzym nicht mehr zu einem Enzym-Substrat-Komplex zusammenlagern können. 5.6 S. 113

5

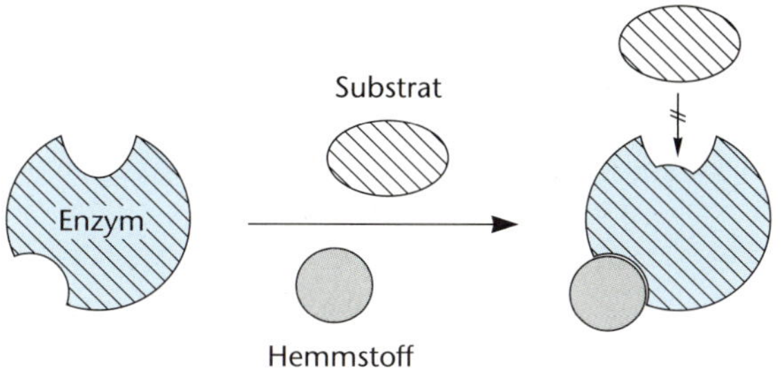

a) Je höher die Substratkonzentration wird, desto langsamer nimmt der Substratumsatz zu. Daher nähert sich die Aktivität, also die Geschwindigkeit der enzymatisch katalysierten Substratreaktion, mit zunehmender Substratkonzentration einem Sättigungswert v_{max} an. 5.7 S. 113

b) Wenn eine kompetitive Hemmung vorliegt, konkurrieren Substrat und Hemmstoff um die Plätze an den aktiven Zentren.
Je größer die Substratkonzentration ist, desto größer ist nach dem Massenwirkungsgesetz die Wahrscheinlichkeit, dass ein Substratmolekül anstelle eines Hemmstoffmoleküls das aktive Zentrum eines Enzymmoleküls besetzen kann. Daher wird eine Erhöhung der Substratkonzentration die kompetitive Hemmung ganz oder teilweise wieder aufheben. (Vorausgesetzt, dass der kompetitive Hemmstoff keine irreversible Bindung mit dem Enzym eingegangen ist.)

c) Ist ein Enzym allosterisch gehemmt, so hat die Erhöhung der Substratkonzentration keinen Einfluss auf die Enzymaktivität, da es zwischen Substrat und Hemmstoff keine Wechselwirkung gibt, die auf den Hemmstoff einwirken kann.

Die reale Bruttogleichung der Photosynthese lautet: 5.8 S. 129

$$6\,CO_2 + 12\,H_2O \xrightarrow{h \cdot \nu} C_6H_{12}O_6 + 6\,H_2O + 6\,O_2$$

Durch die Markierung der Edukte Kohlenstoffdioxid und Wasser mit dem Sauerstoffisotop $^{18}_{8}O$. Nur wenn in den *Wassermolekülen* $^{16}_{8}O$ vollständig durch das schwerere Isotop $^{18}_{8}O$ ersetzt wird, findet man $^{18}_{8}O$ im molekularen Sauerstoff. 5.9 S. 129
Markiert man dagegen auf diese Weise CO_2, gelangt das Isotop $^{18}_{8}O$ nur in die Glukose, nicht in die Wassermoleküle.

5.10 **S. 129** Die Photosyntheseleistung einer Pflanze wird beeinflusst von den Außenfaktoren:
- Beleuchtungsstärke (Lichtintensität)
- Lichtqualität (spektrale Zusammensetzung des einfallenden Lichts)
- Kohlenstoffdioxidgehalt der Luft
- Temperatur

5.11 **S. 129** Es laufen gleichzeitig Prozesse an Photosystem I und Photosystem II ab, die teilweise aufeinander aufbauen.
Das Photosystem I nimmt über den Antennenkomplex Strahlungsenergie auf, wodurch der Chlorophyllfarbstoff P_{700} angeregt wird. Durch Photooxidation geben die angeregten P_{700}-Moleküle Elektronen ab, die in einer energetischen Bergab-Kette über verschiedene Redoxsysteme NADP zu $NADPH_2$ reduzieren. Zurück bleibt eine Elektronenlücke im Photosystem I.
Diese Lücke im Photosystem I wird durch die analog zur Photooxidation von P_{700} im Photosystem II ablaufende Anregung und Photooxidation von P_{680} geschlosssen. Das dadurch am PS-II entstandene Elektronendefizit wird durch die Photolyse von Wasser ausgeglichen.
Die energetische Bergab-Kette, die von der Photooxidation des P_{680} ausgeht, erzeugt außerdem einen H^+-Ionengradienten zwischen Stroma und Lumen, der zur Bildung von ATP führt.

5.12 **S. 129** Beide Prozesse finden im Chloroplasten statt. Die Lichtreaktionen laufen in der Thylakoidmembran und im Thylakoidlumen ab, die Dunkelreaktionen im Stroma.

5.13 **S. 129** Sowohl ATP als auch $NADPH_2$ werden für die Reduktion von Glycerinsäure-3-phosphat zum Aldehyd benötigt:

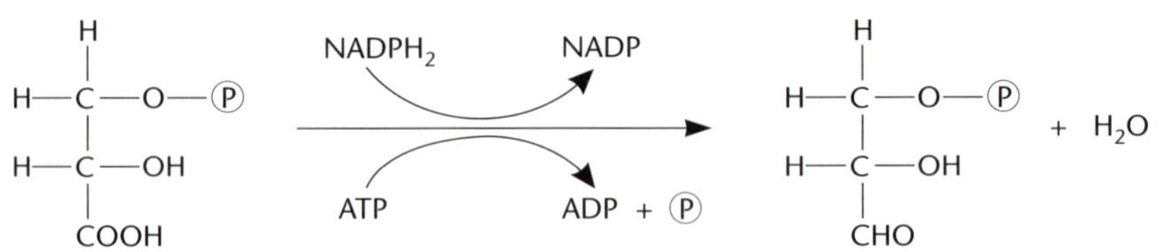

Zum Neuaufbau des Kohlenstoffdioxidakzeptors Ribulose-1,5-diphosphat aus Glycerinaldehyd-3-phosphat ist ATP erforderlich:

$$\text{10 Glycerinaldehyd-3-phosphat} \xrightarrow{\text{6 ATP}} \text{6 Ribulose-1,5-diphosphat}$$

5.14 **S. 129** Der stabile Elektronenakzeptor ist NADP, das zu $NADPH_2$ reduziert wird. Die aus der Photolyse des Wassers stammenden Elektronen gelangen über den *nichtzyklischen Elektronentransport* zum NADP.

5.15 S. 140

Alkoholgärung:

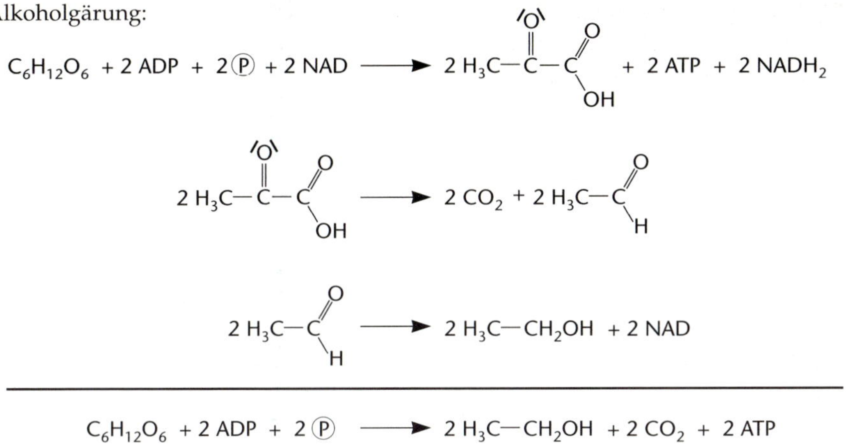

Milchsäuregärung:

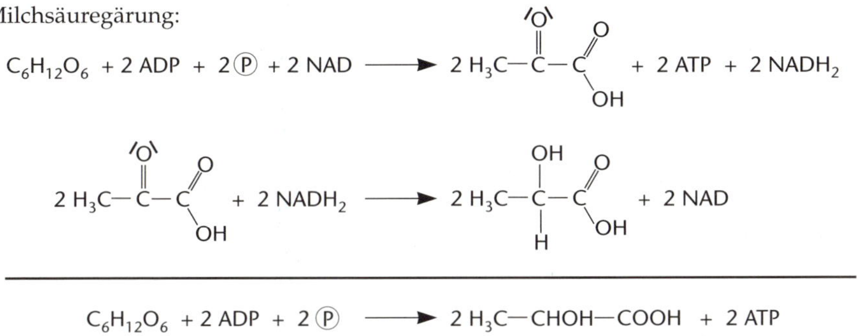

5.16 S. 140

Das bei der Glykolyse entstandene $NADH_2$ muss wieder zu NAD zurückgebildet werden, damit dieses Coenzym für weitere Glykolysereaktionen in der Zelle wieder zur Verfügung steht:

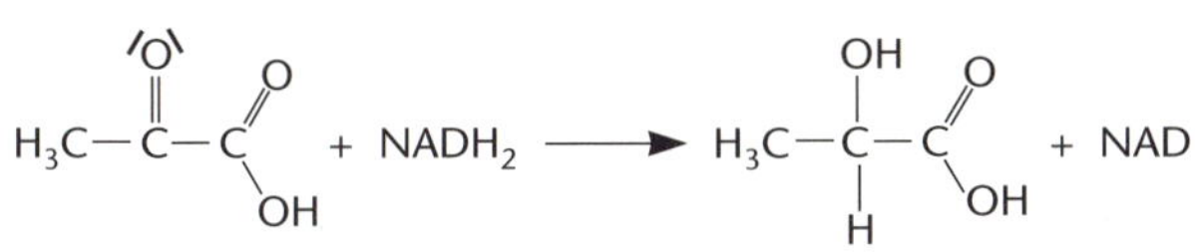

5.17 S. 141

- Abbau des C_3-Körpers Brenztraubensäure zu CO_2
- Bildung von Reduktionsäquivalenten:
  8 mol $NADH_2$ und 2 mol $FADH_2$ pro Mol Glukose
- Bildung von 2 mol ATP pro Mol Glukose
- Regenerierung des Acetyl-CoA-Akzeptors Oxalessigsäure

5.18 S. 141

Milchsäuregärung: Reduktion von Brenztraubensäure 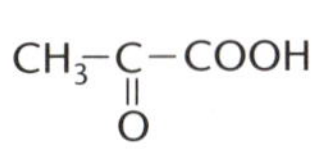

Alkoholgärung: Reduktion von Ethanal 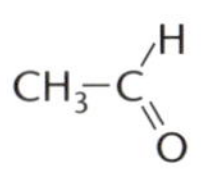

Atmung: Sauerstoff-Verbrennung 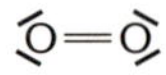

5.19
S. 141 Glykolyse:

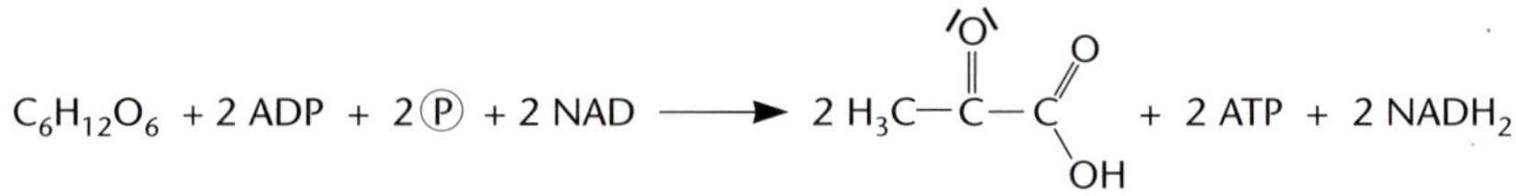

Zitronensäure-Zyklus:

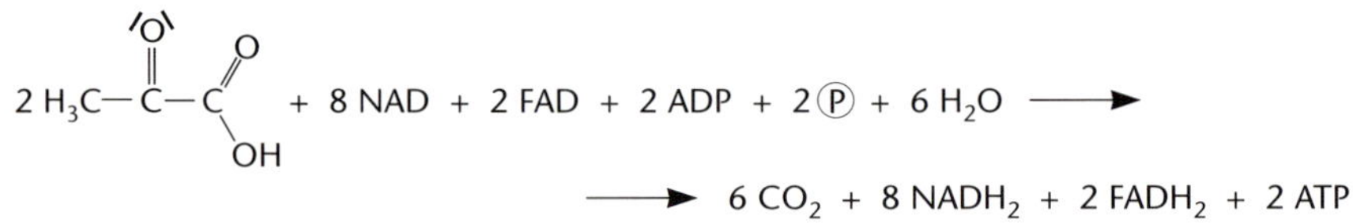

Atmungskette:

$$10\ NADH_2 + 2\ FADH_2 + 6\ O_2 + 34\ ADP + 34\ Ⓟ \longrightarrow$$

$$\longrightarrow 12\ H_2O + 10\ NAD + 2\ FAD + 34\ ATP$$

5.20
S. 141 Bis der Sauerstoffmangel behoben ist, kann durch Atmung kein oder nicht genug ATP gewonnen werden. Das Umschalten der Skelettmuskelzellen auf einen anaeroben Kohlenhydratabbau durch Gärung kann dieses ATP-Bildungsdefizit überbrücken.

5.21
S. 141 Die Glykolyse läuft im Cytoplasma ab, der Zitronensäure-Zyklus im Innenraum der Mitochondrien, die Atmungskette im Zwischenmembranraum der Mitochondrien bzw. über die Mitochondrien-Innenmembran hinweg.

5.22
S. 146 Beim Fettsäureabbau in der Zelle erfolgt der oxidative Angriff an dem zur Carboxylgruppe der Fettsäure β-ständigen Kohlenstoffatom. Die Oxidation zur Carboxylfunktion an dieser Position führt zur Abtrennung einer C_2-Einheit von der Fettsäurekette. Da es sich bei der nun um zwei Kohlenstoffatome verkürzten Kohlenstoffkette erneut um eine Fettsäure handelt, kann derselbe Oxidationsprozess wiederholt stattfinden.

5.23
S. 146 Die Stoffwechsel-Endprodukte beim Proteinabbau sind *Kohlenstoffdioxid* (und Energie) aus dem Kohlenstoffkörper der Aminosäuren und *Ammoniak*.
Ammoniak wird entweder direkt ausgeschieden oder zuvor in Harnsäure oder Harnstoff umgewandelt.

5.24
S. 146

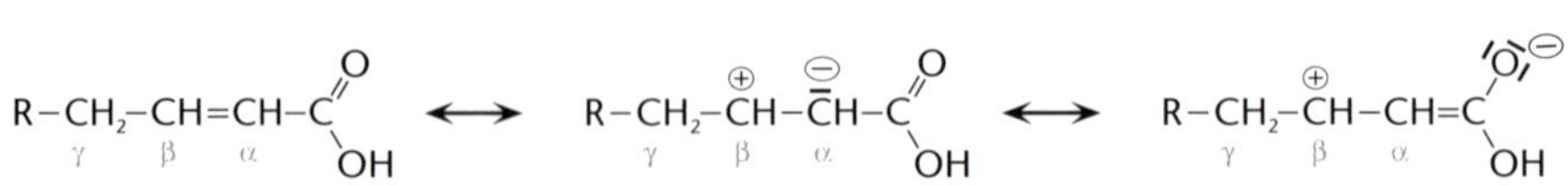

Die positive Ladung am β-C-Atom wirkt auf die freien Elektronenpaare des Sauerstoffs anziehend:

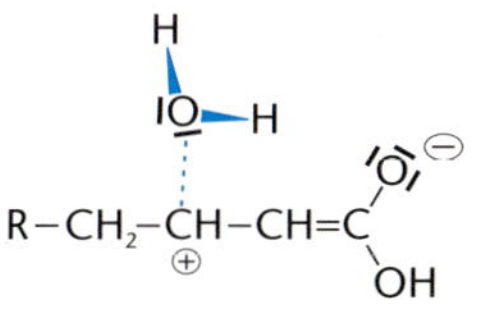

Durch „Umklappen" der Bindungen kann man sich die Wasseraddition erklären:

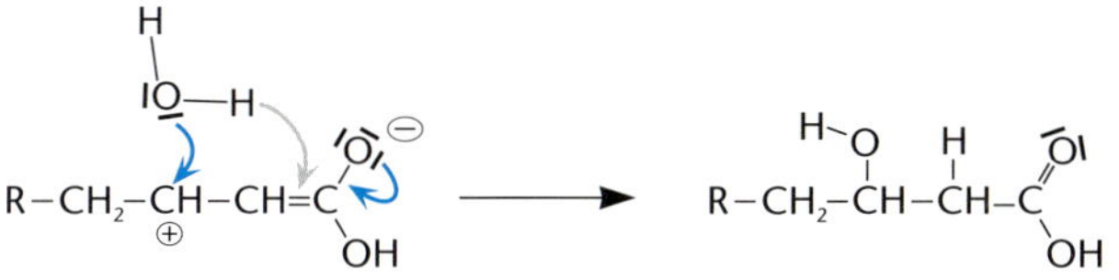

5

■ **Alkylgruppen:** Radikale, die sich von den Alkanen ableiten, aus denen sie durch Entzug eines Wasserstoff*atoms* entstehen. Ihre allgemeine Summenformel lautet C_nH_{2n+1}.
Alkylgruppen, die in einem Molekül gebunden sind, werden als *Alkylreste* bezeichnet.
Beispiele: CH_3– Methylrest, C_2H_5– Ethylrest, …

■ **Ampholyte:** Verbindungen, die sowohl saure als auch basische Gruppen besitzen. Verhalten sich je nach Bedingungen sauer oder basisch.

■ **amphoter:** Ein Stoff ist amphoter, wenn er sich je nach Reaktionspartner als Säure (Protonendonator) oder als Base (Protonenakzeptor) verhält.

■ **Anhydride:** Man versteht darunter heute fast ausschließlich *Säureanhydride*. Man erhält sie, wenn man den sauren Gruppen geeigneter Säuren Wasser entzieht. Durch Reaktion von Säureanhydriden mit Wasser erhält man die jeweils zugrunde liegende Säure.

■ **Atombindung** (Kovalenzbindung, Elektronenpaarbindung, homöopolare Bindung): chemische Bindungsart, bei der ein oder mehrere Elektronenpaare den beteiligten Atomen gemeinsam angehören.

■ **BAEYER,** ADOLF VON (1835–1917): Professor für organische Chemie in München. Hydroaromatische Verbindungen. Nobelpreis für Chemie 1905.

■ **Bernsteinsäure:** $HOOC–CH_2–CH_2–COOH$

■ **Bindungsenergie:** Energiebetrag, der bei einer Bildung einer Elektronenpaarbindung (siehe Atombindung) frei wird. Zur Spaltung einer derartigen Verbindung muss der gleiche Energiebetrag aufgewandt werden.

■ **BROGLIE,** LOUIS-VICTOR DE (1892–1987): Professor für theoretische Physik in Paris. Dualismus von Welle und Korpuskel, Wellenmechanik. Nobelpreis für Physik 1929.

■ **C_6-Körper:** In der Biochemie verwendet man für Verbindungen mit mehreren Kohlenstoffatomen gerne den pauschalen Begriff C_n-Körper. Glukose mit $n = 6$ C-Atomen ist also ein C_6-Körper.

■ **CALVIN,** MELVIN (geb. 1911): Professor für organische Chemie in Berkeley. Arbeiten über die photochemische CO_2-Assimilation. Nobelpreis für Chemie 1961.

■ **Carotinoide:** Sammelbegriff für Carotine (z. B. β-Carotin) und Xantophylle (Carotine mit Hydroxy-Gruppen an den Ringen).

■ **Chlorradikale:** Chloratome mit jeweils einem freien ungepaarten Elektron. Teilchen mit ungepaarten Elektronen nennt man allgemein Radikale.
Beispiele: Cl• Chlorradikal, CH_3• Methylradikal, C_6H_5• Phenylradikal. Radikale sind äußerst reaktionsfähig.

■ **Cytoplasma:** Teil der Zellsubstanz, die sich außerhalb des Zellkerns befindet.

■ **delokalisierte Elektronen:** Bindungselektronen, die in organischen Verbindungen nicht zwischen bestimmten Kohlenstoffatomen lokalisiert sind, sondern gleichzeitig mehreren oder allen Kohlenstoffatomen angehören.

■ **Derivate:** von einer chemischen Verbindung abgeleitete Stoffe, deren Strukturformeln aber noch das gleiche Grundgerüst haben wie die Ausgangsverbindungen.

■ **Disulfidbrücke:** Schwefel-Schwefel-Bindungen (–S–S–), die den Zusammenhalt zwischen den Polypeptidketten der Proteine bewirken.

■ **Edelgaskonfiguration:** Die Anordnung der Elektronen auf den Außenschalen der Edelgase ist energetisch besonders günstig. Mit Ausnahme des Heliums haben alle Edelgase in ihren Außenschalen die Elektronenkonfiguration ns^2np^6 (Elektronenoktett).
In stabilen chemischen Verbindungen besitzen die Atome in ihren Außenschalen häufig ebenfalls acht Elektronen. Dies entspricht dem Elektronenoktett bei Edelgasen.

■ **Elektronegativität:** unterschiedlich starkes Bestreben der Elemente, in chemischen Verbindungen gemeinsame Elektronenpaare näher an sich heranzuziehen. Die Bindung wird dadurch polarisiert.
Der Begriff Elektronegativität (EN) wurde von LINUS PAULING (1901–1994) aufgestellt. Er gab dem Fluor mit der höchsten Elektronegativität

den Wert 4,0. Je größer die Differenz der EN-Werte zweier Atome ist, desto größer ist die Polarität ihrer Verbindung.

■ **exotherm:** Eine Reaktion, bei deren Ablauf Wärme (Energie) frei wird, nennt man exotherm.

■ **Fischer,** Emil (1852–1919): Professor für organische Chemie in Erlangen, Würzburg, Berlin. Eiweiße, Fette, Zucker; Schlüssel-Schloss-Theorie der Enzymwirkung. Nobelpreis für Chemie 1902.

■ **funktionelle Gruppe:** Atome oder Atomgruppen, die einer chemischen Verbindung typische Eigenschaften verleihen.

■ **Glukose:** Die Schreibweise von Glukose ist uneinheitlich; sowohl „Glukose" als auch „Glucose" sind erlaubt. Das gilt auch für die von Glukose abgeleiteten Begriffe.

■ **Gradient:** Maß für Steigung oder Gefälle. Allgemein: Ausdruck für die Veränderung einer Eigenschaft.

■ **Heisenberg,** Werner (1901–1976): Professor für theoretische Physik in Leipzig, Berlin, Göttingen und München. Mitbegründer der Quantenmechanik. Nobelpreis für Physik 1932.

■ **Heteroatom:** Nichtkohlenstoffatom (z.B. Sauerstoff, Stickstoff, Schwefel), das in eine organische Verbindung (vor allem Ringverbindungen) eingebaut ist.

■ **heterolytisch:** Bei der heterolytischen Spaltung eines Moleküls werden beide Elektronen eines Bindungselektronenpaares einem der Partner zugeteilt. Gegenteil ist die homolytische Spaltung, bei der jedes Spaltstück ein ungepaartes Elektron besitzt.

■ **Hexosen:** Bezeichnung für Monosaccharide mit sechs Kohlenstoffatomen. Sie können als Aldosen oder Ketosen vorliegen.

■ **homolytisch:** Bei der homolytischen Spaltung eines Moleküls besitzt jedes Spaltstück ein ungepaartes Elektron. Das Gegenteil ist die heterolytische Spaltung. Dabei werden beide Elektronen eines Bindungselektronenpaares einem der Partner zugeteilt.

■ **Hückel,** Erich (1896–1980): Professor für theoretische Physik in Marburg. Theorie der Aromatizität, Aufstellung der Hückel-Regel.

■ **Iminosäuren:** Carbonsäuren, die eine =N–H-Gruppe enthalten.

■ **intermolekular:** Bezeichnung für Vorgänge und Beziehungen, die zwischen zwei oder mehreren Molekülen stattfinden.

■ **intramolekular:** Bezeichnung für Vorgänge, die innerhalb einzelner Moleküle stattfinden.

■ **Isotope:** Atome gleicher Kernladungs-, aber unterschiedlicher Massenzahlen.

■ **Katalysator:** eine Substanz, die durch Herabsetzen der Aktivierungsenergie den Ablauf einer chemischen Reaktion beschleunigt. Ein Katalysator bildet während des Reaktionsverlaufs mit den Reaktionspartnern zwar Zwischenprodukte, in weiteren Reaktionsschritten bildet sich der Katalysator jedoch wieder zurück. Er wurde also nicht verbraucht.

■ **Kekulé,** August (1829–1896): Professor für Chemie in Heidelberg, Gent und Bonn. Bindungstheorie, ringförmige Benzolformel, Isomeriemöglichkeiten bei Kohlenstoffverbindungen.

■ **α-Ketoglutarsäure:**

$$HOOC{-}\overset{\displaystyle O}{\overset{\|}{C}}{-}CH_2{-}CH_2{-}COOH$$

■ **kolloid:** Bezeichnung für einen feinst verteilten (dispergierten) Stoff, dessen Teilchen einen Durchmesser von 10^{-5} bis 10^{-7} cm haben. Die Teilchen eines Stoffes im kolloidalen Zustand sind so klein, dass man sie unter einem Lichtmikroskop nicht sehen kann.

■ **Konfiguration:** räumliche Anordnung der Atome oder Atomgruppen in einem Molekül.

■ **Konformere:** andere Bezeichnung für Konformationsisomere.

■ **Konjugation:** Wechselwirkung zwischen den π-Elektronen von zwei oder mehreren Doppelbindungen, die in einem Molekül jeweils durch eine Einfachbindung getrennt sind. Die π-Elektronen in einem konjugierten System sind *delokalisiert*, d.h., sie sind über die an der Konjugation beteiligten Atome gleichmäßig verteilt.

■ **kovalente Einfachbindung** (Atombindung, Elektronenpaarbindung, homöopolare Bindung): chemische Bindungsart, bei der ein Elektronenpaar den beteiligten Atomen gemeinsam angehört.

■ **Krebs,** Sir Hans Adolff (1900–1981): Professor für Biochemie in Sheffield und Oxford. Stoffwechselenergetik. Nobelpreis für Medizin (Physiologie) 1953.

■ **Liganden:** in der Komplexchemie Bezeichnung für Atome, Moleküle oder Ionen, die um ein Zentralteilchen angeordnet sind. Der Ausdruck Liganden wird in der organischen Chemie auch anstelle des Begriffes Substituenten benützt. Man bezeichnet damit Atome oder Atomgruppen in organischen Verbindungen, die in einer Substitutionsreaktion durch andere Atome oder Atomgruppen ersetzt werden.

■ **Lipide:** Fette und fettähnliche Verbindungen. Hauptmerkmal: nur in organischen Lösungsmitteln löslich.
In Wasser können Lipide Emulsionen bilden (Milch). Ursache für die Unlöslichkeit in Wasser sind meist lange Kohlenstoffketten mit aliphatischem Charakter (z. B. Fettsäuren).

■ **Metabolismus:** Gesamtheit stofflicher Umsetzungen in einem lebenden Organismus.

■ **Michaelis,** Leonor (1875–1949): Tätig am Rockefeller Institute New York. Wasserstoff-Ionenkonzentration, Pufferwirkung, Enzymkinetik.

■ **Newman,** Melvin Spencer (geb. 1908): Professor für organische Chemie in Columbus, Ohio. Reaktionsmechanismen, kondensierte Aromaten, Stereochemie.

■ **Nitriersäure:** Mischung aus 1 Teil konz. Salpetersäure HNO_3 und 2 Teilen konz. Schwefelsäure H_2SO_4. Nitriersäure enthält als nitrifizierendes Agens das Nitroniumion NO_2^+.

■ **Nukleotid:** ein Nukleosid, an dessen Kohlenhydratring eine Phosphatgruppe gebunden ist. Ein Nukleosid ist eine Kombination aus einer DNA-Base und einer Desoxyribose.

■ **Oleum:** konzentrierte Schwefelsäure, in der im Überschuss Schwefeltrioxid SO_3 gelöst ist. Oleum gibt an die Atmosphäre SO_3 ab. Dieses bildet zusammen mit der Feuchtigkeit der Luft Nebeltröpfchen aus Schwefelsäure. Da diese Flüssigkeitströpfchen fälschlicherweise häufig „Rauch" genannt werden, wird Oleum auch als „rauchende Schwefelsäure" bezeichnet.

■ **Oxalessigsäure:** $HOOC{-}\underset{\underset{O}{\|}}{C}{-}CH_2{-}COOH$

■ **Peptidbindung:** charakteristische Bindung zwischen Kohlenstoff- und Stickstoffatomen, wie sie sich bei einer Kondensation einer Aminogruppe und einer Carbonylgruppe der Aminosäuren in den Proteinen ergibt: $-\underset{\underset{O}{\|}}{C}{-}NH{-}$

■ **Phenylrest:** in organischen Verbindungen Bezeichnung für den Benzolrest C_6H_5-.

■ **Planck,** Max (1858–1947): Professor für Physik in Kiel und Berlin. Begründung der Quantentheorie. Nobelpreis für Physik 1918.

■ **polare Lösungsmittel:** Flüssigkeiten, deren Moleküle Dipole sind. Wasser, Alkohol, Essigsäure sind z. B. polare Lösungsmittel; Hexan, Tetrachlormethan, Benzol sind Beispiele für unpolare Lösungsmittel.

■ **Porphyrinsystem:** auch als Porphyringerüst bezeichnet. Besteht aus vier über Methingruppen verbundenen Pyrrolkernen:

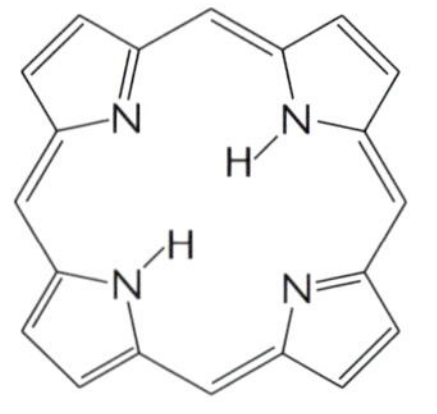

■ **primäre, sekundäre, tertiäre Alkohole:** Bei primären Alkoholen ist das mit der OH-Gruppe verbundene Kohlenstoffatom nur mit *einem* weiteren Kohlenstoffatom verbunden. Bei sekundären Alkoholen ist dieses Kohlenstoffatom mit *zwei* weiteren, bei tertiären Alkoholen mit *drei* weiteren Kohlenstoffatomen direkt verbunden.

■ **Reaktionskinetik:** Teilgebiet der Chemie, das sich mit der Geschwindigkeit chemischer Reaktionen befasst.

■ **Reaktionsmechanismus:** Chemische Reaktionen verlaufen meist in mehreren Schritten. Die detaillierte Beschreibung der Einzelschritte und die dabei auftretenden Bindungsänderungen bezeichnet man als einen Reaktionsmechanismus.

■ **Redoxreaktionen:** Reaktionen, bei denen gleichzeitig Reduktionen und Oxidationen stattfinden.

■ **Robinson,** Sir Robert (1886–1975): Professor für organische Chemie in Oxford. Alkaloide, Aromatizität, Elektronentheorie organischer Reaktionen. Nobelpreis für Chemie 1947.

■ **Schrödinger,** Erwin (1887–1961): Professor für theoretische Physik in Zürich, Berlin, Oxford, Graz und Dublin. Mitbegründer der Wellenmechanik (SCHRÖDINGER-Gleichung). Nobelpreis für Physik 1933.

■ **Stroma:** farblose, proteinhaltige Grundsubstanz eines Chloroplasten. (griech. *stroma*: Lager, Polster, Unterlage)

■ **Strukturformel:** Sie zeigt, wie die einzelnen Atome eines Moleküls miteinander verbunden sind.

■ **Substrat:** bei Reaktionen in der organischen Chemie manchmal gebrauchte Bezeichnung für den wichtigeren oder komplexeren Reaktionspartner. Gegensatz: Reagenz

■ **Synthese:** die natürliche oder künstliche Herstellung chemischer Verbindungen aus den Elementen oder aus einfacheren chemischen Verbindungen.

■ **Thylakoidmembran:** im Stroma eingebettete Membran von Proteinen und Phospholipiden, in die das Chlorophyll eingelagert ist. (griech. *thylakos*: Sack, Beutel)

■ **Triisocyanate:** Isocyanate sind Salze bzw. Ester der Isocyansäure HNCO. Organische Isocyanate sind Verbindungen, bei denen die Isocyanatgruppe –NCO an einen organischen Rest gebunden ist. Organische Isocyanate, bei denen zwei (di), drei (tri) oder mehr (poly) Isocyanatgruppen im Molekül enthalten sind, dienen als wichtige Bausteine in der Polymersynthese.

■ **Veresterung:** Reaktion zwischen einer Verbindung mit alkoholischen OH-Gruppen und einer Säure.

■ **WALDEN,** PAUL (1863–1957) Professor für Chemie in Riga, Petersburg, Rostock und Tübingen. Substitutionsreaktionen am asymmetrischen Kohlenstoffatom.

■ **WITT,** OTTO NIKOLAUS (1853–1915): Professor für chemische Technologie in Berlin. Entwicklung des Konzepts von Chromogen und Auxochrom (WITT'sche Farbtheorie).

Stichwortverzeichnis

A

B

C

D

E

F

G

H

I

K

L

M

N

O

P

Q

R

S

T

U

V

W

Z